"十四五"职业教育国家规划教材

U0691991

信息技术

拓展模块 | 第 2 版

张丹阳◎主编

杨阳 陈力◎副主编

人民邮电出版社

北 京

图书在版编目（CIP）数据

信息技术 : 拓展模块 / 张丹阳主编. -- 2版. --
北京 : 人民邮电出版社, 2023.10（2024.2重印）
工业和信息化精品系列教材
ISBN 978-7-115-62631-8

Ⅰ. ①信… Ⅱ. ①张… Ⅲ. ①电子计算机－高等职业
教育－教材 Ⅳ. ①TP3

中国国家版本馆CIP数据核字(2023)第171795号

内 容 提 要

本书依据《高等职业教育专科信息技术课程标准（2021 年版）》的课程目标、内容标准及相关要求编写而成。本书依据学生的认知规律，精心设计教学内容，充分激发学生的学习兴趣，培养学生的学习能力，提升学生的信息素养，拓展学生的专业视野；使学生了解程序设计的基础知识，了解大数据、人工智能、区块链等新一代信息技术，具备支撑专业学习的能力，能在日常生活、学习和工作中综合运用信息技术解决问题；使学生拥有团队意识和职业精神，具备独立思考和主动探究的能力，为学生职业能力的持续发展奠定基础。

本书采用模块式结构，介绍信息技术的相关基础知识。全书共 12 个模块，模块 1～模块 8 包括程序设计基础、云计算、大数据、物联网、人工智能、区块链、数字媒体、信息安全，模块 9～模块 12提供电子活页下载，包括项目管理、机器人流程自动化、现代通信技术、虚拟现实技术等内容。

本书可作为高职高专非计算机专业"大学计算机基础"课程的教材，也可作为计算机等级考试的辅导教材。

◆ 主　　编　张丹阳
　　副主编　杨　阳　陈　力
　　责任编辑　刘　佳
　　责任印制　王　郁　焦志炜
◆ 人民邮电出版社出版发行　　北京市丰台区成寿寺路 11 号
　　邮编　100164　　电子邮件　315@ptpress.com.cn
　　网址　https://www.ptpress.com.cn
　　固安县铭成印刷有限公司印刷
◆ 开本：787×1092　1/16
　　印张：17.25　　　　　　　　　　　2023 年 10 月第 2 版
　　字数：421 千字　　　　　　　　　2024 年 2 月河北第 2 次印刷

定价：59.80 元

读者服务热线：(010)81055256　印装质量热线：(010)81055316
反盗版热线：(010)81055315
广告经营许可证：京东市监广登字 20170147 号

第2版前言

FOREWORD

当今世界，以大数据、云计算、互联网、物联网、虚拟现实、量子信息、区块链、人工智能等为代表的新一代信息技术突飞猛进，开启了数字化的新时代。党的二十大报告指出，"加快发展数字经济，促进数字经济和实体经济深度融合，打造具有国际竞争力的数字产业集群"，为"数字中国"背景下的产业变革指明了方向。数字经济必将极大地改变人类生产生活方式和社会治理模式，成为"重组全球要素资源、重塑全球经济结构、改变全球竞争格局的关键力量"。

信息技术是有关数据与信息的应用技术，其内容包括数据与信息的采集、表示、处理、安全、传输、交换、显现、管理、组织、存储、检索等。随着时代的发展，人工智能、移动通信、物联网、大数据、云计算等新一代信息技术正迅速而又深刻地影响着我们的生活、学习和工作方式。在人手一部智能手机的社会中，我们使用的地图导航、微信支付、网络购物、百度搜索、微信社交、在线学习、视频会议、线上办公等都是信息技术的具体应用。掌握信息技术的相关知识与技能，对提升国民信息素养，增强个体在信息社会的适应力与创造力，以及全面建设社会主义现代化国家具有重大意义。

本书以教育部《高等职业教育专科信息技术课程标准（2021年版）》为依据，充分体现信息技术课程的性质、基本理念、目标、内容标准及有关要求；秉承立德树人的宗旨，围绕信息技术课程的核心素养，帮助学生认识信息技术对人类生产、生活的影响，了解现代社会信息技术的发展趋势，理解信息社会特征并遵循信息社会规范；使学生掌握常用的工具软件和信息化办公技术，了解大数据、人工智能、区块链等新一代信息技术，具备支撑专业学习的能力，能在日常生活、学习和工作中综合运用信息技术解决问题；使学生拥有团队意识和职业精神，具备独立思考和主动探究的能力，为学生职业能力的持续发展奠定基础。

本套教材分为《信息技术（基础模块）（第2版）》和《信息技术（拓展模块）（第2版）》两册：基础模块包含文档处理、电子表格处理、演示文稿制作、信息检索、新一代信息技术概述和信息素养与社会责任共6个单元；拓展模块包含程序设计基础、云计算、大数据、物联网、人工智能、区块链、数字媒体、信息安全、项目管理、机器人流程自动化、现代通信技术和虚拟现实技术共12个模块（内容提要有具体说明）。

本书以典型岗位中的真实工作任务为载体，有机融入信息技术相关知识，基于工作过程的主线，设计编写教学模块，理实一体、工学结合、任务驱动，体现职教特色。

本书以培养学生信息技术课程的核心素养为目标，以在线课程平台为支撑，以学习目标、知识图谱、学习笔记、考核评价为路径，力求构建"路径指引、泛在个性"的学习模式，培养学生积累、梳理与探究的素养，以多种形式强化知识技能的构建与运用，增强学生学习的

第2版前言

FOREWORD

主体性、实践性。

本书以国家精品在线课程为标准，从教师教学和学生学习两个角度开发数字化教学与学习的在线资源，包括教学计划、教学设计方案、PPT课件、考试题库、微课、实训指导、拓展资源等内容，形成课程教学在线平台。

本书主编为张丹阳，副主编为杨阳和陈力，参与编写的还有闫明、徐丽、纪全、张扬、宋国庆、曹志胜、钱国梁、孙健、丰勇、黄震宇、傅连仲。本书在编写过程中，参考了大量国内外的相关资料，在此特向作者表示感谢。

由于编者水平有限，书中难免存在疏漏和不足，敬请各位专家和读者批评指正。

编者

2023 年 3 月

目　录
CONTENTS

目 录

CONTENTS

目 录

CONTENTS

目　录
CONTENTS

模块1
程序设计基础

01

程序设计是设计和构建可执行的程序以完成特定计算的过程，是软件构造活动的重要组成部分，一般包含分析、设计、编程、调试、测试等阶段。熟悉和掌握程序设计的基础知识，是在现代信息社会中生存和发展的基本要素之一。本模块主要介绍程序设计的基础知识、程序设计语言的特点与应用领域、程序设计的基本流程与实践等内容。

学习目标

◎ 了解程序设计的基础知识。

◎ 了解程序设计语言的发展历程与发展趋势。

◎ 了解主流程序设计语言的特点与应用领域。

◎ 掌握程序设计的基本流程。

◎ 掌握Python的下载、安装与使用。

◎ 掌握Python的基本语法、数据类型、流程控制、函数、对象、模块、文件操作和异常处理等。

◎ 能完成简单程序的编写和测试。

知识图谱

程序设计基础知识图谱如图1-1所示。

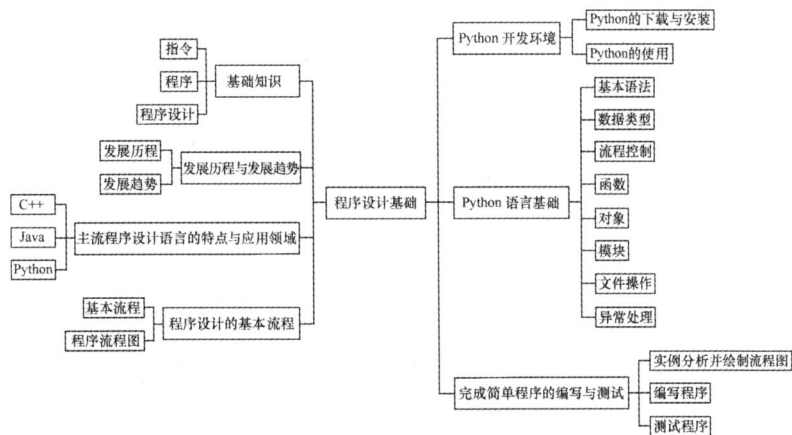

图 1-1　程序设计基础知识图谱

1.1 认识程序设计

本节介绍程序设计的基础知识、程序设计语言的发展历程与发展趋势等，帮助读者了解主流程序设计语言的特点和应用场景，掌握程序设计的基本流程，能够使用流程图将程序设计的思路与步骤表现出来。

1.1.1 程序设计的基础知识

扫码观看微课视频

计算机指令就是指挥机器工作的命令，一条指令通常是一条语句或代码。例如，让显示器输出"中国"是一条指令，让计算机执行"3+5=？"也是一条指令。

程序是程序员写好的一系列指令，用来指挥计算机处理事务。例如，当我们在超市购物时，将商品条形码放到扫描仪下，程序会让计算机屏幕显示商品信息，结账后，程序又让计算机将账单显示在屏幕上。

所以说，程序设计就是使用计算机解决实际问题的过程。那么如何写这些指令呢？这就需要使用程序设计语言。程序设计语言有很多种，就像人类有不同的语言一样，不同的程序设计语言有不同的语法，但它们的基本概念是相通的。

1.1.2 程序设计语言的发展历程与发展趋势

扫码观看微课视频

1. 程序设计语言的发展历程

程序设计语言的发展历程可以分为以下 4 个阶段。

（1）第一代程序设计语言

第一代程序设计语言称为机器语言，是通过二进制代码让计算机直接识别并执行的指令集合，指令集只包含 1 和 0，分别代表电路的"开"和"关"。机器语言具有直接执行的特点，使用此程序设计语言时，编程人员必须熟记一长串由 0 和 1 组成的指令代码，因此机器语言难记、难懂、难用且极易出错。

（2）第二代程序设计语言

为了克服机器语言的缺陷，人们使用与代码含义相近的英文缩写、字母、数字等符号来取代机器语言 0 和 1 的指令集，这就是第二代程序设计语言——汇编语言。汇编语言也称符号语言，相较于机器语言要好用些，但是编写指令依旧烦琐，程序通用性差。

（3）第三代程序设计语言

机器语言与汇编语言依赖硬件体系，编程人员要对硬件结构与工作原理非常熟悉。因此人们发明了与人类语言相近、可读性更高的语言，这就是第三代程序设计语言——高级语言。

1954 年，世界上第一个高级语言 Fortran 诞生了。1972 年，程序语言的里程碑，C 语言诞生了，C 语言同时具有汇编语言和高级语言的特点。

（4）第四代程序设计语言

第四代程序设计语言通常包括面向对象的程序设计语言、脚本语言、人工智能语言等。1995 年，Sun 公司推出 Java，它是最具代表性的第四代程序设计语言。第四代程序设计语言提供了功能强大的非过程化问题定义手段，编程人员不需要说明工作步骤，只需告诉系统要做什么即可，这大大提高了软件开发效率。

2. 程序设计语言的发展趋势

当前通用的程序设计语言有两种：汇编语言和高级语言。用汇编语言生成的可执行文件小，运行速度快，在编写系统软件和过程控制软件方面，高级语言是无法取代汇编语言的。高级语言是当下绝大多数编程人员所选择的语言。面向对象的程序设计及数据抽象在现代程序设计思想中占有很重要的地位，程序设计语言将会完全面向对象，更易编写。程序设计语言的发展趋势主要集中在以下 3 个方面。

① 简单性：提供一系列方法来完成指定任务，程序开发人员只需要掌握基本概念即可编写满足各种需求的应用程序。

② 安全性：在网络环境中保证安全性。

③ 跨平台性：可以使程序方便地移植到不同的机器与平台。

1.1.3 主流程序设计语言的特点与应用领域

1. C++ 的特点和应用领域

C++ 是一门以 C 语言为基础发展而来的面向对象的高级程序设计语言，于 1983 年由贝尔实验室提出。C++ 经过多次标准化改造后，其功能相对于初期更加丰富。C++ 是一门集面向过程、面向对象、函数式、泛型和元编程等多种编程范式于一体的复杂编程语言。正是因为具有这种特性，C++ 的应用领域非常广泛，它适用于应用软件、设备驱动程序、嵌入式软件、服务器与客户端应用软件的开发。

2. Java 的特点和应用领域

Java 自 1995 年出现以来就备受广大程序员青睐。它是一门面向对象的编程语言，封装、继承、多态这些面向对象的特性使 Java 适用于大型软件系统的研发。由于 Java 有虚拟机的支持，Java 代码可以在任何操作系统中无缝运行，无须重新编译。为了弥补 C 语言内存泄露问题，Java 虚拟机会自动回收不再使用的内存空间。同时，Java 拥有数量众多的第三方类 / 库，很多事情不需要自己做，只需要把别人编写好的程序组装起来即可。Java 目前有三大开发体系：Java ME（J2ME）、Java SE（J2SE）、Java EE（J2EE）。Java 可应用于各种各样的领域，包括企业应用领域、Web 应用领域、移动开发领域等。

3. Python 的特点和应用领域

Python 诞生于 1990 年，是一种面向对象的解释型编译语言，其语法简洁清晰，结构简单。Python 具有可移植性，可以在任何操作平台上运行。Python 拥有丰富且强大的库，例如数据分析、文件解析等。Python 也称"胶水语言"，程序员可以在用 Python 编程时调用用 C++、Java 等语言写好的模块，这样可以充分利用其他语言的优势。Python 可以用于 Web 开发、网络软件开发（如网络爬虫）、数据分析、人工智能等领域。

1.1.4　程序设计的基本流程

扫码观看
微课视频

1. 基本流程

计算机是不会自己解决问题的，只有通过程序才可以让它帮助人们解决问题。对于程序设计，很多人的理解就是使用编程语言来编写代码，代码写完，程序设计也就完成了。但这种方法有一个问题，接到任务后直接编写代码，代码越写越多，程序的问题也会越来越多。正所谓"万丈高楼平地起"，地基不打好，房子也不牢靠。程序设计的基本流程如图 1-2 所示。

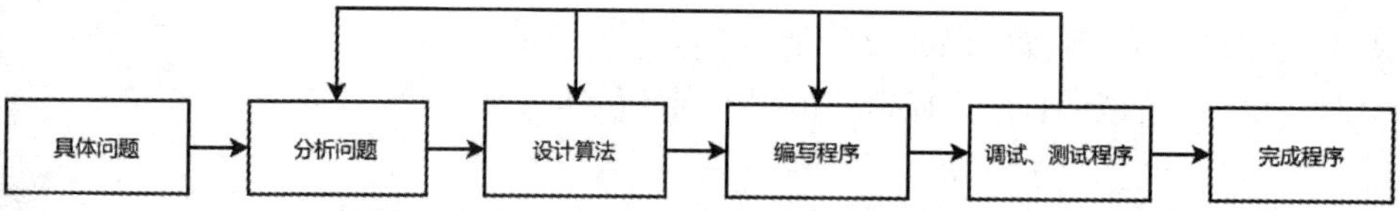

图 1-2　程序设计的基本流程

（1）分析问题

进行程序设计首先要明确需要解决的问题和已知的条件。明确了需要解决的问题，就明确了设计的程序需要完成的任务是什么。明确了已知条件，就了解了从哪里获得需要的数据及程序设计过程中的限制。

这一阶段的主要任务是将问题转换成计算机可以处理的内容，需要抽象出对象与对象的关系，并建立合适的模型。例如，抛硬币 100 次，查看出现正面与出现反面的概率。首先可以用 0 代表正面，1 代表反面；然后利用随机函数随机出现 0 和 1，模拟硬币正面与反面；最后随机函数执行 100 次后，得到 0 和 1 出现的次数，将两个次数分别除以总抛掷次数 100，就能获得出现正面与出现反面的概率。

（2）设计算法

当模型建立完成后，就要确定程序该如何设计，即为程序设计合适的算法。算法是求解问题的一系列计算步骤，它保证了程序的精准性、确定性和有限性。算法包含了完成程序设计的精准步骤。

（3）编写程序

编写程序就是使用一种合适的编程语言来描述求解问题的算法。在编写程序之前，要选择一种合适的编程语言。因为，不同语言适用的场景与规模不同，合适的语言可以使程序结构更清晰、简洁。

（4）调试、测试程序

程序编写完毕后，需要进行程序的调试和测试，程序调试主要包括程序的语法调试和逻辑检查。在调试过程中，测试数据除正常数据外，还应该编造一些异常数据和错误数据，用来考验程序的正确性和可靠性。同时根据测试时所发现的错误进一步诊断，找出原因和具体的位置并进行修正。程序的调试与测试是保证程序正确性的必不可少的步骤。

2. 程序流程图

就像建筑、机械等行业要画施工图、设计图，程序设计的思路也需要用图的形式表现出来。将程序运行步骤和顺序呈现出来的图称为程序流程图，它是直观表达程序设计思想和程序执行步骤的工具。

程序流程图是由统一规定的符号和图形来表示的，方便程序员进行程序设计，也便于程序员之间探讨交流，常见的程序流程图标准符号如表 1-1 所示。

表1-1 常见的程序流程图标准符号

符号	名称	含义
	开始框、结束框	表示程序的开始或结束
	功能框	表示流程中需要执行或处理的内容
	判断框	表示条件判断
	输入框、输出框	表示数据的输入或输出
→	流程线	表示流程的路径和方向
○	联系	同一流程图中从一个进程进入另一个进程的交叉引用
	文档	表示以文件的方式输入或输出

1.2 Python 基础知识

扫码观看
微课视频

本节主要介绍 Python 的下载、安装与使用，Python 的基本语法、数据类型、流程控制、函数、对象、模块、文件操作和异常处理等内容，最后根据这些知识完成简单程序的编写，帮助读者掌握 Python 的用法。

1.2.1 Python 开发环境

1. Python 的下载与安装

① 访问 Python 官网，单击导航栏中的"Downloads"按钮，显示 Python 下载菜单，如图 1-3 所示。

网站会自动检测用户的操作系统，图 1-3 显示了本机操作系统可以下载的最新 Python 版本，单击"Python 3.9.7"按钮即可下载。若需要下载其他版本，可以单击"View the full list of downloads."超链接，进入全部下载列表进行下载，如图 1-4 所示。

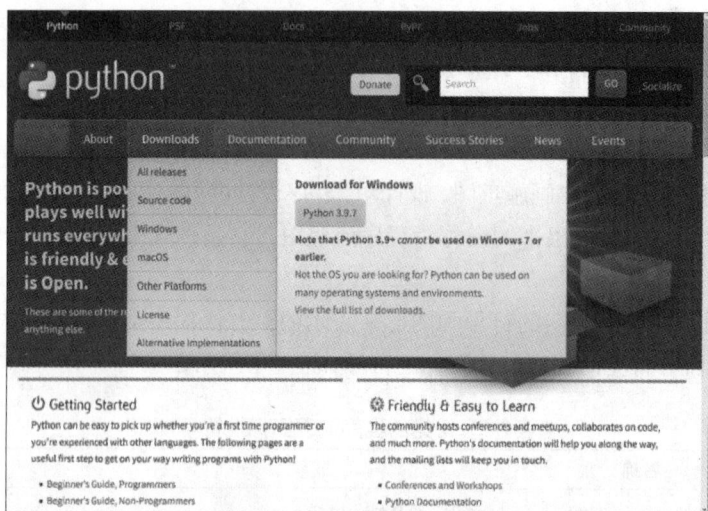

图 1-3　Python 下载菜单

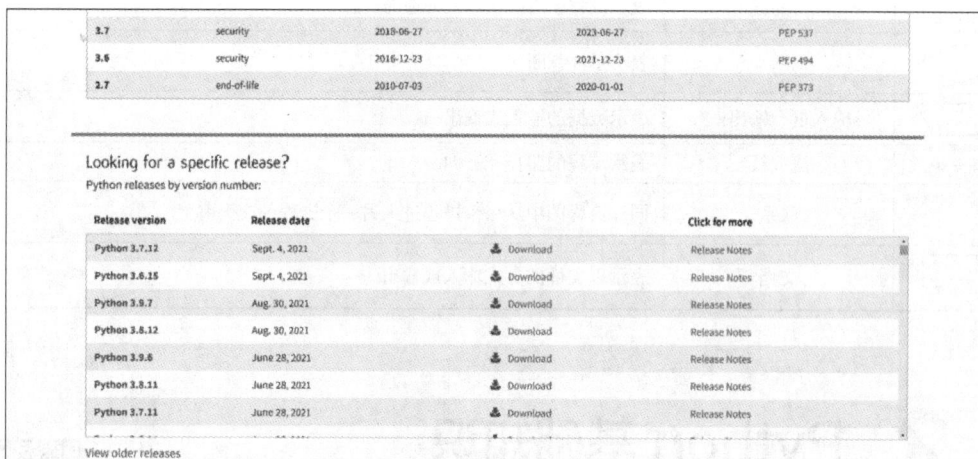

图 1-4　Python 全部下载列表

② 下载完成后，双击安装包即可启动安装程序，如图 1-5 所示。

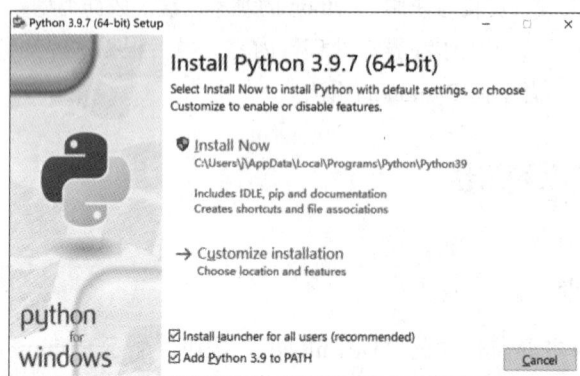

图 1-5　选择 Python 的安装方式

扫码观看
微课视频

在图 1-5 所示的窗口中可选择安装方式，选择"Install Now"选项则采用默认安装方式，选择"Customize installation"选项则可自定义安装路径。

注意：务必勾选界面最下方的"Add Python 3.9 to PATH"复选框。若勾选此复选框，安装完成后，Python 将会被自动添加到环境变量中；未勾选此复选框，则在使用 Python 之前需要手动将 Python 添加到环境变量中。

③ 安装完成后，在"开始"菜单中选择"Python 3.9"下的"Python 3.9（64-bit）"选项，即可打开 Python 交互环境，如图 1-6 所示。

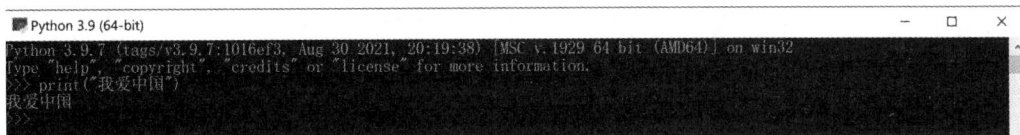

图 1-6　Python 交互环境

2. Python 的使用

（1）打开 IDLE 交互环境

集成开发和学习环境（Integrated Development and Learning Environment，IDLE）是 Python 自带的编程工具，包括交互环境与源代码编辑器。在"开始"菜单中选择"Python 3.9"下的"IDLE（Python 3.9 64-bit）"选项，即可启动 IDLE 交互环境，如图 1-7 所示。

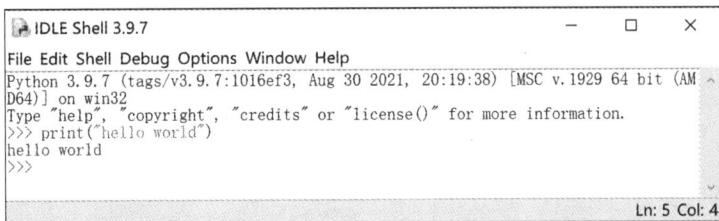

图 1-7　IDLE 交互环境

（2）新建 Python 源代码文件

执行"File"—"New File"命令，打开 Python 源代码编辑器，新建 Python 源代码文件，如图 1-8 所示。

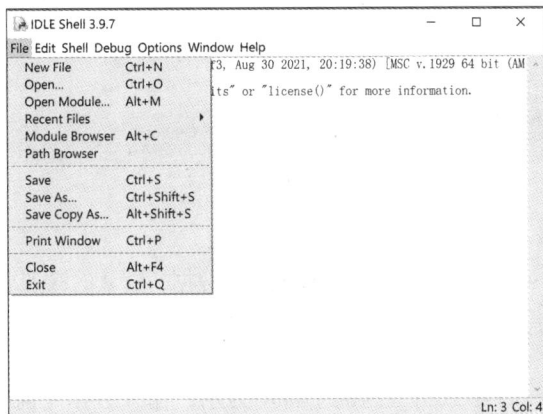

图 1-8　新建 Python 源代码文件

（3）保存 Python 源代码文件

执行"File"—"Save"命令，或者按"Ctrl+S"组合键，保存 Python 源代码文件。

（4）运行 Python 源代码文件

执行"Run"—"Run Module"命令，或者按 F5 键，运行 Python 源代码文件，运行结果显示在 IDLE 交互环境中，如图 1-9 所示。

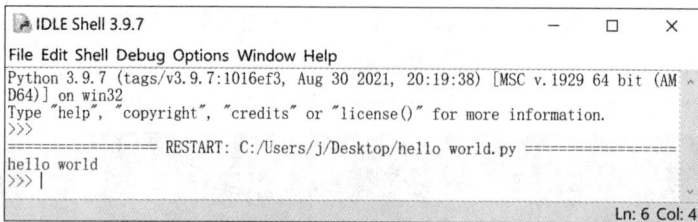

图 1-9　运行 Python 源代码文件

1.2.2　Python 语言基础

1. 基本语法

（1）缩进

Python 的优雅之处体现在使用缩进表示代码块，推荐使用 4 个空格进行缩进，同一个代码块必须具有相同的缩进量，示例代码参考如下：

```
if True:
print('Say:')
print('True')
else:
print('Say:')
print('False')
```

（2）变量与赋值

在程序中需要对多个数据进行计算的时候，要将这些数据依次存储，再对这些存储的数据进行计算。在 Python 中，存储数据需要使用变量。变量可以理解为装东西的盒子，东西的大小与形状不同，装这些东西的盒子也不同。同理，变量也会因所存储数据的不同而具有不同类型。变量的赋值通过等号表示，变量赋值时，变量的类型和值将被初始化。变量赋值的具体语法格式如下：

```
变量名 = 值
```

（3）输入和输出

程序想要实现人机交互必须具有输入和输出功能。

① 输入。Python 的 input() 函数接受一个标准输入数据，默认的输入端是键盘，参考如下：

```
num=input(' 请输入 1 到 100 之间的数字 ')
```

在上述代码中，input() 函数引号内的字符串为用户输入数据之前的提示，通过键盘输入的内容将直接赋给变量 num。

注意：input() 函数获取的数据是以字符串的方式保存的，因此，如果输入内容是整数，则需要通过 int() 函数将输入内容变为整数。

② 输出。Python 的输出功能代码参考如下：

```
print(' 我叫张三 ')
print(' 我叫李四 ')
print(' 我叫王五 ')
```

从上面的输出代码可以发现，只有姓名部分是变化的，其余部分是相同的。遇到这种情况，可以使用格式操作符来完成。基本用法是将一个值插入一个有字符串格式符 %s 的字符串中，参考如下：

```
name=' 张三 '
print(' 我叫 %s'%name)
```

2. 数据类型

（1）数字类型

Python 的数字类型包括整数、浮点数和复数，参考如下：

```
整数 : 0111    55    -66    0xf1
浮点数 : 3.14    5.3E-10
复数 : 3+1.1j
```

扫码观看
微课视频

（2）布尔类型

布尔类型的值（布尔值）只有两个，分别是 True 和 False。布尔值是特殊的整数，如果将布尔值进行数值运算，则 True 代表整数 1、False 代表整数 0。

（3）字符串类型

Python 中字符串被定义为字符集合，字符串被引号所包含，引号可以是单引号、双引号或三引号，参考如下：

```
Str_1='hello world'
Str_2="hello world"
Str_3='''hello world'''
```

字符串的第一个字符索引为 0，第二个字符索引为 1，以此类推。

（4）列表和元组类型

列表和元组可以被当作数组看待，它们可以保存任意数量的值，这些值称为元素。列表中的元素使用 [] 包含，元素的个数和值是可以随意修改的，参考如下：

```
>>> l = [1, 2, 3, 4, 5, 6]
>>> l[0] = l[2] * l[3]
>>> l
[12, 2, 3, 4, 5, 6]
```

元组中的元素使用 () 包含，元素不可修改，参考如下：

```
>>> t = (1, 2, 3, 4)
>>> t[0] = 5
Traceback (most recent call last):
File "<stdin>", line 1, in <module>
TypeError: 'tuple' object does not support item assignment
```

（5）字典类型

字典是 Python 中的映射数据类型，由键 - 值对组成。字典可以存储不同类型的元素，元素使用 {} 包含，参考如下：

```
dict_user={'name':'Tom','age':18}
```

3. 流程控制

在程序设计中，任何程序都可以只用顺序、选择、循环 3 种结构语句构造。

（1）顺序结构

在程序设计中，顺序结构是最基础的程序结构，其特点是程序语句按照源代码顺序自上而下依次执行。顺序结构程序设计基本遵循 IPO（Input-Process-Output）模式，即先输入数据，再对输入的数据进行处理，最后输出数据处理的结果。

（2）选择结构

选择结构是指程序运行时根据特定的条件选择某个分支来执行。根据分支的多少，选择结构可以分为单分支选择结构、双分支选择结构和多分支选择结构。根据实际需要，还可以在一个选择结构中嵌入另一个选择结构。

① 单分支选择结构。只有当判断条件为真时，执行指定程序。在 Python 中，单分支选择结构可以用 if 语句来实现，其语法格式如下：

```
if 判断条件：
满足条件执行内容 1
满足条件执行内容 2
……
满足条件执行内容 n
```

判断条件的值为布尔值，在该表达式后面必须加上半角冒号。执行内容可以是单个语句，也可以是多个语句。执行内容必须向右缩进，如果执行多个语句，这些语句必须具有相同的缩进量。

② 双分支选择结构。当满足条件时，执行一组程序；不满足条件时，执行另外一组程序。在 Python 中，双分支选择结构可以用 if-else 语句来实现，其语法格式如下：

```
if 判断条件：
满足条件执行内容 1
满足条件执行内容 2
……
满足条件执行内容 n
else:
不满足条件执行内容 1
不满足条件执行内容 2
……
不满足条件执行内容 n
```

③ 多分支选择结构。当需要判断的情况多于两个的时候，需要使用多分支选择结构。在 Python 中，多分支选择结构可以用 if-elif-else 语句来实现，语法格式中 [] 里的内容可以省略，其语法格式如下：

```
if 判断条件 1:
满足条件执行的内容
……
```

```
elif 判断条件 2:
满足条件执行的内容
……
……
else:
不满足上述所有条件执行的内容
```

（3）循环结构

循环结构是控制某些语句重复执行的程序结构，它由循环体和循环条件两部分组成，循环体是重复执行的语句，循环条件则控制循环是否执行下去。循环结构的特点是在一定条件下重复执行某些语句，直至重复一定次数或者循环条件不成立。Python 提供了两种循环语句，分别是 while 循环和 for 循环。此外，还可以在一个循环结构中使用另一个循环结构，从而形成循环结构的嵌套。

① while 循环。在满足条件时重复执行循环体内容，其语法格式如下：

```
while 循环条件：
循环体
```

循环条件通常是关系表达式或逻辑表达式，也可以是结果能够转换为布尔值的任何表达式。当表达条件的结果为真时，重复执行循环体内容；当表达条件的结果为假时，结束循环。循环体若为多个语句，这些语句必须向右缩进，并且具有相同的缩进量。

② for 循环。Python 中 for 循环是一个通用的序列迭代器，可以遍历任何序列的项目，例如列表和字符串，其语法格式如下：

```
for 循环变量 in 序列对象：
循环体
```

4. 函数

在软件开发中，如果有若干段代码完全相同，可以考虑将这些代码抽取成一个函数。因此，函数就是组织好并可重复使用的一串代码。它能够提高程序的模块化程度和代码的重复利用率。Python 提供了多种内置函数，如 print() 函数。除此之外，还可以自己定义函数。

（1）自定义函数

在 Python 中，自定义函数的语法格式如下：

```
def 函数名（参数列表）：
' 函数 _ 文档字符串 '
函数体
return 表达式
```

（2）调用函数

定义函数之后，要想让这些代码能够执行，需要调用函数。调用函数的方式很简单，输入"函数名 ()"即可进行函数的调用。

5. 对象

高级语言分为面向过程和面向对象两大类。Python 是一种面向对象的高级语言，什么是面向过程？什么是面向对象？这两种类型的优缺点各是什么？

（1）对象的概念

对象是要进行研究的任何事物，不仅能表示具体的事物，还能表示抽象的规则、计划和事件。通过数据描述出来的对象的状态和特征就称为属性；对象的状态可以通过对象的操作来改变，为实现这些操作所编写的程序代码就是方法。

（2）面向对象与面向过程

面向对象是在程序中使用对象来映射现实的事物，使用对象的关系来描述事物之间的联系。

面向过程是分析出解决问题所需要的步骤，用函数把这些步骤一步一步实现，使用的时候依次调用函数就可以了。

以五子棋为例，面向过程的设计思路是先分析问题的每个步骤：开始下五子棋，黑子先走，黑子落子，判断输赢；白子落子，判断输赢；黑子落子，判断输赢……最终结束。将每个步骤用不同的方法来实现，这就是面向过程。

如果使用面向对象的设计思想来解决该问题，便可以分解为：黑白双方，两方的行为一模一样；棋盘系统，负责显示落子；规则系统，负责判定犯规、输赢等。第一类对象（黑白双方）负责接收用户输入，并告知第二类对象（棋盘系统）棋子布局的变化，棋盘系统接收到棋子的变化就要在屏幕上面显示出这种变化，同时利用第三类对象（规则系统）来对棋局进行判定。

（3）创建类

类是对象的模板，是对一组具有相同属性和相同操作的对象的抽象。类实际上就是一种数据类型，一个类所包含的数据和方法用于描述一组对象的共同属性和行为。因此，对象是类的一个实例，想要创建一个对象，需要先创建一个类。类由 3 部分组成，分别是类名、属性和方法。创建类的基本语法格式如下：

```
class 类名 :
类的属性
类的方法
```

（4）创建对象

创建对象的基本语法格式如下：

```
对象名 = 类名 ()
```

创建类与对象的示例代码如下：

```
class Cat:
def eat(self):
print(' 在吃鱼 ')
def meow(self):
print(' 喵…… ')
blackcat=Cat()
blackcat.eat()
blackcat.meow()
```

上述示例在类中设置了 eat() 和 meow() 两个方法，可以看出方法与函数的格式是一样的，区别在于方法必须显式地声明一个 self 参数。随后创建一个 Cat 类的对象 blackcat。依次调用 eat() 和 meow() 两个方法，运行结果如图 1-10 所示。

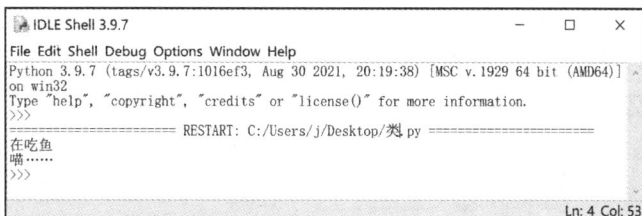

图 1-10 创建类与对象

6. 模块

当程序越来越复杂时，若还在一个文件中编写代码，代码的可读性会变得非常低，维护起来也很困难。因此，开发人员常把一些功能性代码放入其他文件中，这些文件就被称为模块。Python 内置了一系列标准模块，用户也可以下载并安装功能丰富且强大的第三方模块。

（1）模块的使用

使用 import 引入模块的代码如下：

import 模块 1, 模块 2……

调用某个模块中的函数，代码如下：

模块名 . 函数名

调用函数需要添加模块名，因为在多个模块中，可能存在名称相同的函数。此时如果调用函数不添加对应的模块名，系统无法判断调用哪个函数，就会报错。

有时只需用到模块中的某一个函数，可以单独引入该函数，代码如下：

from 模块名 import 函数名 1, 函数名 2……

（2）模块的安装

当程序需要引入第三方模块时，就需要从外部下载并安装，pip 是 Python 中简单、便捷的第三方模块安装工具，它的操作方法比较简单。安装第三方模块的代码如下：

pip install 模块名

模块下载完成后会自动安装，安装完成后就可以使用该模块了。

7. 文件操作

文件是存储在外部介质的数据集合，按照存储格式文件可分为文本文件与二进制文件，Python 使用文件对象来读写文件。

（1）打开文件

在 Python 中使用内置函数 open() 打开文件，该函数的语法格式如下：

变量名 =open(file[,mode])

参数 file 是打开的文件名或文件路径，参数 mode 用来设置文件的打开模式，常用的打开模式有 3 种：r、w、a。它们的含义如下。

①r：以只读方式打开，r 是参数 mode 的默认值。

②w：以只写模式打开，创建新文件。若文件已存在，则覆盖原文件。

③a：以只写追加模式打开。若文件已存在，则在文件末尾添加数据；若文件不存在，则创建新文件。

（2）读取文件

读取文件有 3 种方法：read()、readline()、readlines()。

①read() 方法。使用 read() 方法可以从指定文件中读取指定字节数据，语法格式如下：

```
read(n)
```

参数 n 用来设置读取数据的字节数，若未设置或设置为 -1，则读取文件中的所有数据。

②readline() 方法。使用 readline() 方法可以从指定文件中读取一行数据，语法格式如下：

```
readline()
```

③readlines() 方法。使用 readlines() 方法可以一次性读取文件中的所有数据，并将每一行视为一个元素存储到列表中，语法格式如下：

```
readlines(hint)
```

参数 hint 代表读取的行数。

（3）写文件

在 Python 中使用 write() 方法将数据写入文件，语法格式如下：

```
write(data)
```

参数 data 代表要写入文件的数据。

（4）关闭文件

在 Python 中使用 close() 方法关闭文件，语法格式如下：

```
file.close()
```

8. 异常处理

在程序设计过程中，有时会出现异常，程序员需要辨别这些异常，明确这些异常出现的原因，以便有针对性地处理异常。

扫码观看
微课视频

（1）异常类型

Python 程序运行出错时，产生的每个异常类型都会对应一个类，程序运行出现的异常类型绝大多数都继承于 Exception 类，下面介绍程序中几种常见的异常。

①NameError：程序中使用了未定义的变量而引发的异常。

②IndexError：程序越界访问时引发的异常。

③AttributeError：使用的对象访问不存在的属性而引发的异常。

④FileNotFoundError：未找到指定文件或目录而引发的异常。

（2）异常捕获与处理

在 Python 中，程序运行出现异常会直接终止程序。这种默认的异常处理方式既不友好，也不便于程序员处理异常。可以通过 try-except 语句实现异常捕获与预处理功能。

① try-except 语句。try-except 语句的语法格式如下：

```
try:
监控可能出现的错误代码
except 异常类型：
处理异常的语句
```

try 子句后是可能出现的错误代码，except 子句后是处理异常时的执行代码。except 子句是可以指定异常类型的，若指定了异常类型，只有程序出现的异常与之相匹配才会进行处理。

② try-except-else 语句。else 子句可以与 try-except 搭配，若 try 监控的代码没有出现异常，程序会执行 else 子句后的代码。try-except-else 语句的语法格式如下：

```
try:
监控可能出现的错误代码
except 异常类型：
处理异常的语句
else:
没有异常所执行的代码
```

③ finally 子句。finally 子句可以与 try-except 一起使用，语法格式如下：

```
try:
监控可能出现的错误代码
except 异常类型：
处理异常的语句
finally:
一定执行的语句
```

finally 子句是无论是否出现异常，以及异常是否捕获，都要执行的语句。

1.2.3 完成简单程序的编写与测试

随着生活水平的提高，人们对自己的身体健康越来越重视。目前常用身体质量指数（BMI）衡量人体胖瘦程度及是否健康，其计算公式为：身体质量指数（BMI）= 体重（kg）÷ 身高 ^{2}（m）。本小节编写计算 BMI 的程序，计算 BMI 并根据数值显示用户的健康状况。

扫码观看
微课视频

1. 实例分析并绘制流程图

用户输入自己的体重与身高，程序将计算 BMI，并根据数值显示用户的健康状况。BMI 小于 18.5 属于偏轻；18.5 ~ < 24 属于正常；24 ~ < 28 属于超重；28 及以上属于肥胖。利用流程图来分析 BMI 计算程序的完整流程，如图 1-11 所示。

由图 1-11 可知，系统的流程可以用 while 循环与 if-elif 判断语句进行控制。程序使用 input() 函数接收用户的身高、体重数据，利用 float() 函数将接收的字符串类型的身高、体重转换为浮点数，利用 round() 函数取 BMI 小数点后一位。

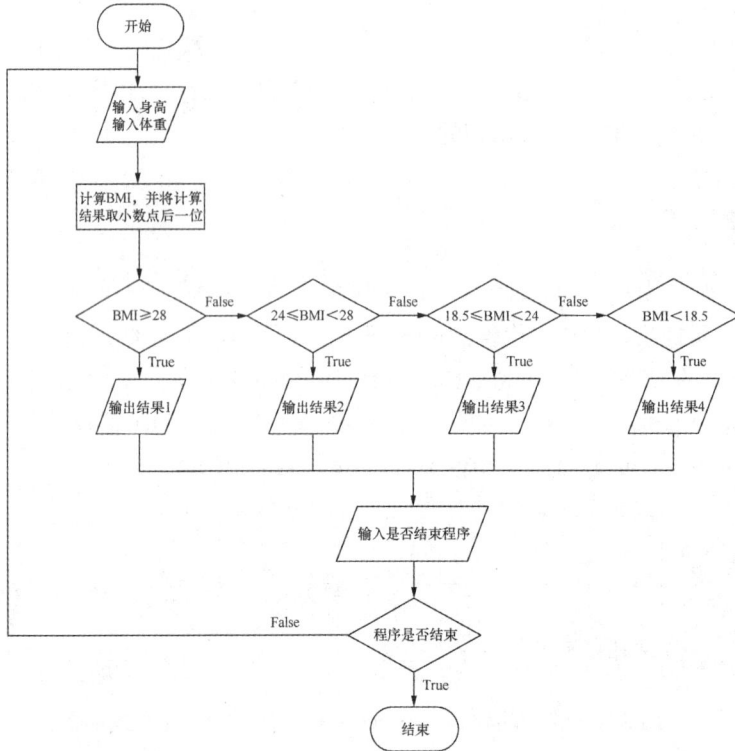

图 1-11　BMI 计算程序流程

2. 编写程序

根据流程图编写程序：

```
while True:
height = float(input(" 请输入您的身高 (m): "))
weight = float(input(" 请输入您的体重 (kg): "))
BMI = round(weight / (height ** 2),1)
if BMI>=28:
print(" 您的 BMI 是 ",BMI," 体重肥胖 ")
elif 24<=BMI<28:
print(" 您的 BMI 是 ",BMI," 体重超重 ")
elif 18.5<=BMI<24:
print(" 您的 BMI 是 ",BMI," 体重正常 ")
elif BMI<18.5:
print(" 您的 BMI 是 ",BMI," 体重偏轻 ")
target=input(" 是否继续检测，输入任意键继续，输入 q 退出。")
if target=='q':
break;
```

3. 测试程序

输入身高与体重数值对程序进行测试，测试结果如图 1-12 所示。

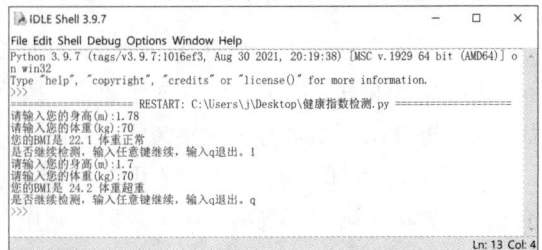

图 1-12　测试 BMI 计算程序

【**学习笔记**】

程序设计基础	基本概念	定义 实例
	程序设计语言的发展历程与发展趋势	程序设计语言的发展历程 　　1.第一代程序设计语言 　　2.第二代程序设计语言 　　3.第三代程序设计语言 　　4.第四代程序设计语言 程序设计语言的发展趋势
	主流程序设计语言的特点和应用领域	C++ 的特点和应用领域 Java 的特点和应用领域 Python 的特点和应用领域
	程序设计的基本流程	基本流程 程序流程图

问题与反思	

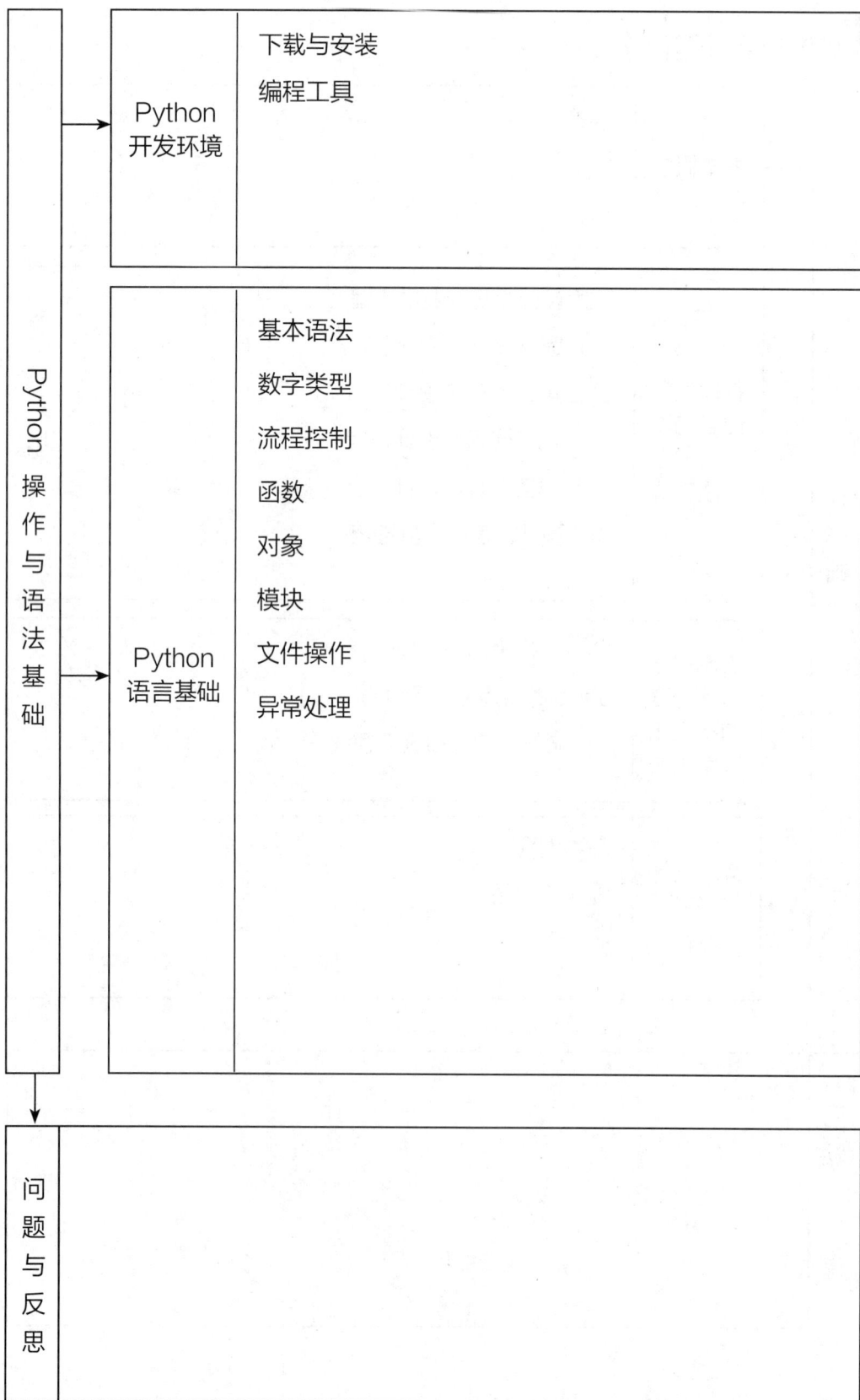

Python 操作与语法基础	Python 开发环境	下载与安装
		编程工具
	Python 语言基础	基本语法
		数字类型
		流程控制
		函数
		对象
		模块
		文件操作
		异常处理

问题与反思

考核评价

姓名：_____ 专业：_____ 班级：_____ 学号：_____ 成绩：_____

一、填空题（每空 2 分，共 20 分）

1. 当前通用的程序设计语言有_____和_____两种。

2. Python 是面向_____的高级语言。

3. Python 中建议使用_____个空格表示缩进。

4. 布尔类型的取值包括_____和_____。

5. Python 中的循环语句有_____循环和_____循环。

6. 程序的基本结构有顺序结构、_____和_____。

二、多选题（每题 2 分，共 20 分）

1. Python 中 "=" 的功能有（　　）。

    A. 把左边的值赋给右边　　　　　　　B. 把右边的值赋给左边

    C. 比较左右两边是否相等　　　　　　D. 将左右两边的值进行交换

2. 下面哪一行代码的输出结果不是 Python3.9？（　　）

    A. print("Python3.9")　　　　　　　B. print("Python"+3.9)

    C. print("Python"+str(3.9))　　　　D. print("Python"+"3.9")

3. Python 中可使用（　　）关键字自定义一个函数。

    A. function　　　　B. func　　　　C. def　　　　D. dim

4. file 是文本文件对象，下面的（　　）可以读取 file 的一行内容。

    A. file.read()　　　　　　　　　　　B. file.read(50)

    C. file.readline()　　　　　　　　　D. file.readlines()

5. （　　）方法用来向文件中写入数据。

    A. open()　　　　B. write()　　　　C. close()　　　　D. get()

6. 当 try 子句中的代码没有错误时，一定不会执行（　　）子句。

    A. try　　　　　　B. except　　　　C. else　　　　D. finally

7. 执行代码 "print(test)"，会引起（　　）异常。

    A. NameError　　　　　　　　　　　B. IndexError

    C. AttributeError　　　　　　　　　D. FileNotFoundError

8. 以下导入模块的方式中错误的有（　　）。

    A. import Numpy　　　　　　　　　　B. from Numpy import *

    C. import Numpy as np　　　　　　　D. import np from Numpy

9. 以下有关异常的说法中正确的有（　　）。

    A. 程序中抛出异常终止程序　　　　　B. 程序中抛出异常不一定终止程序

    C. 拼写错误会导致程序终止　　　　　D. 缩进错误会导致程序终止

10. 以下字符串中正确的有（　　　）。

    A. 'abc"ab"　　　　　　B. 'abc"ab'　　　　　C. "abc"ab"　　　　　D. "abc\"ab"

三、简答题（每题 15 分，共 30 分）

1. 简述 read()、readline() 和 readlines() 方法之间的区别。
2. 简述当前主流语言有哪些，分别介绍其应用领域。

四、编程题（每题 15 分，共 30 分）

1. 编写九九乘法表。

2. 编写摄氏度与华氏度转换程序。

模块2
云计算

02

云计算是一种通过网络，以服务的方式提供动态、可伸缩的虚拟化资源的计算模式，它是一种按使用量付费的新型商业模式，服务内容是提供可配置的计算资源（包括网络、服务器、存储、应用软件、服务等）共享池。本模块主要介绍云计算的基础知识、应用行业、典型应用场景、服务模式、部署模式、技术架构、关键技术，以及应用云计算的主流产品等内容。

学习目标

◎ 了解云计算的概念、特点、应用行业和典型应用场景。
◎ 了解云计算的服务模式和部署模式。
◎ 了解分布式计算的原理。
◎ 了解云计算技术架构的特点。
◎ 了解网络技术、数据中心技术、虚拟化技术、分布式存储技术和安全技术等云计算的关键技术。
◎ 了解应用云计算的主流产品。

知识图谱

云计算知识图谱如图2-1所示。

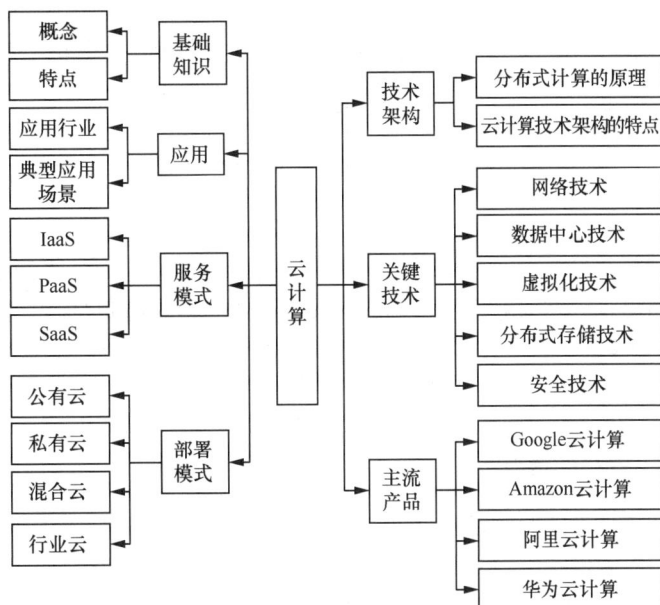

图2-1 云计算知识图谱

2.1 认识云计算

本节介绍云计算的基础知识，包括云计算的概念、特点、应用行业、典型应用场景、服务模式及部署模式等内容，帮助读者对云计算建立基本的认识，并对 IaaS、PaaS、SaaS 有初步的了解。

2.1.1 云计算的基础知识

1. 云计算的概念

到底什么是云计算，有多种不同的说法，现阶段被大多数人接受的是美国国家标准与技术研究院（National Insitute of Standards and Technology，NIST）的定义：云计算是一种按使用量付费的模式，这种模式提供可用的、便捷的、按需的网络访问，进入可配置的计算资源（包括网络、服务器、存储、应用软件和服务等）共享池，这种资源能够被快速提供，只需提供很少的管理工作，或与服务供应商进行很少的交互。

云计算概念的形成经历了互联网、万维网和云计算 3 个阶段，如图 2-2 所示。

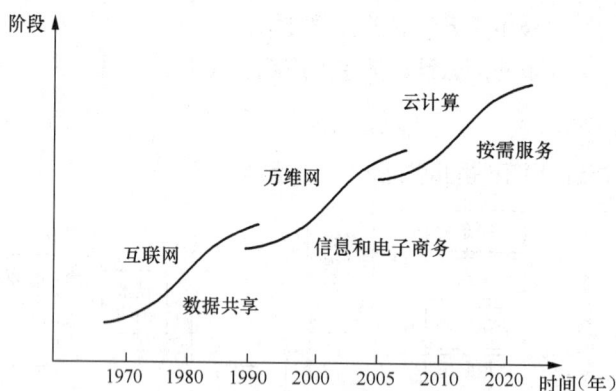

图 2-2 云计算概念的形成过程

云计算并非一个新的概念，只能算是一个新名词。云计算概念应该理解为一种商业和技术结合的模式。在商业层面，云计算代表按需索取、按量计费、网络交付的商业模式。在技术层面，云计算代表整合多种不同的技术来实现一个可扩展、快速部署、多租户共享的 IT 系统，提供各种 IT 服务。

2. 云计算的特点

云计算具有以下特点。

（1）超大规模

"云"具有相当大的规模，Google 云计算已经拥有一百多万台服务器，Amazon、Microsoft、阿里巴巴等公司的云计算服务均拥有几十万台服务器。因此，"云"能给用户提供前所未有的计算能力。

（2）可靠

云计算技术主要通过冗余方式进行数据处理服务。在大量计算机同时运算的情况下，系统中所出现的错误会越来越多，采取冗余方式则能够降低错误出现的概率，同时保证了数据的可靠性。

（3）服务

从广义角度来看，云计算本质是一种新型的数字化服务，这种服务较以往的计算机服务更具便捷性，用户在不清楚云计算具体机制的情况下就能够得到相应的服务。

（4）通用

云计算不面向特定的应用，在"云"的支撑下可以构造出不同的应用，同一个"云"可以同时支撑不同的应用运行，也可以提供多样化的服务。

（5）经济

云计算平台的构建费用与超级计算机的构建费用相比要低很多，但在性能上可以基本持平，这使企业的成本可以得到极大节约。

（6）按需自助服务

"云"是一个庞大的资源共享池，如同自来水和电一样。用户可以根据业务的需求获取计算资源、网络资源、存储资源，无须与服务提供商人工配合，这是一种单边自动化部署模式。

（7）高扩展性

云计算供应商以快速、灵活的方式部署云计算资源，快速对"云"规划进行伸缩。对用户来说，云计算资源通常是无限的，可以在任何时间、任何地点购买任意数量的资源。

2.1.2 云计算的应用行业与典型应用场景

1. 云计算的应用行业

云计算的应用行业比较广泛，主要有以下几个。

（1）金融行业

金融行业应用云计算可以细分 4 个领域，分别是银行、保险、证券和互联网金融。艾媒咨询数据显示，我国金融行业云计算市场规模在 2021 年达到近 2000 亿元，预计到 2023 年底达到 3500 多亿元。

（2）交通行业

目前，云计算在我国轨道交通、铁路交通、航空运输及物流运输等方面都有较广泛的应用。现阶段，我国交通行业正在加快对基础设施的建设，利用云计算技术提高基础设施的利用率和共享度，从而对数据进行统一部署与管理，同时在云计算技术及大数据技术的支持下，在海量信息存储、数据共享、安全性等方面有很大的提升。

（3）医疗行业

云计算在医疗行业的应用主要是云厂商为医疗机构搭建的云平台及提供的云服务。云平台可以使医疗机构内部的各类信息系统连通，存储大量医疗数据，同时还可以提供高效的计算资源，便于医疗机构在云上开展大数据分析和人工智能应用。

（4）能源行业

能源行业云计算的应用起步较晚，进展也比较缓慢，大部分处于以服务器虚拟化为主的阶段。能源企业信息化现状存在多级部署，管理成本高；业务系统"烟囱式"部署，数据互通难；信息系统独立运行，运维效率低等问题。为了解决这些问题，对于能源行业云计算关键的需求包括异构资源管理、服务高可用、云边协同、安全容灾、混合云管理等方面。

（5）电信行业

伴随 5G 时代和边缘技术的兴起，当前网络设备难以满足快速发展的网络业务需求。为应对网络转型需求，使电信行业在云计算的应用飞速发展，国内三大电信运营商均发布了在云计算方面的转型计划。电信行业云计算主要包括建设云化的新型电信网络服务环境（物理基础设施、虚拟基本设施、云操作系统、中间件等）和面向 IT 的应用支撑系统。

除以上行业外，云计算在农业、工业、教育、建筑、水利、信息、环保和旅游等行业都有较广泛的应用。

2. 云计算的典型应用场景

（1）云办公

云办公广义上是指将企事业单位及政府部门的办公完全建立在云计算技术基础上，从而实现降低成本、提高效率和低碳减排的目标；狭义上讲是指以"办公文档"为中心，为企事业单位及政府部门提供文档编辑、文档存储、协作、沟通、移动办公、工作流程等云端软件服务。云办公作为 IT 界的发展方向，正在逐渐形成独特的产业链和生态圈，是一种和传统办公软件完全不同的应用场景。

云办公的基本原理是把传统办公软件以瘦客户端（Thin Client）或智能客户端的形式运行在网络浏览器中，从而达到轻量化目的，如图 2-3 所示。

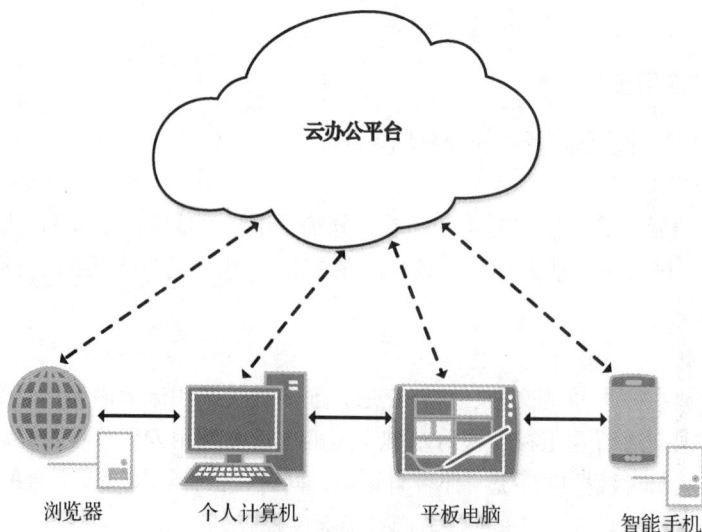

图 2-3　云办公原理图

显而易见，云办公具备跨平台、协同能力强和移动化办公的优势。而传统软件暴露的问题也是非常明显的，如使用起来较复杂，对硬件有一定的要求；跨平台能力弱，很难支持

iOS、Android 等新型智能（移动端）操作系统；协同能力弱，基本是"一人一软件"的模式。

当前云办公应用的主要产品有 Microsoft 公司的 Office 365、金山公司的 WPS 等。

（2）电子邮箱

电子邮箱作为一种流行的通信服务模式，其不断演变，为用户提供更快和更可靠的交流方式。传统的电子邮箱使用物理内存来存储通信数据，而云计算使电子邮箱可以使用云端的资源来检查和发送邮件，用户可以在任何地点、任何时间，用任何设备访问自己的邮箱，企业可以使用云技术让它们的邮箱服务系统变得更加稳固。

（3）数据存储

云计算的出现，使本地存储不再是必需品。用户可以将所需的文件、数据存储在互联网上的某个地方，以便随时随地访问。来自云服务商的各种在线存储服务，将会为用户提供广泛的产品选择和独有的安全保障，使其能够在免费和专属方案之间自由选择。具有代表性的应用有百度网盘、搜狐企业网盘等产品。

（4）云游戏和云手机

游戏化已经成为云计算的一个重要应用，随着各种云游戏推出，云计算的游戏正逐渐受到用户的欢迎，其能够给企业与用户带来更多的好处。云游戏化能够成为游戏提供商的宣传点，对用户来说，它能够提供一个随时可玩的平台，并且这个平台并不会消耗太多的性能。相比游戏终端较弱的硬件能力，云端服务器的硬件能力几乎可以被认为是无限强的。为云计算而生的计算中心是由数万台服务器组成的集群，硬件能力非常强大，几乎可以满足目前所有游戏的要求。伴随着云游戏的产生，云手机的应用也在逐渐普及。

（5）大数据分析

大数据正在跟云计算争夺科技新闻的头条，如今许多提供商和企业正在尝试将二者结合。大数据分析是目前最实用的大数据应用之一，能够帮助企业发现价值，增强企业的竞争力。

云计算能够为大数据提供灵活的、可扩展的资源，不仅能够为大数据提供一个或大或小的存储空间，还能利用自身的计算能力，帮助企业克服数据过多、难以发掘价值等问题。如今，云计算正成为大数据分析的主要动力。

2.1.3 云计算的服务模式

关于云计算的分类方法很多，常用的分类方法有按部署模式、按行业及按服务模式区分，云计算按服务模式可以分为基础设施即服务（Infrastructure as a Service，IaaS）、平台即服务（Platform as a Service，PaaS）和软件即服务（Software as a Service，SaaS）3 种。

1. 基础设施即服务

（1）IaaS 概述

IaaS 是一种向用户提供计算基础设施（包括 CPU、内存、存储、网络等）服务的模式。在 IaaS 模式下，用户相当于在使用物理的计算机和磁盘，即可以在上面运行 Windows 操作系统，也可以运行 Linux 操作系统。用户可以通过互联网从 IaaS 供应商处获得云主机、云存储等服务，用户可以根据自己的业务需求，部署和运行任意软件。这种模式下用户不需要管理或控制任何云计算基础设施，但能控制操作系统的选择、储存空间、部署空间，也可以获取防火墙、负载均衡等网络组件。IaaS 架构的示意图如图 2-4 所示。

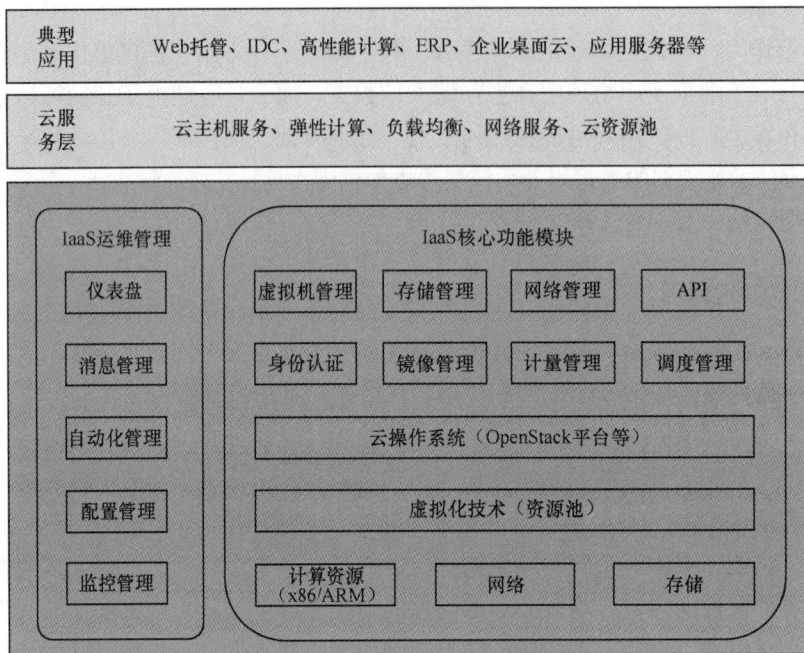

图 2-4　IaaS 架构的示意图

（2）IaaS 的主要功能

IaaS 在企业内部可以进行资源整合和优化，提高资源利用率；对外则能够将 IT 资源作为一种互联网服务提供给终端用户，帮助用户降低成本，从而实现低碳环保，也可以帮助用户便捷地实现信息化。

IaaS 的主要功能如下。

① 资源抽象。将各种基础设施抽象为资源池，可以更好地管理物理资源。

② 负载管理。通过负载管理，不仅能使部署在基础设施上的应用更好地应对突发情况，而且还能更好地利用系统资源。

③ 数据管理。对云计算来说，数据的完整性、可靠性和可管理性是对 IaaS 的基本要求。

④ 资源部署。将整个资源从申请到交付的流程全部自动化，无须人工干预。

⑤ 安全管理。安全管理的主要目标是保证基础设施和提供给用户的资源能进行合法的访问和使用。

⑥ 计费管理。可计费是云计算的主要特征，通过按量计费，可以让用户更灵活地使用各种资源。

（3）IaaS 市场

目前，我国的公有云 IaaS 市场发展迅速，大规模的数据中心已基本建成。IDC 统计数据显示，2018 年我国 IaaS 市场营收超过 200 亿元，2014 年到 2018 年复合增长率超过 33%，2020 年我国 IaaS 市场规模达到了 770 多亿元，同比增长 53.7%。主要的提供厂商有阿里巴巴、华为、腾讯、中国电信、Amazon、中国联通、青云等。

2. 平台即服务

（1）PaaS 概述

PaaS 是一种向用户提供应用程序的运行环境、开发环境（包括开发工具、中间件、数据库软件等）和服务器平台等，并将这些以服务形式提供给用户的服务模式。通常，PaaS 服务商通过基础架构平台或开发引擎为用户提供软件开发、部署和运行环境。用户基于 PaaS 提供商提供的开发平台可以快速开发并部署自己所需要的应用和产品，缩短了应用程序的开发周期，降低了环境的配置和管理难度，节省了环境搭建和维护的成本。

在这种服务模式下，用户可以非常方便地编写应用程序，而且无论是在部署还是在运行时，用户都无须为服务器、操作系统、网络和存储等资源的管理操心，这些烦琐的工作都由 PaaS 供应商负责处理。

PaaS 是在云计算基础设施上为用户提供的快速应用服务，并根据用户对实际资源的使用收取费用。PaaS 提供的是一种环境，用户程序不但可以运行在这个环境中，而且其生命周期也能够被该环境所控制。PaaS 为某一类应用提供一致、易用且自动的运行管理平台及相关的通用服务，也为上层应用提供了共享的、按需使用的服务和能力。PaaS 以服务的形式提供运行环境给用户，也可以作为应用开发测试和运行管理的环境。

（2）PaaS 的主要特点

PaaS 随着云计算技术的发展，应用越来越广泛。它的主要特点如下。

① 友好的开发环境。为软件开发人员提供友好的 SDK 和 IDE 等工具，让用户能在本地方便地进行应用的开发和测试。

② 丰富的服务。通常会以应用程序接口（Application Program Interface，API）的形式将各种服务提供给其他系统或模块进行应用。

③ 自动的资源调度。通过可伸缩性对资源进行自动的增加或减少，从而帮助应用程序更好地应对流量的变化。

④ 精细的管理和监控。PaaS 可以提供对应用程序的管理和监控，如记录应用程序的运行情况和状态变化，从而可以科学地衡量应用程序的运行状态，同时还可以精确地对应用程序所消耗的资源进行计量。

PaaS 能将现有各种业务能力进行整合，具体可以归类为应用服务器、业务能力接入、业务引擎、业务开放平台。向下可以根据业务能力需要测算基础服务能力，通过 IaaS 提供的 API 调用硬件资源；向上可以提供业务调度中心服务，实时监控平台的各种资源，并将这些资源通过 API 开放给用户。PaaS 主要具备平台即服务、平台及服务和平台级服务 3 个特点。

3. 软件即服务

（1）SaaS 概述

SaaS 即通过网络提供软件服务。它是随着互联网技术的发展和应用软件的成熟，在 21 世纪开始兴起的一种完全创新的软件应用模式。传统模式下，厂商通过 License（许可证）将软件产品部署到企业内部多个客户终端实现交付。SaaS 定义了一种新的交付方式，也使软件进一步回归服务本质。企业部署信息化软件的本质是自身的运营管理服务，软件的表象是一种业务流程的信息化，实际上还是第一种服务模式。SaaS 改变了传统软件服务的提供方式，减少了本地部署所需的大量前期投入，进一步突出信息化软件的服务属性，或将成为未来信息化软件市场的主流交付模式。

（2）SaaS服务的功能需求

SaaS服务的功能需求主要体现在以下几个方面。

① 随时随地访问。在任何时候、任何地点，只要能够接上网络，用户就能获取到SaaS服务。

② 支持公开协议。支持公开协议（例如HTML5），方便用户使用。

③ 安全保障。SaaS供应商需要提供一定的安全机制，不仅要使存储在云端的用户数据处于绝对安全的境地，而且要在用户端实施一定的安全机制（如HTTPS）来保护用户。

④ 多用户和可定制化。通过多用户机制，不仅能更经济地支持庞大的用户规模，而且能提供一定的个性化功能以满足用户的不同需求。

（3）SaaS的优点

① 技术方面。SaaS是简单的部署，不需要购买任何硬件，刚开始只需要简单注册即可。企业无须再配备IT方面的专业技术人员，同时又能得到最新的技术应用，满足企业对信息管理的需求。

② 投资方面。企业只以相对低廉的"月费"方式投资，不用一次性投资到位，不占用过多的运营资金，从而缓解企业资金不足的压力；不用考虑成本折旧问题，并能及时获得最新硬件平台及最佳解决方案。

③ 维护和管理方面。由于企业采取租用的方式进行物流业务管理，因此，不需要专门的维护和管理人员，在很大程度上缓解了企业在人力、财力上的压力，使其能够集中资金对核心业务进行有效的运营。

（4）SaaS市场

在经历了2016—2017年增速的暂时放缓后，2018年迎来了新一轮的快速增长。2019年，我国企业级SaaS市场规模为362.1亿元，相较2018年增长了48.7%。虽然2020年整体经济环境受到影响，但是就SaaS行业而言，企业对SaaS的接受度和需求增加，市场仍保持较快增速，2022年我国企业级SaaS市场的规模已突破千亿元。

我国的SaaS市场已有十年时间，但是国内综合实力较强的软件厂商普遍处于关注、观望状态，只有少数初创型的软件厂商在大力推进SaaS的应用与发展，如用友网络、金蝶、浪潮云ERP、金山办公、CRM厂商神州云动、云合同等。大多数软件厂商一方面由于自身实力、资金有限，另一方面受国内市场环境的影响，始终没有更大的发展。虽然Salesforce在国外非常成功，但在国内市场没有占据领导地位。

4. 云计算3种服务模式的比较

SaaS、PaaS和IaaS是3种不同的服务模式，都是基于互联网，按需按时收费。不同的模式为用户提供的服务不同，IaaS主要提供计算、存储、网络、配置和监控等服务，PaaS主要提供数据库、中间件、内存计算、大数据和高性能等服务，而SaaS主要提供ERP、CRM、协同办公、云存储、个性化等服务。从用户体验角度而言，它们之间的关系是独立的，因为它们面对的是不同的用户。从实际商业模式角度而言，PaaS的发展确实促进了SaaS的发展，因为提供开发平台后，SaaS的开发难度降低了。从技术角度而言，三者并不是简单的继承关系，

因为 PaaS 可以基于 PaaS 或者直接部署于 IaaS，其次 PaaS 可以构建于 IaaS 之上，也可以直接
构建在物理资源之上。云计算服务模式架构如图 2-5 所示。

图 2-5 云计算服务模式架构

对于 IaaS 和 PaaS 之间的比较，可以从以下几方面进行。

（1）开发环境

PaaS 基本会给开发者提供一整套包括 IDE 在内的开发和测试环境；IaaS 方面，用户主要
还是沿用之前比较熟悉的开发环境。但是因为之前的开发环境在和云的整合方面比较欠缺，
所以使用起来不是很方便。

（2）支持的应用

因为 IaaS 主要是提供虚拟机，而且普通的虚拟机能支持多种操作系统，所以 IaaS 支
持应用的范围是非常广泛的。但如果要让一个应用在某个 PaaS 平台运行不是一件轻松的事，
因为不仅需要确保这个应用是基于这个平台所支持的语言，而且要确保这个应用只能调用
这个平台所支持的 API，如果这个应用调用了平台不支持的 API，就需要对这个应用进行
修改。

（3）开放标准

虽然很多 IaaS 平台存在一定的私有功能，但 IaaS 在跨平台和避免被供应商锁定这两方面
是稳步前进的。而 PaaS 平台的情况则不容乐观，因为无论是 Google 公司的 App Engine 还是
Salesforce 公司的 Force.com，都存在一定的私有 API。

（4）可伸缩性

PaaS 平台会自动调整资源来帮助运行于其上的应用更好地应对突发流量，而 IaaS 平台则
需要开发人员手动对资源进行调整。

（5）整合率和经济性

PaaS 平台的整合率非常高，例如 PaaS 的代表 Google 公司的 App Engine 能在一台服务器
上承载成千上万的应用，而普通的 IaaS 平台的整合率最多也不会超过 100，普遍在 10 左右，
这使得 IaaS 的经济性不如 PaaS。

（6）计费和监管

因为 PaaS 平台在计费和监管这两方面不仅达到了 IaaS 平台所能企及的操作系统层面（例
如 CPU 和内存的使用量等），而且还能做到应用层面（例如应用的反应时间或者应用所消耗
的事务多少等），这将提高计费和管理的精确性。

（7）学习难度

因为在 IaaS 上面开发和管理应用和现有的方式比较接近，而在 PaaS 上面开发则有可能
需要学一门新的语言或者新的框架，所以 IaaS 的学习难度更低。

2.1.4 云计算的部署模式

根据云计算的部署模式，可以将云计算分为公有云、私有云、混合云3种模式。另外，面对不同的行业，可以将云计算分为不同的行业云。

1. 公有云

公有云是第三方提供商通过公共互联网提供的计算服务，面向希望使用或购买的组织和个人。公有云的核心特征是云端资源面向社会大众开放，符合条件的任何个人或者单位组织都可以租赁并使用云端资源。公有云的管理比私有云的管理要复杂得多，尤其是安全防范方面的要求更高。

从使用者角度来看，可以免去所有自己搭建云服务器的烦琐与费用，直接租用云服务器厂商的资源，运营维护等工作就全交给云厂商去处理。企业或者个人只需要专注于自己的业务和开发，大多数底层复杂问题直接交由云服务器提供商处理。除非组织的实际业务是提供IT服务，否则企业就应该专注自己的核心任务和核心用户，而不是将注意力放在建设一个内部庞大的IT部门或数据中心上。

2. 私有云

私有云是为一个用户单独使用而构建的，因而提供对数据、安全性和服务质量的最有效控制。该用户拥有基础设施，并可以控制在此基础设施上部署应用程序的方式。私有云可部署在企业数据中心的防火墙内，也可以将它们部署在一个安全的主机托管场所。私有云的核心属性是专有资源IaaS模式。

私有云可由企业自己的IT机构构建，也可由云提供商构建。在此"托管式专用"模式中，像Sun、IBM这样的云计算提供商可以安装、配置和运营基础设施，以支持一个企业数据中心内的专用云。此模式赋予企业对云资源使用情况的极高水平的控制能力，同时带来建立并运作该环境所需的专业知识。

3. 混合云

混合云融合了公有云和私有云，是近年来云计算的主要模式和发展方向。我们已经知道私有云主要是面向企业用户，出于安全考虑，企业更愿意将数据存放在私有云中，但同时又希望可以获得公有云的计算资源，在这种情况下混合云被越来越多的企业采用。混合云将公有云和私有云进行混合和匹配，以获得最佳的效果，采用这种个性化的解决方案，达到了既省钱又安全的目的。

4. 行业云

（1）行业云的定义

行业云就是由行业内或某个区域内起主导作用或者掌握关键资源的组织建立和维护的，以公开或半公开的方式，向行业内部、相关组织或公众提供有偿或无偿服务的云平台。

（2）行业云与公有云的区别

行业云与公有云的主要区别在于数据来源及服务提供者的核心竞争力。

公有云是可为大众使用的云平台，一般为一个专门出售云服务的机构所拥有，例如，阿里云、华为云、腾讯云、百度云等。其特点是数据来源是公开途径，通过独有的应用利用公开数据为用户提供服务，其算法、业务系统是其核心竞争力。而行业云的数据主要来源于行业内部的核心组织，也有一部分来自行业内部的其他成员，绝大部分是私有数据，数据是其核心竞争力。因此，数据不可能提供给第三方却又同时具有对外服务的需求。例如，质检行业需要对外提供各类商品的信息查询，但是数据又不可能交给第三方处理，所以质监系统会建立一个质检行业云，整合整个系统的信息，对外提供该类服务，类似的行业还有交通、环保、卫星等。

2.2 云计算的技术架构

本节介绍云计算的技术架构，包括分布式计算的原理、云计算技术架构的特点，以及云计算中涉及的网络、数据中心、虚拟化、分布式存储和云安全等关键技术，帮助读者深层次理解云计算的技术核心。

扫码观看
微课视频

2.2.1 分布式计算的原理

1. 什么是分布式计算

分布式计算研究如何把一个需要非常强大的计算能力才能解决的问题分成许多小的部分，然后把这些部分分配给许多计算机进行处理，最后把这些计算结果综合起来得到最终的结果。

分布式计算是一种计算方法，相对的是集中式计算。随着计算技术的发展，有些应用需要非常强大的计算能力才能完成，如果采用集中式计算，需要耗费相当长的时间才能完成。分布式计算可以节约整体计算时间，大大提高计算效率。

例如，分布式计算项目可以使用世界各地成千上万位志愿者的计算机的闲置计算能力，通过互联网，分析来自外太空的电信号，寻找隐蔽的黑洞，并探索可能存在的外星智慧生命；可以寻找超过 1000 万位数字的梅森素数；也可以寻找并发现对抗人体免疫缺陷病毒的更为有效的药物……这些项目都很庞大，需要惊人的计算量，仅依靠单台计算机在一个能让人接受的时间内完成计算是绝不可能的。

2. 分布式计算系统

（1）分布式计算系统

一个分布式计算系统包括若干通过网络互联的计算机，这些计算机互相配合以完成一个共同的目标。在分布式计算系统上运行的计算机程序被称为分布式计算程序，分布式编程就是编写上述程序的过程。采用分布式计算的一组计算机组成的系统，叫作分布式计算系统。

（2）分布式计算系统的类型

分布式计算系统通常根据计算方式的不同，分为计算机集群系统和计算机网格系统。

① 计算机集群系统。计算机集群系统的结构如图 2-6 所示。图 2-6 所示的主节点是管理节点，负责管理程序、并行组件库和本地操作系统；子（从）节点是计算节点，使用并行应用程序、并行组件库和本地操作系统进行计算。其中，管理程序负责系统管理和配置、作业管理；并行组件库是基于消息的通信工具；本地操作系统为标准的通用操作系统；并行应用程序就是并行执行的应用程序。计算机集群系统之间是同构的，主要采用集群计算。

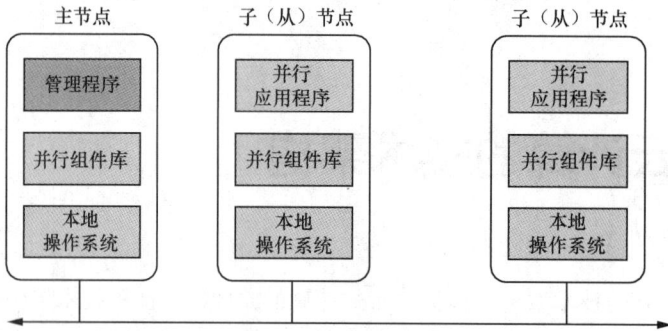

图 2-6　计算机集群系统的结构

② 计算机网格系统。计算机网格系统之间是异构的，这是因为在单台计算机内部，各层之间的工作是分层次的，形似开放系统互连参考模型（Open System Interconnection Reference Model，OSI-RM）的 7 层模型，各层之间提供 API 相互进行邻层的调用，但是各层内部的构成是对外透明的。

计算机网格系统与计算机集群系统的主要差别是网格系统是连接一组相关但相互并不信任的计算机，它的运作更像一个计算公共设施而不是一个独立的计算机，计算机网格系统通常比计算机集群系统支持更多不同类型的计算机集合。计算机网格系统本质上是动态的，计算机集群系统包含的处理器和资源的数量通常都是静态的。在计算机网格系统上，资源可以动态出现，资源可以根据需要添加到计算机网格系统中或从计算机网格系统中删除。另外，计算机集群系统和计算机网格系统计算是相互补充的，很多计算机网格系统都在自己管理的资源中采用了计算机集群系统。实际上，计算机网格系统用户可能并不清楚他的工作负载是在一个远程的集群系统上执行的。

（3）主流的分布式计算系统

得到广泛使用的分布式计算系统主要有 Hadoop、Spark 和 Storm，它们是最重要的三大分布式计算系统。Hadoop 常用于离线的、复杂的大数据分析处理，Spark 常用于离线的、快速的大数据处理，而 Storm 常用于在线的、实时的大数据处理。

2.2.2　云计算技术架构的特点

1. 传统的 IT 部署架构

传统的 IT 部署架构是"烟囱式"（或称为"专机专用"）系统，如图 2-7 所示。在"烟囱式"

架构中，每个应用系统根据自己对系统资源的需求确定底层架构所需要的计算、存储、网络等的规格和数量。显然这种架构存在的问题有：各应用系统间的基础设施很难共享；为每个应用系统建设基础设施成本高、建设周期长、资源利用率低，随着业务的发展，系统很难扩展；造成企业内部 IT 架构无法统一规划，后期的管理和维护困难；数据分布广，格式不统一，导致数据难以打通。

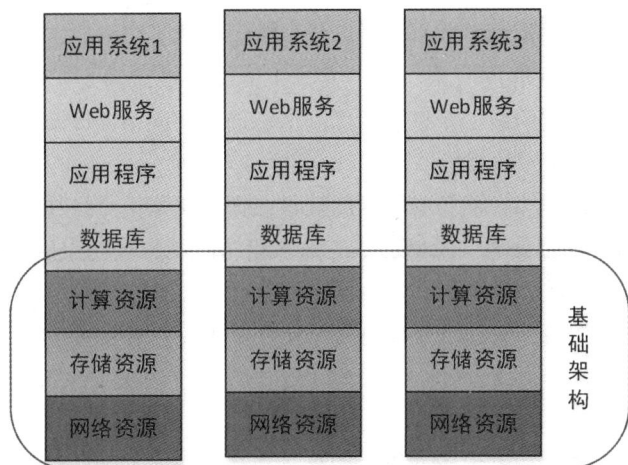

图 2-7　传统的 IT 部署架构

2. 云计算模式部署架构

为了解决传统的 IT 部署架构的问题，云计算技术应运而生，它的出现为整个 IT 部署架构带来了创新，为整个 IT 领域带来了一场巨大的变革，其技术和应用涉及硬件系统、软件系统、应用系统、运维管理、服务模式等方面。云计算模式部署架构如图 2-8 所示。

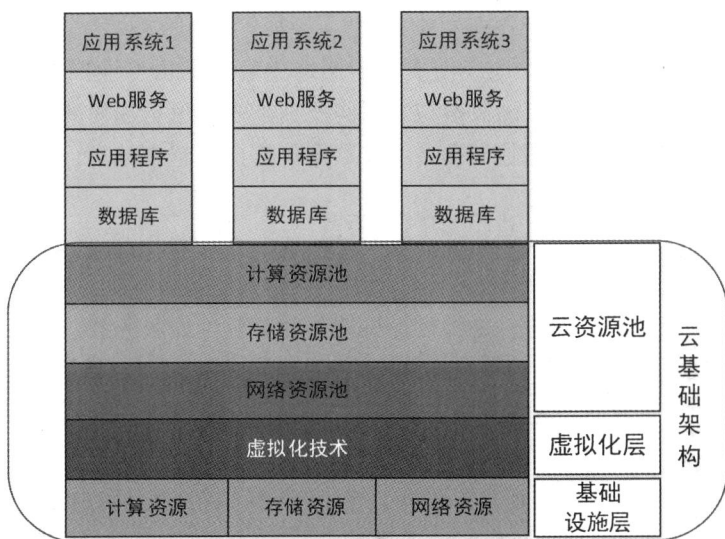

图 2-8　云计算模式部署架构

33

2.2.3　云计算的关键技术

1. 网络技术

网络技术是 20 世纪 90 年代中期发展起来的新技术，它把互联网上分散的资源融合为一个整体，实现资源的全面共享和有机协作，使人们能够透明地使用资源并按需获取信息。资源包括高性能计算机、存储资源、数据资源、信息资源、知识资源、专家资源、大型数据库、网络、传感器等。当前的互联网只限于信息共享，网络则被认为是互联网发展的第三阶段。我们可以按需构建地区性的网络、企事业内部网络、局域网网络，以及家庭网络和个人网络。网络的根本特征并不一定是它的规模。

计算机网络的类型有很多，而且有不同的分类依据。网络按交换技术可分为线路交换网、分组交换网，按传输技术可分为广播网、非广播多路访问网、点到点网，按拓扑结构可分为总线型、星形、环形、树状、全网形和部分网形网络，按传输介质可分为同轴电缆、双绞线、光纤或卫星等所连成的网络，按网络分布规模可分为局域网、城域网、广域网。

2. 数据中心技术

数据中心是全球协作的特定设备网络，用来在互联网网络基础设施上传递、加速、展示、计算、存储数据信息。数据中心的产生使人们的认识从确定的、结构的世界进入不确定的、非结构的世界，它将和交通、网络通信一样逐渐成为现代社会基础设施的一部分，进而对很多产业都产生积极影响。

数据中心是与人力资源、自然资源一样重要的战略资源。在信息时代下的数据中心行业中，随着海量数据的产生，使数据的收集与处理发生了重要的转变，企业也从实体服务走向了数据服务。产业界的需求与关注点也发生了转变，企业关注的重点转向了数据，计算机行业从追求计算能力转变为数据处理能力，软件业也将从以编程为主向以数据为主转变，云计算的主导权也将从分析向服务转变。

在信息时代，数据中心的产生，使更多的网络内容不再由专业网站或者特定人群产生。随着数据中心行业的兴起，网民参与互联网及贡献内容也更加便捷，呈现出多元化的趋势。巨量网络数据都能够存储在数据中心，数据价值也会越来越高，可靠性也在进一步加强。

3. 虚拟化技术

虚拟化是一种资源管理技术，是将计算机的各种资源（如服务器、网络、内存及存储等）经过抽象转换后呈现出来，打破实体结构间的不可切割的障碍，使用户能以比原本配置更好的方式来应用这些资源。这些资源的新虚拟方式不受现有资源的架设方式、地域和物理配置所限制。

虚拟化的本质是将原来运行在真实环境上的计算系统或组件运行在虚拟的环境中。虚拟化原理如图 2-9 所示。它的主要目的是对 IT 基础设施进行简化，可以简化资源及对资源管理的访问。

真实计算模式　　　　　　　　　虚拟计算模式

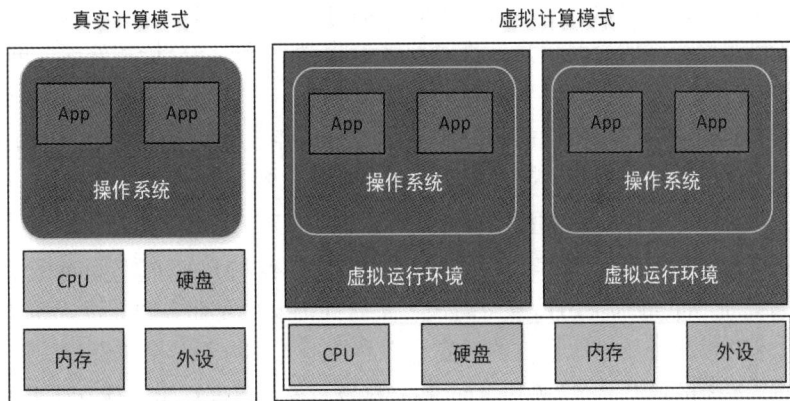

图 2-9　虚拟化原理

虚拟化技术的划分方法比较多，主要可以从以下几种维度来划分，如图 2-10 所示。

划分维度	内容
提供内容	应用虚拟化、框架虚拟化、桌面虚拟化和系统虚拟化
实现机制	全虚拟化、半虚拟化和硬件辅助虚拟化
VMM 类型	托管型和原生架构型
设备类型	服务器虚拟化、网络虚拟化和存储虚拟化

图 2-10　虚拟化技术的划分

4. 分布式存储技术

（1）分布式存储技术概述

分布式存储是一种数据存储技术，通过网络使用企业中的每台机器上的磁盘空间，并将这些分散的存储资源构成一个虚拟的存储设备，让数据分散地存储在企业的各个角落。

为了存储和管理云计算中的海量数量，Google 公司提出了 Google 文件系统（Google File System，GFS）。GFS 是一个大规模分布式文件系统。其中，Apache Hadoop 项目的分布式文件系统实现了 GFS 的开源版本。

（2）分布式存储系统

分布式存储系统是将数据分散存储在多台独立的设备上。传统的网络存储系统采用集中的存储服务器存放所有数据，存储服务器成为系统性能的瓶颈，也是可靠性和安全性的焦点，不能满足大规模存储的需要。分布式存储系统采用可扩展的系统结构，利用多台存储服务器分担存储负荷，利用位置服务器定位存储信息。它不但提高了系统的可靠性、可用性和存取效率，还易于扩展。

5. 云安全技术

云计算、云存储出现之后，云安全也出现了。云安全技术是 P2P 技术、网格技术、云计算技术等分布式计算技术混合发展、自然演化的结果。

"云安全"是网络时代信息安全的最新体现，它融合了并行处理、网格计算、未知病毒行为判断等新兴技术和概念，通过网状的大量客户端对网络中的软件行为进行异常监测，获取互联网中木马、恶意程序的最新信息，推送到服务器端进行自动分析和处理，再把解决方案分发到每一个客户端。

最早提出"云安全"这一概念的是趋势科技。2008 年 5 月，趋势科技在美国正式推出云安全技术。云安全的概念在早期引起过不小争议，如今已经被普遍接受。值得一提的是，我国网络安全企业在云安全的技术应用上已经走到了世界前列。

云安全的概念一经提出，瑞星、趋势科技、卡巴斯基、McAfee、Symantec、江民科技、Panda、金山、奇虎 360 等都推出云安全解决方案。我国安全企业金山、奇虎 360、瑞星等都拥有相关的技术并投入使用。像金山的云安全产品在运行时由于对系统资源的占用大幅度减少，因此，在很多老机器上也能流畅运行。趋势科技云安全已经在全球建立了五大数据中心，包含几万台在线服务器。据趋势科技在 2015 年发布的数据，云安全可以支持平均每天 55 亿条查询，每天收集分析 2.5 亿个样本，资料库第一次命中率就可以达到 99%。借助云安全，趋势科技现在每天阻断的病毒感染高达 1000 万次。

云安全技术应用后，识别和查杀病毒不再仅依靠本地硬盘中的病毒库，而是依靠庞大的网络服务，实时进行采集、分析及处理。整个互联网就是一个巨大的"杀毒软件"，参与者越多，每个参与者就越安全，整个互联网就更安全。

2.3 应用云计算的主流产品

本节介绍应用云计算的主流产品，包括 Google 云计算、Amazon 云计算、阿里云计算、华为云计算等，帮助读者了解目前的云计算市场情况。

2.3.1 Google 云计算

Google 云计算技术具体包括 Google 文件系统（GFS）、分布式计算编程模型（MapReduce）、分布式锁服务（Chubby）和分布式结构化数据表（BigTable）等。

1. GFS

GFS 是 Google 公司自己设计的大型分布式文件系统，位于所有核心技术的底层。它是由大量安装有 Linux 操作系统的普通个人计算机构成的集群系统，整个集群系统由客户端、主服务器和数据块服务器构成。GFS 中文件备份成固定大小的数据块，分别存储在不同的数据块服务器上，每个数据块都有多份备份，也存储在不同的数据块服务器上。主服务器负责维护 GFS 中的元数据，即文件名及其数据块信息。客户端先从主服务器上得到文件的元数据，根据要读取的数据在文件中的位置与相应的数据块服务器通信，获取文件数据。GFS 解决了大数据量的存储问题，其具体体系结构如图 2-11 所示。

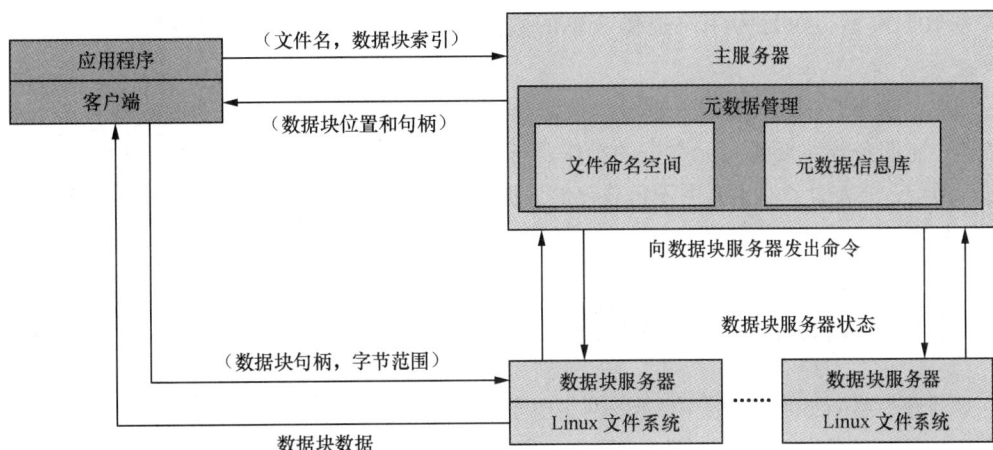

图 2-11 GFS 体系结构

2. MapReduce

MapReduce最早是由Google公司提出的一种面向大规模数据处理的并行计算模型和方法，设计的初衷主要是解决搜索引擎大规模网页数据的并行化处理。由于 MapReduce 可以应用于很多大规模数据的计算，因此它的应用相当广泛。到目前为止，Google 公司已有上万个算法问题是由 MapReduce 处理的。

3. Chubby

Chubby 是 Google 公司设计的一个提供粗粒度锁服务的文件系统，它基于松耦合分布式系统，解决了分布的一致性问题。通过使用的锁服务，用户可以确保数据操作过程中的一致性。

GFS 使用 Chubby 选取一个 GFS 主服务器，BigTable 使用 Chubby 指定一个主服务器并发现、控制与其相关的子表服务器。除了最常用的锁服务之外，Chubby 还可以作为一个稳定的存储系统存储包括元数据在内的小数据。同时，Google 内部还使用 Chubby 进行名字服务（Name Server）。

Chubby 本质上是一个分布式的、能存储大量小文件的文件系统，它所有的操作都是在文件的基础上完成的，Chubby 的文件系统与 UNIX 文件系统类似。

4. BigTable

为解决海量数据存储的问题，Google 公司的软件开发工程师研发了 BigTable，并于 2005 年 4 月投入使用。Google 公司在 2006年的 OSDI（Operating Systems Design and Implement）大会上发表了关于 BigTable 分布式数据库的论文。Big Table 为 Google 公司的 60 多种产品和项目提供了存储和获取结构化数据的支撑平台，在 Google 公司内部至少运行着 500 个 Big Table 集群。

BigTable 是一个分布式多维度映射表，表中数据通过一行关键字、一个列关键字和一个时间戳进行索引。BigTable 的设计目的是可靠地处理 PB 级的海量数据，使其能够部署在上千台机器上。BigTable 具有高可靠性、高性能、可伸缩等特性，借鉴了并行数据库和内存数据库的一些特性，但 BigTable 提供了一个完全不同的接口。BigTable 不支持完整

37

的关系数据模型，而是为用户提供简单的数据模型，使用户可以动态控制数据的分布和格式。

通常情况下，BigTable 由 3 部分组成，分别是客户端程序库、一个主服务器和多个子表服务器。主服务器主要进行元数据的操作及子表服务器之间的负载调度问题，几乎不与客户端进行通信；子表服务器主要用于负载存储数据，数据被划分为不同的块，通过索引将不同的块关联起来。

2.3.2　Amazon 云计算

亚马逊（Amazon）是美国的老牌网络电子商务公司，位于华盛顿州的西雅图，是最早开始经营电子商务的公司之一，成立于 1994 年。Amazon 一开始只经营网络的书籍销售业务，后来逐渐扩展经营范围，现在已成为全球商品品种最多的网上零售商和全球十大互联网企业之一，公司名下还包括互联网排名（Alexa）、互联网电影数据库（Internet Movie Database，IMDB）等众多子公司。

Amazon云科技是 Amazon 公司旗下的云计算服务平台，为世界各地的用户提供一整套基础设施和云解决方案。Amazon云科技面向用户提供整套云计算服务，能够帮助企业降低 IT 投入成本和维护成本，轻松上云。AWS（Amazon Web Services）是 Amazon 提供的专业云计算服务，于 2006 年推出，以 Web 服务的形式向企业提供 IaaS 服务，其主要优势是可以根据业务发展以较低的可变成本来替代前期资本基础设施费用。

AWS 提供的服务包括：亚马逊弹性计算网云(Amazon EC2)、亚马逊简单存储服务(Amazon S3)、亚马逊简单数据库（Amazon SimpleDB）、亚马逊简单队列服务（Amazon Simple Queue Service）、亚马逊内容分发网络（Amazon CloudFront）等。

AWS 已经为全球 190 个国家和地区内成百上千家企业提供支持，数据中心位于美国、欧洲、巴西、新加坡和日本。亚马逊中国为我国消费者提供图书、音乐、影视、手机数码、IT 软件等 32 大类上千万种的产品，通过"送货上门"服务及"货到付款"等多种方式，为我国消费者提供便利、快捷的网购体验。

2.3.3　阿里云计算

1. 阿里云简介

阿里云创立于 2009 年，是全球领先的云计算及人工智能科技公司，致力于以在线公共服务的方式，提供安全、可靠的计算和数据处理能力，让计算和人工智能成为普惠科技。阿里云是在制造、金融、政务、交通、医疗、电信、能源等众多领域的领军企业，用户包括中国联通、12306、中石化、中石油、飞利浦、华大基因等大型企业，以及微博、知乎、等互联网公司。在天猫双 11 全球狂欢节、12306 春运购票等极富挑战的应用场景中，阿里云保持着良好的运行记录。

阿里云在全球各地部署高效节能的绿色数据中心，利用清洁计算为万物互联的世界提供源源不断的能源动力，开服的国家和地区包括中国、新加坡、美国、欧洲、中东、澳大利亚和日本。

2021 年，IDC 发布《中国公有云服务市场（2020 第四季度）跟踪》报告，显示 2020 年第四季度中国 IaaS 市场规模为 220 多亿元，阿里云仍然占据国内市场份额第一的位置。在全球 IaaS 业务中，阿里云排在继 Amazon、Microsoft 后第三的位置。

2. 阿里云产品和应用

（1）飞天操作系统

飞天操作系统诞生于 2009 年 2 月，是由阿里云自主研发、服务全球的超大规模通用计算操作系统，为全球 200 多个国家和地区的企业、政府、机构等提供服务。飞天操作系统致力于解决人类计算的规模、效率和安全问题，它可以将遍布全球的百万级服务器连成一台超级计算机，以在线公共服务的方式为社会提供计算能力。飞天操作系统的革命性在于将云计算的 3 个方向整合起来：提供足够强大的计算能力、提供通用的计算能力、提供普惠的计算能力。

（2）人工智能 ET

阿里的人工智能 ET 拥有全球领先的人工智能技术，已具备智能语音交互、图像与视频识别、交通预测、情感分析等功能。ET 可化身为城市大脑、人民法院书记员、影视投资经理、交警、智能外卖员等多种身份，在城市治理、交通调度、工业制造、健康医疗、司法等领域成为人类的强大助手。基于阿里云飞天操作系统强大的计算能力，ET 的感知和思考能力正在多个领域不断进化。

（3）云端实践

阿里云在云端成功应用的项目有很多，代表性的应用包括：杭州城市大脑、12306 网站、中石化的"易派客"、徐工集团基础云平台、国家税务总局金税项目、海关总署的"金关工程二期"大数据云项目、为国家天文台的郭守敬望远镜和 FAST 射电望远镜处理海量数据，以及为中国联通打造的"中国联通集团新一代云化业务支撑系统"等。

2.3.4 华为云计算

1. 华为云简介

华为技术有限公司（以下简称华为）成立于 1987 年，总部位于广东省深圳市龙岗区。华为是全球领先的信息与通信技术（Information and Communication Technology，ICT）解决方案供应商，专注于 ICT 领域，坚持稳健经营、持续创新、开放合作，在电信运营商、企业、终端和云计算等领域构筑了端到端的解决方案优势，为运营商用户、企业用户和个人用户提供有竞争力的 ICT 解决方案、产品和服务，并致力于实现未来信息社会、构建更美好的全连接世界。

华为云成立于 2005 年，隶属华为公司，专注于云计算中公有云领域的技术研究与生态拓展，致力于为用户提供一站式云计算基础设施服务。

华为云立足于互联网领域，提供包括云主机、云托管、云存储、超算、内容分发与加速、视频托管与发布、企业 IT、云计算机、云会议、游戏托管、应用托管等服务和解决方案。

2021 年，IDC 发布《中国公有云服务市场（2020 第四季度）跟踪》报告，显示 2020 年第四季度中国 IaaS 市场规模为 34.9 亿美元，华为与腾讯并列第二位，在全球 IaaS 业务中，华为云排在 Google 之后位居第五。

2. 华为云提供的主要服务和产品

（1）弹性计算云

弹性计算云是整合了计算、存储网络资源，按需使用、按需付费的一站式IT计算资源租用服务，以帮助开发者和IT管理员在不需要一次性投资的情况下，快速部署和管理大规模、可扩展的IT基础设施资源。

（2）存储服务

华为对象存储服务是一个基于对象的云存储服务，为用户提供海量、安全、高可靠、低成本的数据存储服务。用户可以通过REST接口或者基于Web浏览器的云管理平台界面对数据进行管理和使用。它同时提供了多种语言（如Java、PHP、C、Python）的SDK来简化编程。

华为对象存储服务可以为多种应用构建大规模的数据存储服务，如互联网海量内容（视频、图片、照片、图书、音像、杂志等）、网盘、数字媒体、备份、归档、大数据等服务。

（3）桌面云

桌面云是采用云计算技术开发出的一款智能终端产品，外表看起来是一个小盒子，但可以替代普通计算机；同时用户也可以用个人计算机和移动设备等多种方式接入桌面云。桌面云改变了传统的个人计算机办公模式，突破了时间、地点、终端、应用的限制，可随时随地办公，成就自由的现代办公时代，让用户更专注于核心业务的发展。

（4）云云协同

2021年6月18日，在华为云技术峰会上，华为云宣布"云云协同"策略，华为云和华为终端云在能力和生态两方面深度协同，为用户提供统一的服务和体验，包括统一账号、支付、音频、视频、地图、广告等开放服务，以及统一开发平台、统一应用分发及运营服务，实现B2B（商家对商家）和B2C（商家对顾客）的全生态融合。

（5）欧拉操作系统（Euler OS）

Euler OS是具备高安全性、高可扩展性、高性能、开放的企业级操作系统平台，能够满足用户从传统IT基础设施到云计算服务的需求。该产品基于稳定的Linux内核，支持鲲鹏及x86处理器，在系统高性能、高可靠、高安全等方面积累了一系列的关键技术，提供了一个稳定、安全的基础软件平台。Euler OS对ARM64架构提供全栈支持，打造完善的从芯片到应用的一体化生态系统。2010年华为内部高性能计算项目Euler OS的发布，在2021年9月，华为正式推出openEuler操作系统。

（6）高斯数据库（GaussDB）

GaussDB是华为自主研发的数据库品牌，是华为基于外部电信与金融政企经验、华为内部流程IT与云底座深耕10年以上的数据库内核研发优化能力，从用户对高可用、高性能、安全可靠等诉求出发，结合云的技术倾力打造的企业级分布式数据库。

3. 华为鲲鹏云服务

华为鲲鹏云服务基于鲲鹏处理器等多元基础设施，涵盖裸机、虚机、容器等形态，具备多核高并发特点，适合AI、大数据、云手机、云游戏等场景。

目前华为云服务正全面鲲鹏化，构建全栈鲲鹏云服务，主要包括华为鲲鹏云盘、华为鲲鹏数据库（高斯数据库）、华为鲲鹏Redis、华为鲲鹏容器、华为鲲鹏微服务平台和华为鲲鹏应用运维等服务。

【学习笔记】

认知云计算			
1. 云计算的概念			
2. 云计算概念形成过程	• 互联网阶段： • 万维网阶段： • 云计算阶段：		
3. 云计算的特点			
4. 云计算的应用行业和典型应用场景			
5. 云计算的服务模式	IaaS	PaaS	SaaS
6. 云计算的部署模式	（1）公有云 （2）私有云 （3）混合云 （4）行业云		

云计算的技术架构和应用云计算的主流产品	
1. 什么是分布式计算	
2. 分布式计算系统	• Hadoop • Spark • Storm

3. 云计算技术架构的特点	传统的 IT 部署架构	云计算模式部署架构

4. 云计算的关键技术	• 网络技术
	• 数据中心技术
	• 虚拟化技术
	• 分布式存储技术
	• 云安全技术

5. 应用云计算的主流产品	• Google 云计算
	• Amazon 云计算
	• 阿里云计算
	• 华为云计算

考核评价

姓名：_____ 专业：_____ 班级：_____ 学号：_____ 成绩：_____

一、单选题（每题 2 分，共 20 分）

1. 云计算是一种通过（　　）以服务的方式提供动态、可伸缩的虚拟化资源的计算模式。
   A. 网络　　　　　　B. 服务器　　　　　C. 硬件设备　　　　D. 软件
2. （　　）不是云计算的特点。
   A. 通用　　　　　　B. 经济　　　　　　C. 高扩展性　　　　D. 复杂
3. 云计算的实质是（　　）。
   A. 一种新型的商业模式　　　　　　B. 可以进行高性能计算
   C. 可以提高工作效率　　　　　　　D. 可应用到多个领域的一项技术
4. 关于私有云的优点，下列表述中正确的是（　　）。
   A. 数据安全　　　　B. 数据共享　　　　C. 平台开放性　　　D. 价格低廉
5. （　　）不是云计算的部署模式。
   A. 公有云　　　　　B. 私有云　　　　　C. 共享云　　　　　D. 混合云
6. （　　）不属于 Google 云计算技术。
   A. GFS　　　　　　B. Big Table　　　　C. MapReduce　　　D. Hadoop
7. （　　）不是主流的分布式计算系统。
   A. Hadoop　　　　　B. Spark　　　　　　C. Storm　　　　　　D. GFS
8. （　　）不是根据网络分布规模来划分的网络。
   A. 局域网　　　　　B. 万维网　　　　　C. 广域网　　　　　D. 城域网
9. 关于云安全的技术特点，下列表述中不正确的是（　　）。
   A. 高性能　　　　　B. 高可靠性　　　　C. 高时效性　　　　D. 高定制性
10. 以下产品或服务中不属于华为云的是（　　）。
   A. 欧拉操作系统　　B. 高斯数据库　　　C. 人工智能 ET　　　D. 鲲鹏云服务

二、多选题（每题 3 分，共 30 分）

1. 云计算概念的形成未经历以下哪几个阶段？（　　）
   A. 单机时代　　　　B. 集群时代　　　　C. 网格时代　　　　D. 云计算时代
2. 云计算概念的形成经历的阶段包括（　　）。
   A. 互联网　　　　　B. 万维网　　　　　C. 网格　　　　　　D. 云计算
3. 云计算的特点包括（　　）。
   A. 超大规模　　　　B. 可计量　　　　　C. 可靠性强　　　　D. 廉价
4. 云计算主要的应用行业包括（　　）。
   A. 政府部门　　　　B. 金融行业　　　　C. 医疗行业　　　　D. 电信行业
5. 根据云计算的服务类型，可以将云计算分为（　　）。
   A. 基础设施即服务　B. 平台即服务　　　C. 软件即服务　　　D. 网络即服务

6. 公有云的特点包括（   ）。

    A. 安全　　　　　　B. 数据共享　　　　C. 使用方便　　　　D. 提供无限可能

7. 分布式计算系统可分为（   ）。

    A. 计算机集群系统　　　　　　　　B. 计算机网格系统

    C. 超级计算系统　　　　　　　　　D. 计算机网络系统

8. 根据实现机制，可以将虚拟化划分为（   ）。

    A. 系统虚拟化　　　B. 全虚拟化　　　　C. 半虚拟化　　　　D. 硬件辅助虚拟化

9. 传统 IT 部署架构存在的问题有（   ）。

    A. 信息孤岛　　　　B. 全资源利用率低　C. 扩展性差　　　　D. 数据不安全

10. 计算机网络可以提供的功能包括（   ）。

    A. 资源共享　　　　B. 信息传输　　　　C. 负载均衡　　　　D. 综合信息服务

三、判断题（每题 2 分，共 20 分）

1. 云计算可以让用户按需获取资源。（   ）

2. 混合云可以保证数据的安全性，同时还可以使用公有云强大的计算资源。（   ）

3. 行业云只能以半公开的方式，向行业内部提供有偿的云平台。（   ）

4. 分布式计算是利用互联网上的计算机来解决大型计算问题的一种计算科学。（   ）

5. 虚拟化本质是将原来运行在真实环境中的计算系统运行在虚拟的环境中。（   ）

6. 元数据主要是描述数据属性的，如存储位置、历史状态、文件记录等。（   ）

7. 截至 2021 年，阿里云的 IaaS 服务营收额在亚太地区排名第一，全球排名第三。（   ）

8. AWS 业务主要集中在欧美国家和地区，截至目前还未在国内市场开展业务。（   ）

9. 数据中心是全球协作的特定设备网络，用来在互联网网络基础设施上传输、加速、展示、计算、存储数据信息。（   ）

10. 目前只有华为云支持基于 ARM 架构的应用。（   ）

四、简答题（每题 10 分，共 30 分）

1. 云计算是什么？它有什么特点？它在我们日常生活中可以解决什么问题？

2. 简述什么是 IaaS、PaaS 和 SaaS。

3. 简述传统的 IT 部署架构和云计算模式部署架构的特点。

模块3
大数据

03

　　高速发展的信息时代，新一轮科技革命和产业变革正在加速推进，技术创新日益成为重塑经济发展模式和促进经济增长的重要驱动力量，而大数据无疑是核心推动力。本模块主要介绍大数据的基础知识、大数据的应用场景、大数据核心技术等内容。

学习目标

◎ 了解大数据的基础知识、结构类型和核心特征。

◎ 了解大数据的应用场景与发展趋势。

◎ 了解大数据的系统架构。

◎ 了解常用的大数据工具、大数据环境的搭建及大数据挖掘工具的使用方法。

◎ 了解大数据分析算法、熟悉大数据的基本处理流程。

◎ 了解大数据可视化工具的应用。

◎ 了解大数据相关法律法规和政策。

知识图谱

大数据知识图谱如图3-1所示。

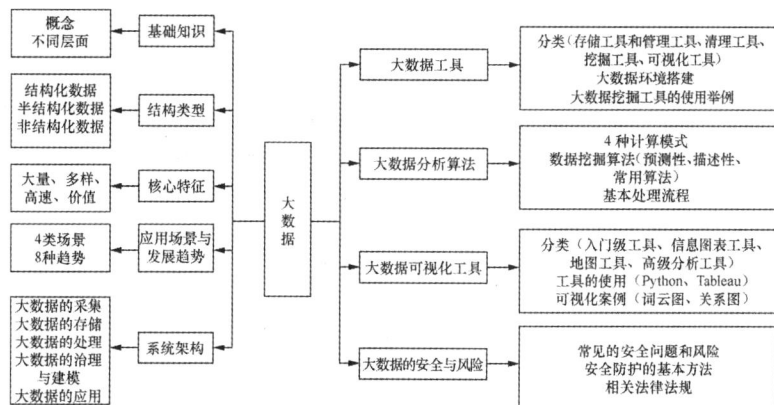

图 3-1　大数据知识图谱

3.1 认识大数据

现代社会是一个高速发展的社会，科技发达，信息流通迅速，人们之间的交流越来越密切，生活也越来越方便，大数据就是这个高科技时代的产物。本节介绍大数据的基础知识、结构类型和核心特征等，帮助读者了解大数据的应用场景与发展趋势。

3.1.1 大数据的基础知识

扫码观看
微课视频

1. 大数据的概念

什么是大数据？如果从字面意思来看，大数据指的是海量数据。对此，不同的机构和学者有不同的理解，难以有一个统一的定义，只能说，大数据的计量单位已经超越了 TB 级别，发展到 PB、EB、ZB、YB，甚至 BB 级别。

对于大数据，研究机构 Gartner 给出了这样的定义：大数据指无法在一定时间范围内用常规软件工具进行捕捉、管理和处理的数据集合，是需要新处理模式才能具有更强的决策力、洞察力和流程优化能力的海量、高增长率和多样化的信息资产。

若从技术角度来看，大数据的战略意义不在于掌握庞大的数据，而在于对这些含有意义的数据进行专业化处理。换言之，如果把大数据比作一种产业，那么这种产业盈利的关键在于提高对数据的加工能力，通过加工实现数据的增值。

2. 大数据的不同层面

想要系统地认识大数据，必须全面、细致地分解它，主要从 3 个层面来展开，如图 3-2 所示。

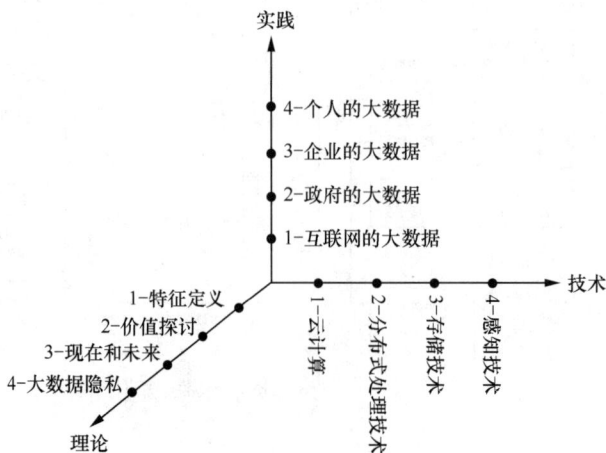

图 3-2 大数据的不同层面

① 第一个层面：理论。理论是认知的必经途径，也是被广泛认同和传播的基线，应通过

大数据的特征定义理解行业对大数据的整体描绘和定性；通过对大数据价值的探讨来深入解析大数据的优势；通过分析大数据对现在和未来社会的影响来洞悉大数据的发展趋势；通过大数据隐私这个特别而重要的视角审视人和数据之间的长久博弈。

② 第二个层面：技术。技术是大数据价值体现的手段和前进的基石，应分别从云计算、分布式处理技术、存储技术和感知技术的发展来说明大数据从采集、处理、存储到形成结果的整个过程。

③ 第三个层面：实践。实践是大数据的最终价值体现，应分别从互联网的大数据、政府的大数据、企业的大数据和个人的大数据 4 个方面来描绘大数据已经展现的美好景象与即将实现的蓝图。

3.1.2 大数据的结构类型

大数据包括结构化、半结构化和非结构化 3 种数据结构类型。其中，非结构化数据已经成为数据的主要部分。大数据就是互联网发展到现今阶段的一种表象或特征，在以云计算为代表的技术创新背景下，这些原本看起来很难收集和使用的数据开始容易被利用起来，逐步为人类创造更多的价值。

扫码观看
微课视频

1. 结构化数据

结构化数据就是数据库，也称行数据，是通过二维表结构进行逻辑表达和实现的数据，严格遵循数据格式与长度规范，主要通过关系数据库进行存储和管理。结构化数据标记是一种能让网站以更好的姿态展示在搜索结果中的方式，搜索引擎都支持标准的结构化数据标记。结构化数据可以通过固有键值获取相应信息，并且数据的格式是固定的。结构化数据最常见的就是具有模式的数据，结构化就是模式。大多数技术应用基于结构化数据。

2. 半结构化数据

半结构化数据和普通纯文本相比具有一定的结构性，但和具有严格理论模型的关系数据库中的数据相比更灵活。它是一种适用于数据库集成的数据模型，适合用来描述包含在两个或多个数据库中的数据。半结构化数据携带了关于其模式的信息，并且这样的模式可以在单一数据库内改变。

这种灵活性可能使查询处理变得更加困难，但它给用户提供了显著的优势。例如，可以在半结构化模型中维护一个电影数据库，并且能如用户所愿添加类似"我喜欢看这部电影吗？"这样的新属性。这些属性不需要对所有电影都有一个确切的值。

用半结构化的视角看待数据是非常合理的。没有结构的限定，数据可以自由地流入系统，还可以自由地更新。这便于客观地描述事物。在使用时结构才起作用，使用者想获取数据就应当构建需要的结构来检索数据。由于不同的使用者构建的结构不同，因此，使用半结构化数据，数据将被最大化利用。这才是最自然的使用数据的方式。

3. 非结构化数据

与结构化数据不同，非结构化数据不适合用二维表结构来表现。这种类型的数据包括所有格式的办公文档、XML、HTML、各类报表、图片、音频、视频信息等。支持非结构化数据的数据库采用多值字段、变长字段机制进行数据项的创建与管理，广泛应用于全文检索和各种多媒体信息处理领域。

非结构化数据在互联网信息中占据了很大比例。随着"互联网＋"战略的实施，越来越多的非结构化数据诞生。结构化数据分析挖掘技术经过多年的发展，已经形成了相对成熟的技术体系。也正是由于非结构化数据中没有限定结构形式，表示方式灵活多样，蕴含了丰富的信息，因此，在大数据分析挖掘中，掌握非结构化数据处理技术是至关重要的。具体的非结构化数据处理技术包括以下几种。

① Web 页面信息内容提取。

② 结构化处理（如文本的词汇切分、词性分析和歧义处理等）。

③ 语义处理（如实体提取、词汇相关度、句子相关度、篇章相关度和句法分析等）。

④ 文本建模（如向量空间模型和主题模型等）。

⑤ 隐私保护（如社交网络的连接型数据处理、位置轨迹型数据处理等）。

这些技术涉及的范围较广，在情感分类、用户语音挖掘和法律文书分析等许多领域都有广泛的应用价值。

3.1.3　大数据的核心特征

一般认为，大数据主要具有 4 个特征：大量（Volume）、多样（Variety）、高速（Velocity）和价值（Value），即所谓的 4V，如图 3-3 所示。

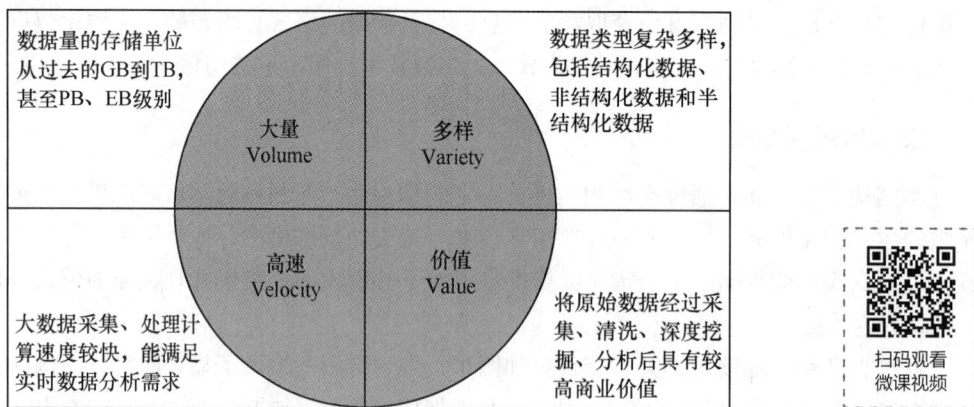

图 3-3　大数据特征

扫码观看
微课视频

1. 大量

大数据最明显的特征就是数据规模大。随着互联网、物联网、移动互联技术的发展，人和事物的所有轨迹都可以被记录下来，数据呈现出爆发式增长的趋势。大数据相关计量单位的换算关系如表 3-1 所示。

表3-1　大数据相关计量单位的换算关系

单位	换算关系	单位	换算关系
byte	1byte=8bit	TB	1TB= 1024GB
KB	1KB= 1024byte	PB	1PB= 1024TB
MB	1MB= 1024KB	EB	1EB= 1024PB
GB	1GB= 1024MB	ZB	1ZB= 1024EB

目前，大数据的规模尚是一个不断变化的指标，单一数据集的规模范围从几十 TB 到数 PB 不等，而存储 1 PB 数据将需要约两万台配备 50GB 硬盘的个人计算机。此外，各种意想不到的途径都能产生数据。

在 2003 年，人类第一次破译人体基因密码时，用了 10 年才完成 30 亿对碱基对的排序；而在 10 年之后,世界范围内的基因仪 15 分钟就可以完成同样的工作量。伴随着各种随身设备、物联网、云计算和云存储等技术的发展，人和物的所有轨迹都可以被记录，数据因此大量产生。

2. 多样

数据来源的广泛性，决定了数据形式的多样性。大数据可以分为结构化数据、非结构化数据、半结构化数据 3 类。有统计显示，目前非结构化数据占据整个互联网数据量的 70% ~ 80%，而这些非结构化数据往往具有巨大价值。多样化的数据来源正是大数据的魅力所在，例如，交通状况与其他领域的数据都存在较强的关联性。大数据不仅是处理巨量数据的利器，更为处理不同来源、不同格式的多元化数据提供了可能。

3. 高速

数据的增长速度和处理速度是大数据高速性的重要体现。与以往的报纸、书信等传统数据载体的生产传播方式不同，在大数据时代，大数据的交换和传播主要是通过互联网和云计算等方式实现的，其产生和传播数据的速度是非常迅速的。企业不仅需要了解如何快速创建数据，还必须知道如何快速处理、分析数据并返回给用户，以满足他们的实时需求。例如，上亿条数据的分析必须在几秒内完成，数据的输入、处理与丢弃必须立刻见效，几乎无延迟。在未来，越来越多的数据挖掘会趋于前端化，即提前感知预测并直接提供服务给所需要的对象，这也需要大数据的处理速度要快。

4. 价值

大数据的核心特征是价值，其价值密度的高低和数据总量的大小是成反比的，即数据价值密度越高数据总量越小，数据价值密度越低数据总量越大。任何有价值的信息的提取依托的都是海量基础数据。当然，目前大数据领域有个亟待解决的问题——如何通过强大的机器算法更迅速地在海量数据中完成数据价值的提纯。以视频为例，一小时的视频，在不间断的监控过程中，有用的数据可能仅有一两秒。数据的真实性和高质量是获得价值和思路最重要的因素，是制定成功决策最坚实的基础。

3.1.4　大数据的应用场景与发展趋势

1．大数据的应用场景

大数据目前已经存在于我们生活的方方面面。大数据存在的意义简单来说就是帮助人们更直观、更方便地去了解数据，先了解这些数据后再更深一步地去挖掘其他有价值的数据。例如，今日头条、抖音等产品，通过对用户进行整理和分析，根据用户的各种数据来判断用户的爱好，进而推荐用户喜欢看的内容。这样做不仅提升了自身产品的体验度，也为用户提供了他们需要的内容。

大数据的应用场景相当广泛，各行各业都运用到了大数据的知识，具体可分为以下 3 类。

（1）优化业务流程

大数据较多用于协助提升业务的流程效率。大数据分析应用程序能够根据并运用社交网络数据信息、网站搜索及天气预告找出有使用价值的数据信息，这其中最普遍的应用便是供应链管理及其派送线路的优化。在这两个领域，可以通过自然地理精准定位和无线通信频率的鉴别跟踪货物和送货车，运用交通实时路况线路数据信息来选择更好的线路。人力资源管理业务流程也可以根据大数据的剖析结果进行改善，其中还包含招聘职位的调整。

（2）提升医疗水平

大型数据分析应用程序的计算能力可以帮助科研人员在几分钟内解码整个 DNA，从而协助创造新的治疗方法，还能更好地掌握和预测疾病。现在大数据技术已经被用于医院监测早产儿和生病婴儿的状况，通过记录和分析婴儿的心跳，预测可能出现的不适症状，以帮助医生更好地、更及时地制定出相应的医疗措施。

（3）改善日常生活

大数据也被用于改进我们的生活起居。例如，人们依据城市的交通实时路况信息及社交媒体季节、天气变化的数据信息，变更或增加交通线路。现阶段，很多城市已经开展数据分析和示范点新项目。

2．大数据的发展趋势

大数据的发展趋势有以下几点。

（1）数据的资源化

大数据已成为企业和社会关注的重要战略资源，并已成为大家争相抢夺的焦点。因此，企业必须要提前制订大数据营销战略计划，抢占市场先机。

（2）与云计算的深度结合

大数据离不开云计算，云计算的处理能力为大数据提供了弹性且可扩展的基础设备，是产生大数据的平台之一。自 2013 年开始，大数据技术已开始和云计算技术紧密结合，物联网、移动互联网和人工智能等新兴计算形态随之兴起，将助力大数据革命，让大数据技术发挥出更大的影响力。

（3）科学理论的突破

新兴的数据挖掘、机器学习和人工智能等相关技术的发展，将带来新的挑战。在这方面，目前还有很多问题没有得到解决，未来还需要突破更多的科学理论。

（4）数据科学的发展

数据科学已成为一门学科，被越来越多的人知晓。各大高校纷纷设立专门的数据科学类专业，市场和行业已产生一批与大数据相关的就业岗位。基于云计算平台，政府机构建立起跨领域的大数据共享平台，如智慧城市、智慧水务、智慧交通、智慧医疗、智慧教育等。

（5）数据的安全升级

数据安全是国家战略，没有数据安全就没有国家安全。要防止数据泄露，必须在源头保证数据的安全运用，并做好保障工作。在 500 强企业中，超过 50% 的企业会设置首席信息安全官这个职位。

（6）数据管理已成为核心竞争力

数据管理已成为核心竞争力，直接影响财务表现。数据资产就是企业的核心资源，这个概念已深入人心，企业对数据管理有了更清晰的界定，进行大数据战略性规划与运用的数据资产已成为企业数据管理的核心。对于互联网企业，数据资产竞争力占比高达 36.8%，数据资产将直接影响财务表现。

（7）数据质量是商业智能成功的关键

未来，采用自助式商业智能（Business Intelligence，BI）工具进行大数据处理的企业将会脱颖而出。与此同时，这类企业需要面临的一个挑战是：很多数据源会带来大量低质量数据。想要解决这个问题，企业需要理解原始数据与数据分析之间的差距，从而消除低质量数据并通过商业智能获得更佳决策。

（8）数据生态系统复合化程度的加强。

大数据的世界是一个巨大的计算机网络，由大量活动构件与多元参与者构成。终端设备提供商、基础设施提供商、网络服务提供商、网络接入服务提供商、数据服务使能者、数据服务提供商、触点服务和数据服务零售商等一系列的参与者将共同构建数据生态系统。这个生态系统将趋向于系统内部角色的细分、系统细分和系统机制的调整，也就是商业模式的创新、系统结构的调整和竞争环境的调整等，复合化程度逐渐增强。

3.2 大数据的系统架构

大数据技术是一系列技术的总称，它集合了数据采集与传输、数据存储、数据处理与分析、数据挖掘和数据可视化等技术，是一个庞大而复杂的技术体系。根据大数据的来源、应用与实现传输的流程，可以将大数据系统架构分为数据采集层、数据存储层、数据处理层、数据治理与建模层、大数据应用层，如图 3-4 所示。本节主要介绍大数据系统架构的相关知识，包括大数据的采集、存储、处理、治理、建模以及应用等内容，帮助读者深入理解大数据的结构与应用。

扫码观看微课视频

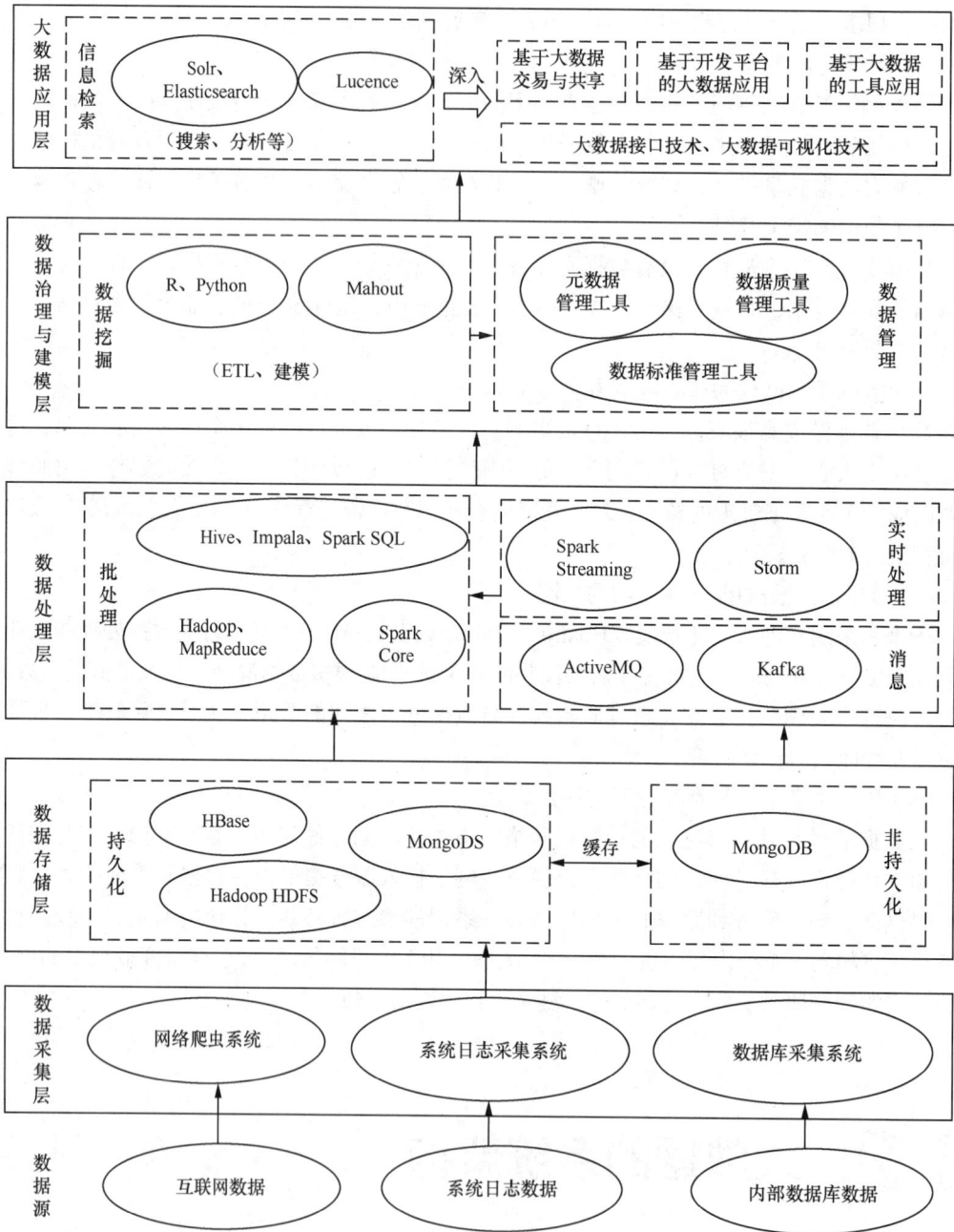

图 3-4　大数据系统架构

3.2.1　大数据的采集

　　数据采集层主要采用大数据采集技术，实现对数据的抽取、转换、加载（Extract-Transform-Load，ETL）操作。用户从数据源抽取出所需的数据，经过数据清洗，按照预先定义好的数据模型，将数据加载到数据仓库中去，最后对数据仓库中的数据进行数据分析和处理。数据采集是数据分析生命周期的重要一环，它通过传感器、社交网络和移动互联网等方式获得各种类型的结构化、半结构化及非结构化的海量数据。

在现实生活中，数据的种类很多，并且不同种类的数据产生的方式不同。对于大数据采集的数据类型，主要有以下 3 类，如图 3-5 所示。

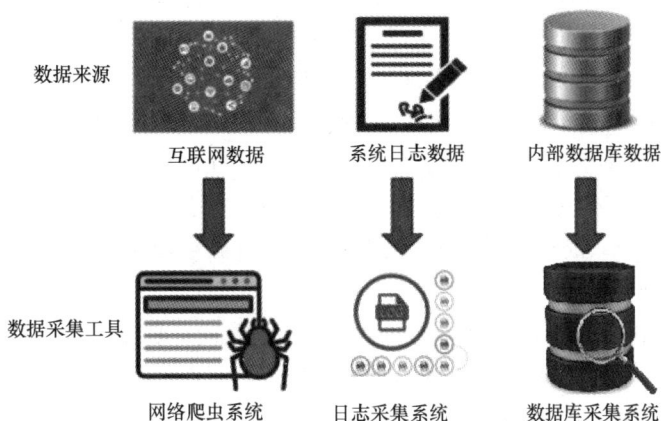

图 3-5 大数据的采集

① 互联网数据。这类数据包括互联网平台上的公开信息（非结构化和半结构化的网页数据），主要通过网络爬虫系统和一些网站平台提供的公共 API（如新浪微博 API）等从网站上获取，并通过清洗、转换成结构化的数据，最终存储为统一的本地文件数据。目前，常用的网络爬虫系统有 Apache Nutch、Crawler4j、Scrapy 等。

② 系统日志数据。许多公司的业务平台每天都会产生大量的系统日志数据，通过对这些系统日志数据进行日志采集、收集和数据分析，可以挖掘出公司业务平台系统日志数据中的潜在价值，为公司决策和公司后台服务器平台的性能评估提供可靠的数据保证。系统日志采集系统负责收集日志数据，并提供离线和在线的实时分析。目前常用的开源日志采集系统有 Flume、Scribe 等。

③ 内部数据库数据。有些企业会使用传统的关系数据库 MySQL 和 Oracle 等来存储数据。除此之外，Redis 和 MongoDB 这样的 NoSQL 数据库也常用于数据采集。企业每时每刻产生的业务数据，都将以数据库行记录的形式被直接写入数据库中。

3.2.2 大数据的存储

当大量的数据被收集完以后，需要对其进行存储。数据的存储分为持久化存储和非持久化存储。持久化存储表示把数据存储在磁盘中，关机或断电后，数据不会丢失。非持久化存储表示把数据存储在内存中，读写速度快，但是关机或断电后数据会丢失。

对于持久化存储而言，最关键的是选择文件系统和数据库系统。常见的文件系统和数据库系统有 Hadoop 分布式文件系统（Hadoop Distributed File System，HDFS）、分布式非关系数据库系统 HBase 以及非关系数据库 MongoDB。

非持久化的数据库系统包括 Redis、Berkeley DB 和 Memcached，能为前述的持久化存储数据库提供缓存机制，大幅度提升系统的响应速度，降低持久化存储的压力。

3.2.3　大数据的处理

当数据被收集、存储、读写、备份后，如果还需要利用它们产生更大的价值，那么先需要对这些数据进行处理。大数据的处理分为两类：批处理（离线处理）和实时处理（在线处理）。

实时处理就是指对实时响应要求非常高的处理，如数据库的一次查询。而批处理就是对实时响应没有要求的处理，如批量压缩文档。通过消息机制可以提升处理的及时性。

Hadoop 中的 MapReduce 是一种非常好的批处理框架。为了提升效率，下一代的管理框架 YARN 和更迅速的计算框架 Spark 在逐步成型之中。在此基础上，人们又提出了 Hive、Pig、Impala 和 Spark SQL 等工具，进一步简化了某些常见的查询。

Spark Streaming 和 Storm 则在映射和归约的思想基础上提供了流式计算框架，进一步提升了大数据处理的实时性。

同时，还可以利用 ActiveMQ 和 Kafka 这样的消息机制，将数据的变化及时推送到各个数据处理系统进行更新。由于消息机制的实时性更强，它们通常还会与 Spark Streaming、Storm 这样的流式计算框架结合起来使用。

3.2.4　大数据的治理与建模

数据采集、数据存储和数据处理是大数据系统架构的基础设置。一般情况下，完成以上 3 个层次的数据工作，就已经将数据转化为了基础数据，为上层的业务应用提供了支持。但是大数据时代，数据具有类型多样、单位价值稀疏的特点，需要对数据进行治理和融合建模。利用 R 语言、Python 等对数据进行 ETL 预处理，再根据算法模型、业务模型进行融合建模，能更好地为业务应用提供优质的底层数据。

在对数据进行 ETL 预处理和建模后，需要对获取的数据进行进一步管理，可以采用的相关数据管理工具包括元数据管理工具、数据质量管理工具和数据标准管理工具等。

3.2.5　大数据的应用

大数据应用层是大数据技术和应用的目标，通常包括信息检索、关联分析等功能。Lucene、Solr 和 Elasticsearch 这样的开源项目为信息检索的实现提供了可能。

大数据系统架构为大数据的应用提供了一种通用的架构，还需要根据行业领域、公司技术积累及业务场景，从业务需求、产品设计、技术选型，到实现方案流程的具体问题中具体分析，利用大数据可视化技术进一步深入，形成更为明确的应用，包括基于大数据的交易与共享、基于开发平台的大数据应用、基于大数据的工具应用等。

3.3　大数据工具

本节介绍常用的大数据工具、如何搭建大数据环境以及如何操作大数据挖掘工具。

3.3.1 认识大数据工具

许多大数据工具只具有单一用途，而企业需要使用大数据完成许多不同的任务，因此企业的分析工具箱往往会非常充实。大数据工具都倾向于单一的使用类别，并且有多种使用大数据的方式。下面按照大数据工具的类别进行讲解。

1. 大数据存储工具和管理工具

使用大数据是从数据存储开始的，这意味着需要从大数据框架 Hadoop 开始。Hadoop 是由 Apache Software Foundation 开发的开源软件框架，用于计算机集群上分布式存储非常大的数据集。显然，存储对大数据所需的大量信息至关重要。但更重要的是，需要有一种方式来将这些数据集中到某种形式的管理结构中，使企业能够从数据仓库中获得洞察力，从而在商业环境中具备重要的竞争优势。因此，大数据的存储和管理是真正的基础，而没有这样的分析平台是行不通的。这个领域的大数据工具主要有以下几种。

（1）Cloudera

Cloudera 不仅可以帮助企业构建大数据集群，还可以帮助企业员工更好地访问数据。

（2）MongoDB

MongoDB 是目前最流行的大数据数据库之一，适用于管理大数据经常出现的非结构化数据或频繁更改的数据。

（3）Talend

作为一个提供广泛解决方案的工具，Talend 是围绕集成平台构建的，该平台结合了大数据、云计算、应用程序，以及实时数据集成、数据准备和主数据管理。Talend 大数据集成工具包括数据质量管理和数据治理功能。

2. 大数据清理工具

在企业真正处理大量数据以获取信息之前，大数据集往往是非结构化和无组织的，需要先对数据进行清洗、转换并将其转变为可远程检索的内容。

在这个时代，数据的清洗变得更加有必要，因为数据可以来自移动网络、物联网、社交媒体等地方。并不是所有数据都容易被清洗，因此一个良好的数据清洗工具非常重要。

（1）OpenRefine

OpenRefine 是一款易于使用的开源工具，它通过删除重复项、空白字段和其他错误数据来清洗凌乱的数据。它是开源的软件，且有一个可以提供帮助的大型社区。

（2）DataCleaner

与 OpenRefine 类似，DataCleaner 将半结构化数据集转换为数据可视化工具可读取干净的数据集。该工具还提供数据仓库和数据管理服务。

（3）Excel

人们可以从各种数据源导入数据。Excel 对手动数据输入和复制与粘贴操作特别有用。它可以进行消除重复数据、查找数据、替换数据、拼写检查，还提供用于转换数据的许多公式，但它并不适用于大数据集。

3. 大数据挖掘工具

一旦数据被清理并准备好进行检查，就可以通过数据挖掘工具开始搜索过程。这也是企业进行实际发现、决策和预测的过程。数据挖掘在很多方面都是大数据流程的真正核心。数据挖掘解决方案通常非常复杂，但力求提供一个令人关注和对用户友好的用户界面，这说起来容易做起来难。数据挖掘工具面临的一个挑战是，它们的确需要工作人员开发查询，所以数据挖掘工具的能力其实并不比使用它的专业人员强。

（1）RapidMiner

RapidMiner 是一款易于使用的预测分析工具，具有对用户非常友好的可视化界面，这意味着企业无须编写代码即可运行分析产品。

（2）IBM SPSS Modeler

IBM SPSS Modeler 是一套适用于企业级的高级分析的产品，用于数据挖掘。IBM 的服务能力有目共睹，因此这款产品受到了广泛欢迎。

（3）Teradata

Teradata 为数据仓库、大数据分析及市场营销的应用提供端到端的解决方案。这意味着企业的业务可以真正成为用数据驱动的业务，并提供商业服务、咨询、培训和支持。

4. 大数据可视化工具

大数据可视化是数据以可读的格式显示的方式，是查看图表和图形及将数据放入透视图中的方法。

数据的可视化非常重要，大数据公司组织了越来越多的数据科学家和高级管理人员，为用户提供更加广泛的可视化服务。

（1）Tableau

Tableau 作为这一领域的领导者之一，其数据可视化工具专注于商业智能，无须编程即可创建各种地图、图表、图形等。Tableau 总共有 5 款产品，其中有一个名为 Tableau Public，其免费版本可供试用。

（2）Silk

Silk 是一种简单版本的 Tableau，它可以将数据可视化为地图和图表，而无须编程。它甚至会尝试在第一次加载时自动将数据可视化，还能使在线发布结果变得容易。

（3）Chartio

Chartio 拥有自己的可视化查询语言，只需单击几下即可创建功能强大的仪表板，而无须了解 SQL 或其他建模语言。与其他工具不同的是，企业可以直接连接到数据库，因此不需要数据仓库。

3.3.2 搭建大数据环境

本小节简要介绍 Hadoop 的环境搭建与安装，Hadoop 有 3 种安装模式：单机模式、伪分布式模式和完全分布式模式。这 3 种模式的特点和区别如下。

① 单机模式。单机模式是指 Hadoop 运行在一台主机上，按默认配置以非分布式模式运

行一个独立的 Java 进程。单机模式的特点是没有分布式文件系统，直接在本地操作系统的文件系统上读写；不需要加载任何 Hadoop 的守护进程。它一般用于本地 MapReduce 程序的调试。单机模式是 Hadoop 的默认模式。

② 伪分布式模式。伪分布式模式是指 Hadoop 运行在一台主机上，使用多个 Java 进程，模仿完全分布式的各类节点。伪分布式模式具备完全分布式的所有功能，常用于调试程序。

③ 完全分布式模式。完全分布式模式也叫集群模式，是将 Hadoop 运行在多台主机中，各个主机按照相关配置运行相应的 Hadoop 守护进程。完全分布式模式是真正的分布式环境，可用于实际的生产环境。

本书以单机模式安装 Hadoop，图 3-6 所示为大数据环境搭建流程。

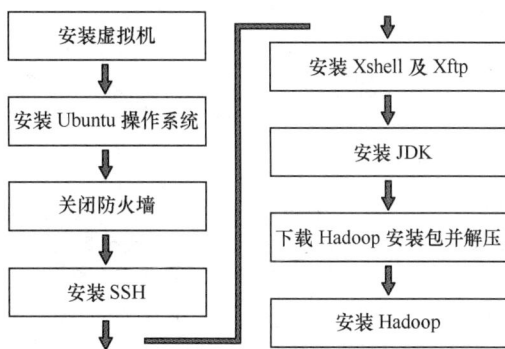

图 3-6　大数据环境搭建流程

首先进行准备工作。个人搭建 Hadoop 环境需要准备一台计算机，建议配置如下。
- 64 位 Windows 操作系统。
- 处理器：四核 2GHz 及以上。
- 系统内存：8GB 或更高。
- 磁盘空间：100 GB 的剩余空间。
- 良好的网络环境。

单机模式安装 Hadoop 采用的软件安装包如下。
- 虚拟机版本：VMware Workstation 14.1.2 build-8497320。
- Ubuntu ISO 镜像文件：ubuntu-16.04.4-desktop-amd64.iso。
- Xshell 6.0 及 Xftp 6.0。
- JDK 安装包：jdk-8u171-linux-x64.tar.gz。
- Hadoop 安装包：hadoop-2.7.3.tar.gz。

1. 安装虚拟机

① 下载 VMware 安装包。
② 安装 VMware。
③ 新建虚拟机。

57

2. 安装 Ubuntu 操作系统

① 下载 Ubuntu ISO 镜像文件。

② 打开 VMware Workstation Pro 软件，单击虚拟机，进行编辑虚拟机设置，设置 CD/DVD（SATA），选择使用 ISO 镜像文件的位置，单击"开启虚拟机"按钮，根据提示完成安装。

3. 关闭防火墙

在操作过程中，如果不关闭 Ubuntu 操作系统的防火墙，可能会出现无法正常访问 HDFS 的 Web 管理页面，后台某些运行脚本（如 Hive 程序）出现假死状态的问题，以及在删除和增加节点的时候，数据迁移处理时间变长，甚至不能正常完成相关操作。

① 关闭防火墙的命令如下：

```
$ sudo ufw disable
Firewall stopped and disabled on system startup
```

② 查看防火墙状态的命令如下：

```
$ sudo ufw status
Staus:inactive
```

状态为 inactive 时，说明防火墙已经关闭。这里应注意 $ 和 # 符号的区别：当开头为 $ 时，表示当前用户为普通用户，直接在终端命令行输入命令即可；若为 #，则需要切换到 root 用户。

4. 安装 SSH

SSH（Sccure Shell）是一种建立在应用层基础上的安全协议。SSH 是目前比较可靠的、专为远程登录会话和其他网络服务提供安全性的协议。利用 SSH 可以有效防止远程管理过程中的信息泄露。

SSH 由客户端软件和服务端软件组成。在安装 SSH 时，需要 Ubuntu 操作系统连接互联网。

① 安装 SSH 客户端软件。Ubuntu 操作系统默认安装 SSH 客户端软件，可通过以下命令查看是否已安装，如果返回包含"openssh-client"的字样，说明已经安装了 SSH 客户端软件。安装命令如下：

```
$ sudo dpkg  -l l grep ssh
```

否则，用以下命令安装 SSH 客户端软件：

```
$ sudo apt-get install openssh-client
```

② 安装 SSH 服务端软件。Ubuntu 操作系统默认没有安装 SSH 服务端软件，安装命令如下：

```
$ sudo apt-get install openssh-server
```

重启 SSH 服务端软件的命令如下：

```
$ sudo /etc/init.d/ssh restart
```

5. 安装 Xshell 及 Xftp

使用 Xshell 可以通过 SSH 远程连接 Linux 主机，使用 xftp 可安全地在 UNIX、Linux 和 Windows 操作系统之间传输文件。可打开 NetSarang 官网下载最新的 Xshell 及 Xftp 免费版本，本书采用的是 Xshell 6.0 及 Xtip 6.0 免费版本。

① 安装 Xshell 和 Xftp 较简单，只需要双击安装文件进行默认安装即可。

② 安装完 Xshell 及 Xftp 后，打开 Xshell，选择左侧所有会话，单击鼠标右键，在弹出的快捷菜单中执行"新建会话"命令。

在连接中设置名称及主机。其中，主机是上面安装的 Ubuntu 操作系统的 IP 地址。如果要查看 Ubuntu 操作系统的 IP 地址，可采用如下命令：

```
$ ifconfig
```

如显示如下结果，表示 Ubuntu 操作系统的 IP 地址是 192.168.30.128。目前的 IP 地址是自动获取的，建议将 IP 地址设置为固定的。

```
ens160 Link encap:Ethernet HWaddr 00:0c:29:bf:el:df
Inet addr:192.168.30.128 Bcast：192.168.30.255 Mask：255.255.255.0
```

③ 在 Xshell 会话设置中，设置 Ubuntu 操作系统登录的用户名和密码，单击"连接"按钮即可开始连接前面安装好的 Ubuntu 操作系统。

6. 安装 JDK

Hadoop 是基于 Java 开发的，运行 Hadoop 需要安装 Java 语言软件开发工具包（Java Development Kit，JDK）。

① 下载 JDK 安装包并将其上传到 Ubuntu 操作系统。

JDK 安装包需要到 Oracle 官网下载。这里采用的 JDK 安装包为 jdk-8u171-linux-x64.tar.gz。将安装包下载至 Windows 本地目录下，例如 "D：\soft"。在 Xshell 软件中打开 Xftp。在弹出的 Xftp 窗口中，把 JDK 的安装包上传到 Ubuntu 操作系统的 "~" 目录下。

上传成功后，在 Ubuntu 操作系统下通过 ls 命令查看，命令及结果如下：

```
$ ls ~
jdk-8ul7l-linux-x64.tar.gz
```

② 解压安装包到 "~" 目录下：

```
$ cd ~
$ car -zxvf jdk -8ul7l-linux-x69.tar.gz
```

③ 建立 JDK 软链接，以方便后续使用：

```
$ ln -s jdk1.8.0_171 jdk
```

④ 设置 JDK 环境变量：

```
$ vi -/.bashrc        /*vi 为打开命令
```

在文件内容的末尾添加如下代码（注意，等号两侧不要有空格）：

```
export JAVA_HOME=~jdk
export JRE_HOME=$(JAVA_HOME)/jre
export CLASSPATH=$JAVA_HOME/lib/dt.jar:$JAVA_HOME/lib/tools.jar;.
export PATH=$(JAVA_HOME)/bin:SPATH
```

⑤ 使设置生效：

```
$ SOURCE ~/.bathrc
```

⑥ 检验是否安装成功：

```
$ java -version
```

出现如下版本信息表示 JDK 安装成功：

```
Java version"1.8.8_171"
Java(TM) SE Runtime Environment (bulid 1.8.0_171-b11)
Java HotSpot(TM) 64-Bit Server VM (build 25.171-b11,mixed mode)
```

7. 下载 Hadoop 安装包并解压

① 下载 Hadoop 安装包。进入 Apache 官网，选择对应版本的 Hadoop 安装包，下载到 Windows 系统目录下，如 "D:\soft"，通过 Xftp 将 Hadoop 安装包上传至 Ubuntu 操作系统的 "~" 目录下。本书使用的 Hadoop 版本信息为 hadoop-2.7.3.tar.gz。

② 解压安装包。解压安装包至 "~" 目录下：

```
$ cd~
$ tar -zxvf hadoop-2.7.3.tar.gz
```

③ 创建软链接：

```
$ ln -s hadoop-2.7.3 hadoop
```

④ 设置环境变量。为了可以在任意目录下使用 Hadoop 相关命令，需要告诉操作系统 Hadoop 的命令在哪些目录下。在 "~\.bashrc" 文件中设置 PATH 的环境变量，系统会在设置的目录下查找命令：

```
$ vi ~/.bashrc
```

⑤ 在打开文件的末尾添加以下两行代码，保存并退出：

```
export HADOOP_HOME=~/hadoop
export PATH=$PATH:$HADOOP_HOME/bin:$HADOOP_HOME/sbin
```

⑥ 使设置生效：

```
$ source ~/.bashrc
```

⑦ 验证 Hadoop 的环境变量设置是否正确的方法如下：

```
$ whereis hdfs
hdfs: /home/hadoop/hadoop-2.7.3/bin/hdfs /home/hadoop/hadoop-2.7.3/bin/hafs.cmd
$ whereis start-all.sh
start-all:/home/hadoop/hadoop-2.7.3/sbin/start-all.sh/home/hadoop/hadoop-2.7.3/sbin/start-all.cmd
```

如果能正常显示 hdfs 和 start-all.sh 的路径则说明设置正确。

8. 安装 Hadoop

Hadoop 单机模式没有 HDFS，只能测试 MapReduce 程序。MapReduce 处理的是本地 Linux 的文件数据。表 3-2 所示为 Hadoop 单机模式的配置。

表3-2　Hadoop单机模式的配置

文件名称	属性名称	属性值	含义
Hadoop-env.sh	JAVA_HOME	/home/< 用户名 >/jdk	JAVA_HOME

① 安装前的准备。安装前的准备工作可参照前面的部分。

② 设置 Hadoop配置文件。进入 Hadoop 配置文件所在的目录，修改 "hadoop-env.sh" 文件：

```
$ cd ~/hadoop/etc/hadoop
$ vi hadoop-env.sh
```

找到 "export JAVA_HOME" 行，把行首的 # 删掉，并按实际修改 JAVA_HOME 的值：

```
# The java implementation to use.
export JAVA_HOME=/home/hadoop/jdk
```

注意：JAVA_HOME=/home/hadoop/jdk 中的 hadoop 为用户名，要按实际情况设置。

③ 测试 Hadoop。在单机模式下测试 MapReduce 程序：

```
创建输入文件
$ mkdir  ~/input
$ cd  ~/input
$ vi data.txt
```

往 data.txt 写入如下内容，保存后退出：

```
Hello World
Hello Hadoop
```

运行 MapReduce WordCount 例子，命令如下：

```
$ cd~/hadoop/share/hadoop/mapreduce
$ hadoop jar hadoop-mapreduce-examples-2.7.3.jar wordcount ~/input/data.txt ~/output
```

采用下列命令查看结果：

```
$ cd  ~/output
```

```
$ ls
$ cat part-r-00000
Hadoop 1
Hello 2
World 1
```

3.3.3　使用大数据挖掘工具

RapidMiner 是一款大数据挖掘工具，本小节将以 RapidMiner 为例介绍大数据挖掘工具的使用方法。

RapidMiner 的功能是通过连接各类算子形成流程来实现的，整个流程可以看作工厂车间的生产线，输入原始数据，输出模型结果。算子可以看作执行某种具体功能的函数，不同算子有不同的输入与输出特性，RapidMiner 的界面如图 3-7 所示。

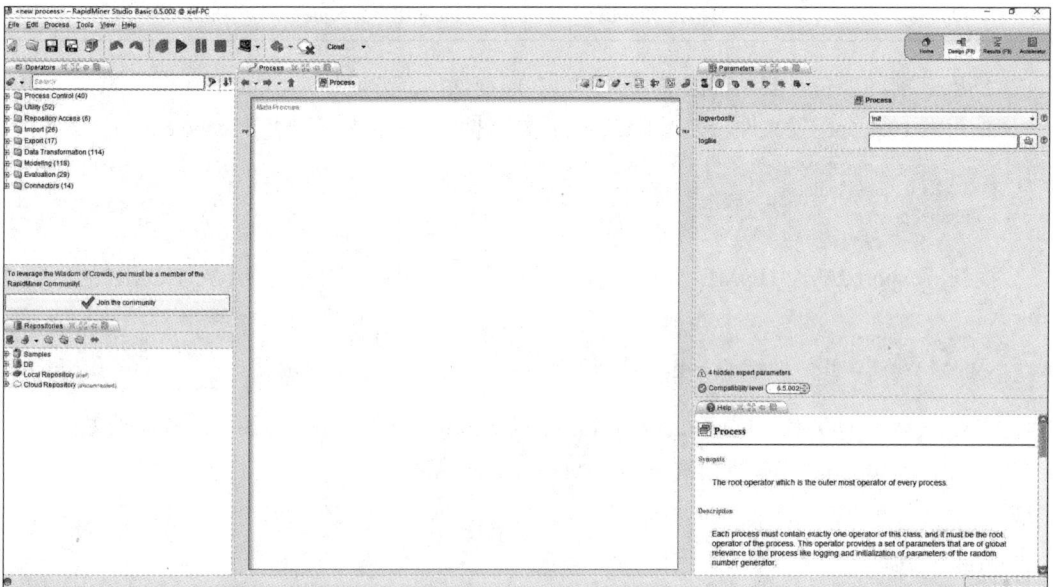

图 3-7　RapidMiner 的界面

建模的一般流程如下。

① 新建一个库并导入数据。

② 将需要的算子放入主流程中。

③ 设置算子的相关参数。

④ 进行算子连接。

⑤ 执行流程，得到结果。

1. 导入数据

导入数据有两种方法：一种是通过工具栏选择 import 数据集；另一种是通过算子载入数据集。

① 通过工具栏选择 import 数据集。

具体操作如图 3-8 ~ 图 3-13 所示。

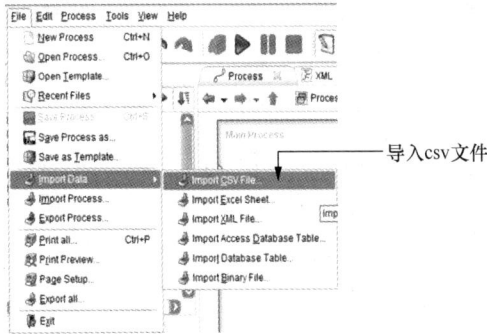

图 3-8　选择数据集（1）

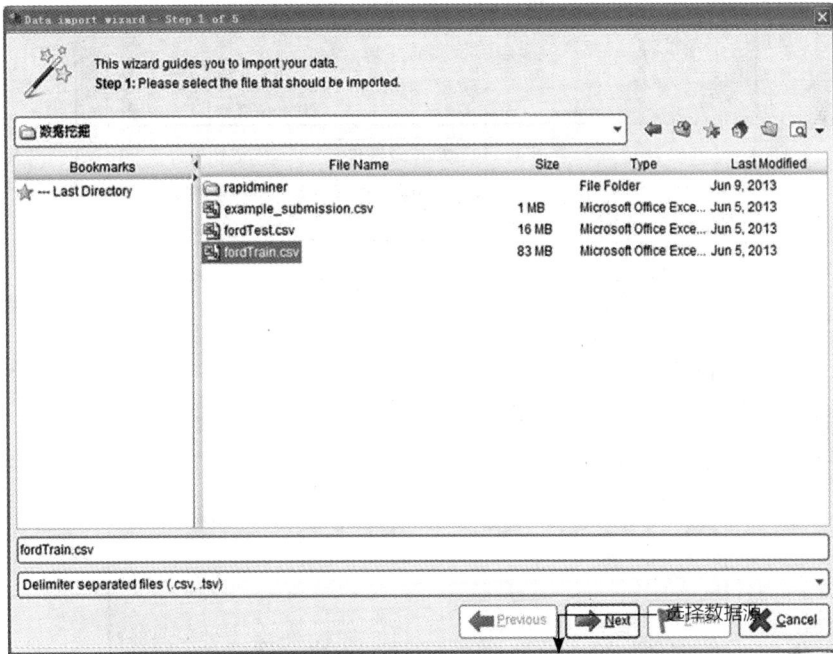

图 3-9　选择数据集（2）

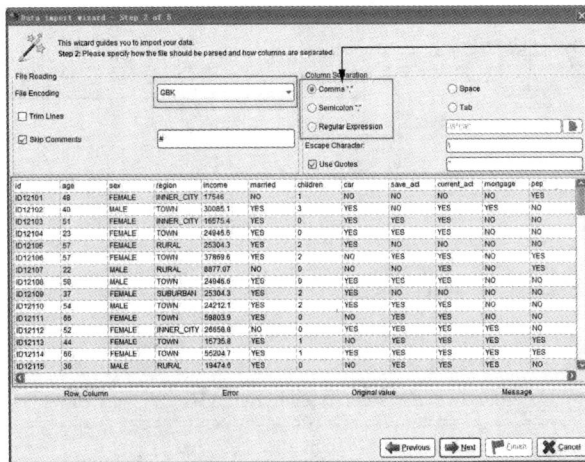

图 3-10　选择数据集（3）

63

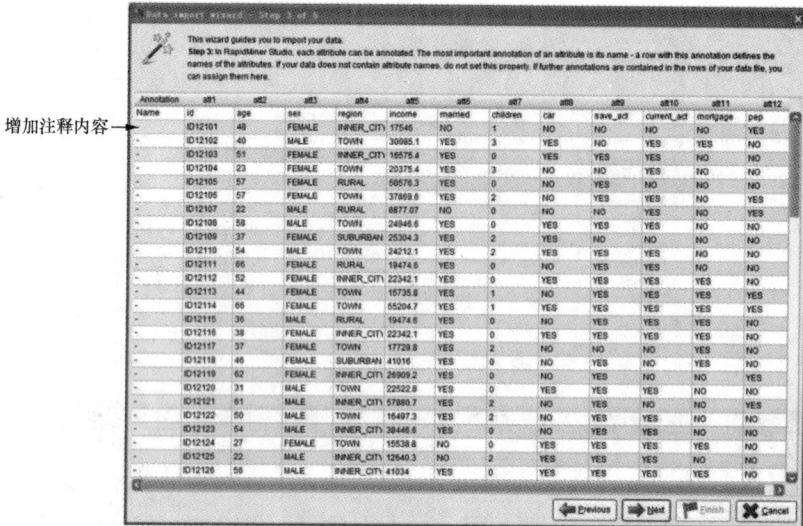

图 3-11　选择数据集（4）

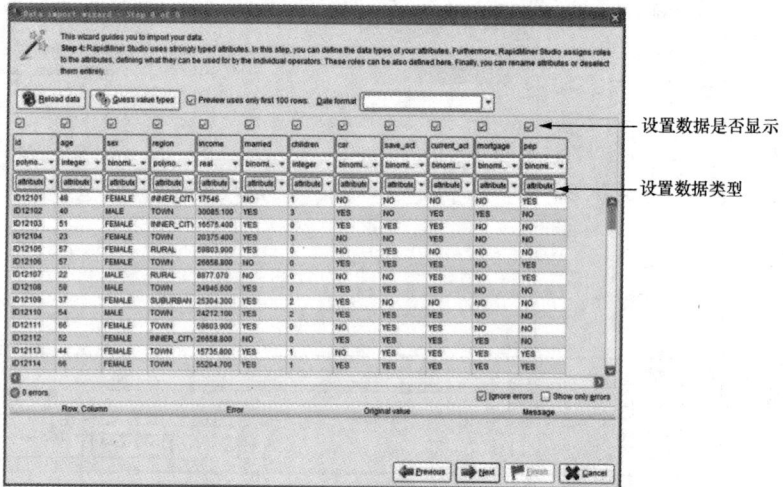

图 3-12　选择数据集（5）

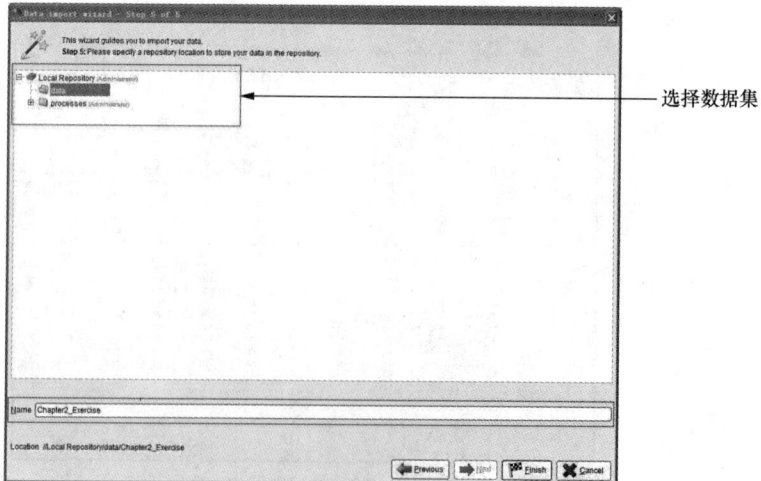

图 3-13　选择数据集（6）

② 通过算子载入数据集。

选择"DataAccess"—"Files"—"Read"算子载入 CSV 文件，导入数据集，连通后运行，可以在结果中看到数据，如图 3-14 所示。可以随时更改通过这种方法导入的数据的类型和数量。

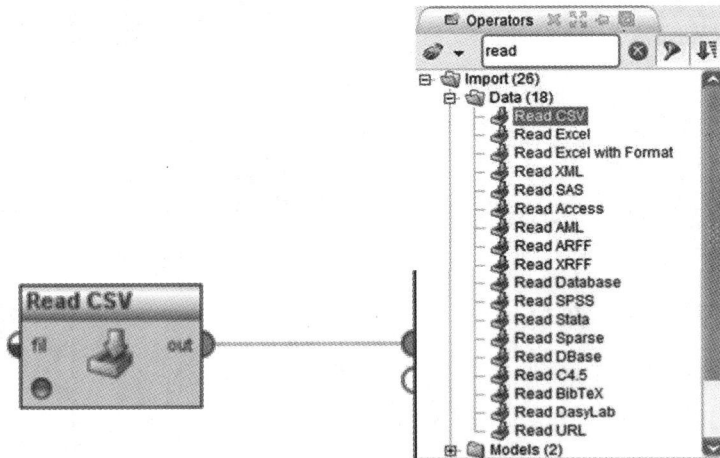

图 3-14　通过算子载入数据集

对比以上两种方法可以发现：使用第一种方法导入数据后，数据的类型和数量不能再更改，只能通过增加 operator 算子的方法来更改数据类型；使用第二种方法导入数据后，可以再次更改数据的类型和数量，因此相对来说第二种方法更灵活。

2. 算子的操作

将上一步导入的数据拖入主流程工作区之后，它会以一个方箱的形式呈现，不同的颜色表示不同的函数功能，如图 3-15 所示。

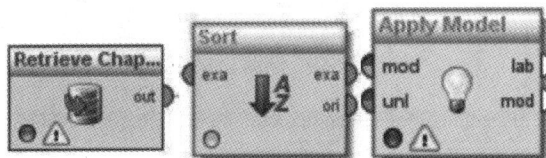

图 3-15　方箱

箱体左侧是输入接口，对应输入类型的缩写；右侧对应输出接口及相应缩写。左下角有 3 种不同颜色的状态灯，红色指示灯说明参数未被设置或输入端口未被连接等，黄色指示灯说明还未执行算子，绿色指示灯说明一切正常，已成功执行算子。

3. 选择算子

因为数据很多，一般会对数据量进行筛选，在 Operators 中选择"Blending"—"Examples"—"sampling"算子进行筛选，也可以使用搜索功能直接搜索该算子，如图 3-16 所示。

在算子右侧选择不同的输出，可以选择不同的数据源。以 sample 为例，exa 为进行参数设置后的新数据，ori 为原来的数据，每个算子都可以有多种数据源的选择，如图 3-17 所示。

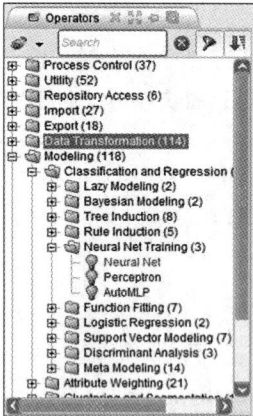

图 3-16　搜索算子

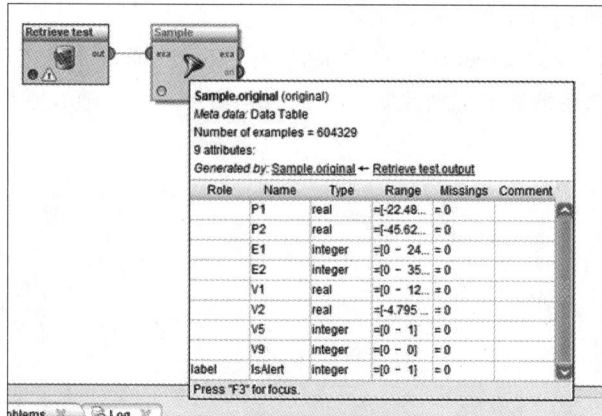

图 3-17　sample 示例

4. 设置算子的相关参数

在界面右侧的"Parameters"选项卡中可以设置算子的具体参数，本项目选择了 100 个数据，如图 3-18 所示。

5. 连接算子

将其他功能的算子也拖入流程工作区，完成具体的参数设置后，将每个算子连接起来。如果能通过，那么状态灯就会变成绿色。选择 mod 模式获取模型，exa 模式可以获取表格，如图 3-19 所示。

在"XML"选项卡中，可以看到对应的代码，如图 3-20 所示。

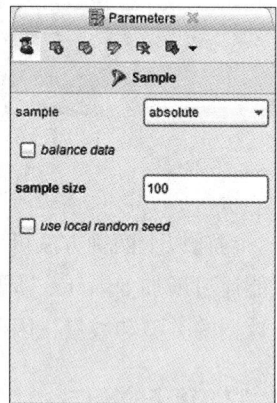

图 3-18　"Parameters"选项卡

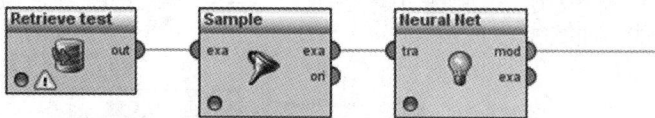

图 3-19　流程工作区

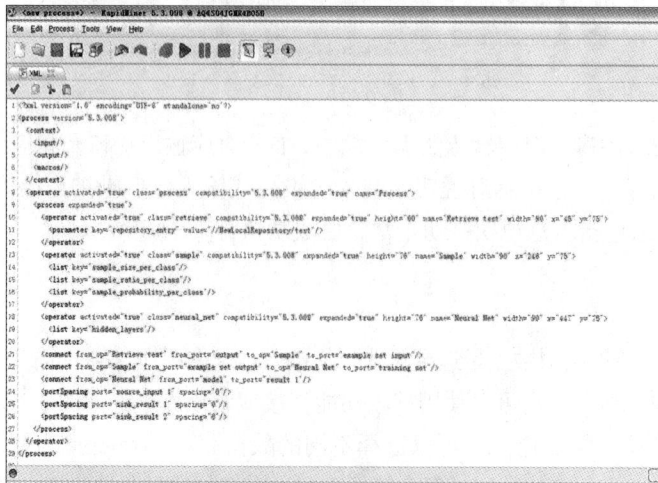

图 3-20　"XML"选项卡

6. 运行结果

不同算子的运行结果可以有多种不同的显示方式，以神经网络为例，运行结果有以下 3 种，如图 3-21 所示。

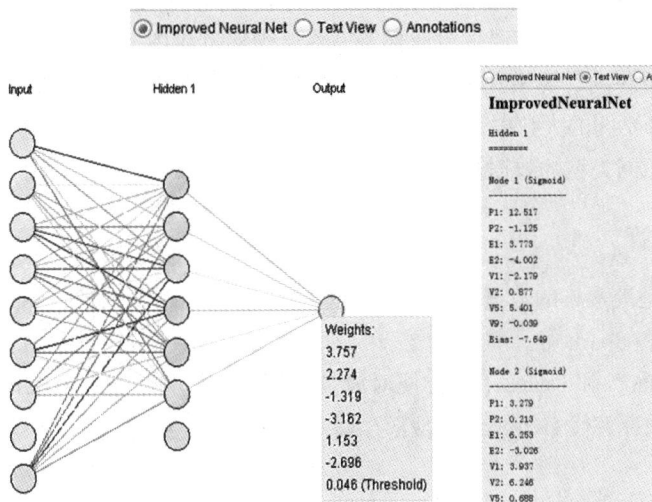

图 3-21 运行结果

7. 保存结果

可以在"Context"选项卡"Process output"下的"Location"文本框中设置数据存放的位置，如图 3-22 所示。

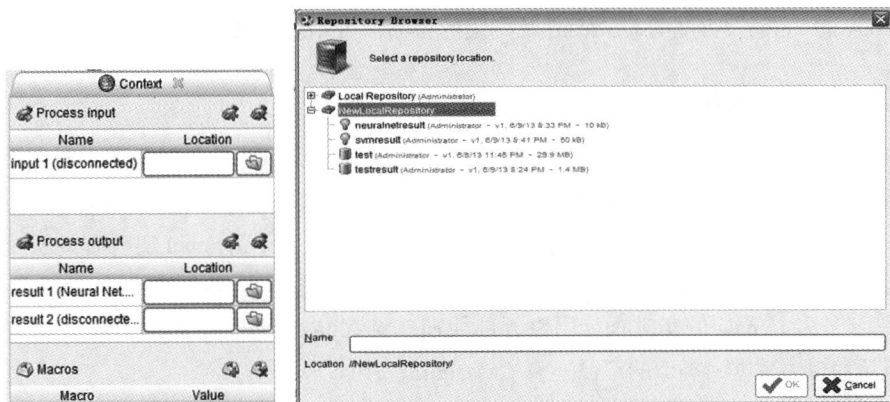

图 3-22 "Context"选项卡和数据存放的位置

3.4 大数据分析算法

本节介绍大数据计算模式、基本的数据挖掘算法，以及大数据的基本处理流程等内容，帮助读者了解大数据分析算法。

3.4.1 大数据计算模式

所谓大数据计算模式，就是根据大数据的不同数据特征和计算特征，从大数据计算问题和需求中提炼并建立的各种高层抽象或模型。由于现实世界中的大数据处理的问题复杂多样，因此难以有一种单一的计算模式能涵盖所有不同的大数据计算需求。近几年来，学术界在不断研究并推出多种不同的大数据计算模式。

目前，面对不同类型的数据，大数据计算模式可分为以下 4 种。

1. 批处理计算

批处理计算是最常见的数据处理方式，主要用于对大规模数据进行批量处理，其代表产品有 MapReduce 和 Spark 等。前者将复杂的、运行在大规模集群上的并行计算过程高度抽象成两个函数——Map() 和 Reduce()，方便对海量数据集进行分布式计算工作；后者则采用内存分布数据集，用内存替代 HDFS 或磁盘来存储中间结果，计算速度要快很多。

2. 流式计算

如果说批处理计算是传统的计算方式，流式计算则是近年来兴起的、发展非常迅猛的计算方式。流式数据是随时间分布和数量上无限制的一系列动态数据集合，数据价值随时间流逝而降低，必须采用实时计算方式及时给出响应。流式计算就可以实时处理多源、连续到达的流式数据。目前市面上已出现很多流式计算框架和平台，如开源的 Storm、S4、Spark Streaming，商用的 Streams、StreamBase 等，以及一些公司为支持自身业务所开发的框架和平台，如 Facebook 的 Puma、百度的 DStream 及淘宝的银河流数据处理平台等。

3. 交互式查询计算

交互式查询计算主要用于超大规模数据的存储管理和查询分析，以及提供实时或准实时的响应。其中，超大规模数据比大规模数据的量还要庞大，多以 PB 级计量。如 Google 公司的系统存有 PB 级数据，为了对该数据进行快速查询，Google 开发了 Dremel 实时查询系统，用于分析只读嵌套数据，能在几秒内完成对万亿张表的聚合查询。Cloudera 公司参考 Dremel 系统开发了一套名为 Impala 的实时查询引擎，能快速查询存储在 Hadoop 中的 HDFS 和 HBase 中的 PB 级超大规模数据，类似的产品还有 Cassandra、Hive 等。

4. 图计算

图计算是以图论为基础的对现实世界的一种"图"结构的抽象表达，以及基于此模型的计算模式。由于信息很多都是以大规模图或网络的形式呈现的，许多非图结构的数据也常被转换成图模型进行处理，不适合用批计算和流式计算来处理，因此出现了针对大型图的计算手段和相关平台。常见的图计算产品有 Pregel、GraphX、Giraph 及 PowerGraph 等。

大数据计算模式及其代表产品如表 3-3 所示。

表3-3　大数据计算模式及其代表产品

大数据计算模式	解决问题	代表产品
批处理计算	针对大规模数据的批量处理	MapReduce、Spark 等
流式计算	针对流式数据的实时计算	Storm、S4、Spark Streaming、Streams、StreamBase、Puma、DStream、银河流数据处理平台等
交互式查询计算	针对超大规模数据的存储管理与查询分析	Dremel、Impala、Cassandra、Hive 等
图计算	针对大规模图结构数据的处理	Pregel、GraphX、Giraph、PowerGraph 等

3.4.2　基本的数据挖掘算法

数据挖掘是大数据基础知识中不可缺少一部分，是大数据理论和应用非常重要的一部分。数据挖掘是从大量的、不完全的、有噪声的、模糊的、随机的数据中，提取隐含在其中的、人们事先不知道的但含有潜在的有用信息和知识的过程。大部分人都是通过一个经典案例来认识数据挖掘的：沃尔玛超市通过分析数据发现，男性顾客在购买婴儿纸尿裤时，常常会搭配几瓶啤酒来犒劳自己，于是推出将啤酒和纸尿裤摆放在一起的促销手段，没想到这个举措居然使纸尿裤和啤酒的销量都大幅增加。虽然这个故事的真实性有待考量，但确实让不少人开始接触数据挖掘。

数据挖掘的任务是从数据集中发现模式，可以发现的模式有很多种，按功能可以分为两大类：预测型模式和描述型模式。二者的主要区别在于是否有目标变量。在应用中，往往根据模式的实际作用将数据挖掘任务细分为以下几种：分类分析、回归分析、聚类分析、关联分析，如图 3-23 所示。

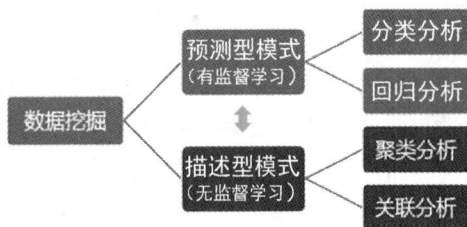

图 3-23　数据挖掘任务分类

1. 预测型模式包括分类分析和回归分析

（1）分类分析：输出变量为离散型

分类分析通过分析具有类别的样本特点，得到决定样本属于哪种类别的规则或方法。利用这些规则或方法对未知类别的样本进行分类具有一定的准确度。主要方法有基于统计学的贝叶斯方法、神经网络方法、决策树方法及支持向量机等。

利用分类分析，可以根据顾客的消费水平和基本特征对顾客进行分类，找出对商家有较大利益贡献的重要客户的特征，通过对其进行个性化服务，提高他们的忠诚度。利用分类分析，可以将大量的半结构化的文本数据（如 Web 页面、电子邮件等）进行分类。利用分类分析，可以对图片进行分类，例如根据已有图片的特点和类别，可以得到一张图片属于何种类型的规则。对于空间数据，也可以进行分类分析，例如可以根据房屋的地理位置决定房屋的档次。

（2）回归分析：输出变量为连续型

回归分析是一种预测性的建模技术，它研究的是目标变量和预测变量之间的关系。回归分析分为线性回归、多元回归和非线性回归。在线性回归中，数据用直线建模；多元回归是线

69

性回归的扩展，涉及多个预测变量。非线性回归则是在基本线性模型上添加多项式形成非线性同门模型。

回归分析通常用于预测分析、时间序列模型及发现变量之间的因果关系。例如，用广告投入金额去预测销售收入金额、研究司机的鲁莽驾驶与道路交通事故数量之间的关系等。

2. 描述型模式包括聚类分析和关联分析

（1）聚类分析

聚类分析是根据物以类聚的原理，将本身没有类别的样本聚集成不同的组，并且对每一个这样的组进行描述的过程。其主要依据是聚到同一个组中的样本应该彼此相似，而属于不同组的样本应该足够不相似。

以客户关系管理为例，利用聚类分析，根据客户的个人特征及消费数据，可以将客户群体进行细分。面向不同的客户群，可以实施不同的营销和服务方式，从而提高客户的满意度。对于空间数据，根据地理位置及障碍物的存在情况可以自动进行区域划分。例如，根据分布在不同地理位置的 ATM 的情况将居民进行区域划分，根据这一信息，可以有效地规划 ATM，避免浪费，同时也避免失掉每一个商机。对于文本数据，利用聚类分析可以根据文档的内容自动划分类别，从而便于文本的检索。

（2）关联分析

关联分析主要用于发现不同事件之间的关联性，即一个事件发生的同时，另一个事件也经常发生。关联分析的重点在于快速发现那些有实用价值的关联发生的事件。其主要依据是事件发生的概率和条件概率应该符合一定的统计意义。

对于结构化数据，以客户的购买习惯数据为例，利用关联分析，可以发现客户的购买需要。例如，一个开设储蓄账户的客户很可能同时进行债券交易和股票交易。利用关联分析可以采取积极的营销策略，拓宽客户购买的产品范围，吸引更多客户。通过调整商品的布局便于顾客买到经常同时购买的商品，或者通过降低一种商品的价格来促进另一种商品的销售等。对于非结构化数据，以空间数据为例，利用关联分析，可以发现地理位置的关联性。例如，85%的靠近高速公路的大城镇与水相邻。

3. 常用算法

下面介绍常用算法及其优、缺点以及各自适用的数据类型。

（1）C4.5 算法

C4.5 算法是机器学习中的一种分类决策树算法，其核心是 ID3 算法。C4.5 算法用信息增益率来选择属性，克服了用信息增益选择属性时偏向选择取值多的属性的不足，在树的构造过程中进行剪枝，既能够完成对连续属性的离散化处理，还能够对不完整数据进行处理。

① 优点：计算复杂度不高，输出结果易于理解，对中间值的缺失不敏感，可以处理不相关的特征数据。

② 缺点：可能会产生过度匹配问题。

③ 适用数据类型：数值型数据和标称型数据。

（2）K 均值聚类算法

K 均值聚类算法（K-means Clustering Algorithm）把 n 个对象根据它们的属性分为 k

个类，$k<n$。此算法与处理混合正态分布的最大期望算法很相似，因为它们都试图找到数据中自然聚类的中心。它假设对象属性来自空间向量，并且目标是使各个群组内部的均方误差总和最小。

① 优点：容易实现。

② 缺点：可能收敛到局部最小值，在大规模数据集上收敛较慢。

③ 适用数据类型：数值型数据。

（3）支持向量机算法

支持向量机（Support Vector Machine，SVM）算法是一种有监督学习的方法，广泛应用于统计分类及回归分析中。支持向量机算法将向量映射到一个更高维度的空间里，在这个空间里建立一个最大间隔的超平面，在分开数据的超平面的两边建有两个互相平行的超平面，分隔超平面使两个平行超平面的距离最大化。假定平行超平面间的距离或差距越大，分类器的总误差越小。

① 优点：泛化错误率低，计算开销不大，结果易解释。

② 缺点：对参数调节和核函数的选择很敏感，原始分类器不加修改仅适用于处理二类问题。

③ 适用数据类型：数值型数据和标称型数据。

（4）Apriori 算法

Apriori 算法是一种最有影响力的挖掘布尔关联规则的频繁项集算法。其核心是基于两阶段频集思想的递推算法。该关联规则在分类上属于单维、单层、布尔关联规则。其中，所有支持度大于最小支持度的项集称为频繁项集，简称频集。

① 优点：易编码实现。

② 缺点：在大数据集上可能较慢。

③ 适用数据类型：数值型数据和标称型数据。

（5）AdaBoost 算法

AdaBoost 算法是一种迭代算法，其核心思想是对同一个训练集训练不同的分类器，然后把这些弱分类器集合起来，构成一个更强的最终分类器。其算法本身是通过改变数据分布来实现的，它根据每次训练集之中每个样本的分类是否正确，以及上次的总体分类的准确率来确定每个样本的权值。将修改过权值的新数据集送给下层分类器进行训练，然后将每次训练得到的分类器融合起来，作为最后的决策分类器。

① 优点：泛化错误率低，易编码实现，可以应用在大部分分类器上，无须调整参数。

② 缺点：对离群点敏感。

③ 适用数据类型：数值型数据和标称型数据。

（6）K 近邻算法

K 近邻（K-nearest Neighbor，KNN）算法是一个理论上比较成熟的算法，也是最简单的机器学习算法之一。该方法的思路是：如果一个样本在特征空间中的 k 个最相似（特征空间中最邻近）的样本中的大多数属于某一个类别，则该样本也属于这个类别。

① 优点：精度高，对异常值不敏感，无数据输入假定。

② 缺点：计算复杂度高，空间复杂度高。

③ 适用数据范围：数值型数据和标称型数据。

（7）朴素贝叶斯模型

在众多的分类模型中，应用最为广泛的两种是决策树模型（Decision Tree Model）和朴素贝叶斯模型（Naive Bayesian Model，NBM）。朴素贝叶斯模型发源于古典数学理论，有着坚实的数学基础及稳定的分类效率。同时，该模型所需的参数很少，对缺失数据不太敏感，算法也比较简单。当属性个数比较多或者属性之间相关性较大时，该模型的分类效率比不上决策树模型；而当属性相关性较小时，该模型的性能更好。

① 优点：在数据较少的情况下仍然有效，可以处理多类别问题。

② 缺点：对输入数据的准备方式较为敏感。

③ 适用数据类型：标称型数据。

（8）分类与回归树算法

分类与回归树（Classification and Regression Trees，CART）算法也是一种常用算法。在分类树中包含两个关键思想：第一个是关于递归地划分自变量空间的思想；第二个是用验证数据进行剪枝。在回归树基础上，模型树的构建增加了难度，但同时其分类效果有所提升。

① 优点：可以对复杂和非线性的数据建模。

② 缺点：结果不易理解。

③ 适用数据类型：数值型数据和标称型数据。

3.4.3 大数据的基本处理流程

我们执行任务的时候是有一定的流程的，大数据的处理也不例外。大数据处理的流程主要包括数据采集、数据预处理、数据处理与分析、数据可视化与应用等环节，其中数据质量贯穿整个大数据处理流程，每一个数据处理环节都会对大数据质量产生影响。通常，一个好的大数据产品的数据规模要大、数据处理要快、数据分析与预测要精确、可视化图表要优秀及结果解释要简练易懂。下面对流程中的每一步进行说明。

1. 数据采集

在数据采集过程中，数据源会影响大数据质量的真实性、完整性、一致性、准确性和安全性。对于 Web 数据，多采用网络爬虫的方式进行收集，这需要对爬虫软件进行时间设置以保障采集到的数据的时效性。在数据的采集过程中，主要挑战是并发数高。因为有可能同时有成千上万的用户来进行访问和操作，所以需要在采集端部署大量数据库才能支撑。

2. 数据预处理

数据采集过程中通常有一个或多个数据源，这些数据源包括同构或异构的数据库、文件系统、服务接口等，易受到噪声数据、数据值缺失、数据冲突等影响。因此，需首先对采集到的数据集合进行预处理，以保证数据分析与预测结果的准确性与价值性。

数据预处理环节主要包括数据清理、数据集成、数据归约与数据转换等，可以大大提高数据的总体质量，是数据过程质量的体现。

① 数据清理包括对数据的不一致检测、噪声数据的识别、数据过滤与修正等，有利于提高数据的一致性、准确性、真实性和可用性等。

② 数据集成则是将多个数据源的数据进行集成，从而形成集中、统一的数据库、数据立方体等，这一过程有利于提高数据的完整性、一致性、安全性和可用性等。

③ 数据归约是在不损害分析结果准确性的前提下降低数据集规模，使之简化，包括维归约、数据归约、数据抽样等，这一过程有利于提高数据的价值密度，即提高数据存储的价值性。

④ 数据转换处理包括基于规则或元数据的转换、基于模型与学习的转换等技术，可通过转换实现数据统一，这一过程有利于提高数据的一致性和可用性。

总之，数据预处理环节有利于提高数据的一致性、准确性、真实性、可用性、完整性、安全性和价值性等，而数据预处理中的相关技术是影响数据过程质量的关键因素。

3. 数据处理与分析

（1）数据处理

数据的分布式处理技术与存储形式、业务数据类型等相关，针对数据处理的主要计算模型有 MapReduce 分布式计算框架、分布式内存计算系统、分布式流计算系统等。MapReduce 是一个批处理的分布式计算框架，可对海量数据进行并行分析与处理，它适用于对各种结构化、非结构化数据的处理。分布式内存计算系统可有效减少数据读写和移动的开销，提高大数据的处理性能。分布式流计算系统则是对数据流进行实时处理，以保障大数据的时效性和价值性。

总之，无论是哪种数据分布式处理与计算系统，都有利于提高数据的价值性、可用性、时效性和准确性。数据的类型和存储形式决定了其所采用的数据处理系统，而数据处理系统的性能与优劣直接影响数据质量的价值性、可用性、时效性和准确性。因此在进行数据处理时，要根据数据的类型选择合适的存储形式和数据处理系统，以实现数据质量的最优化。

（2）数据分析

数据分析主要包括已有数据的分布式统计分析、未知数据的分布式挖掘和深度学习。分布式统计分析可由数据处理技术完成，分布式挖掘和深度学习则在大数据分析阶段完成，包括聚类与分类、关联分析、深度学习等，可挖掘数据集合中的数据关联性，形成对事物的描述模式或属性规则，可通过构建机器学习模型和海量训练数据提升数据分析与预测的准确性。

数据分析是数据处理与应用的关键环节，它决定了数据集合的价值性和可用性，以及分析预测结果的准确性。在数据分析环节，应根据大数据的应用情境与决策需求，选择合适的数据分析技术，提高大数据分析结果的可用性、价值性和准确性。

4. 数据可视化与应用

数据可视化是指将数据分析与预测结果以计算机图形图像的直观方式显示给用户的过程，并可与用户进行交互式处理。数据可视化有利于发现大量业务数据中隐含的规律性信息，以支持管理决策。数据可视化环节可大大提高大数据分析结果的直观性，便于用户理解与使用，故数据可视化是影响大数据的可用性和可理解性的关键因素。

数据应用是指将经过分析处理后挖掘得到的数据结果应用于管理决策、战略规划等的过程，它是对数据分析结果的检验与验证，数据应用过程直接体现了数据分析处理结果的价值性和可用性。数据应用对数据的分析与处理具有引导作用。

在数据采集、处理等一系列操作之前，通过对应用情境进行充分调研、对管理决策需求信息进行深入分析，可明确数据分析与处理的目标，从而为数据采集、存储、处理、分析等过程提供明确的方向，并保障大数据分析结果的可用性、价值性和满足用户的需求。

3.5 大数据可视化工具

目前有许多数据可视化工具，且大部分是免费使用的，可以满足各种可视化需求。数据可视化工具大致分为 4 类：入门级工具（Excel）、信息图表工具（D3、Flot、ECharts、Visual.ly、Tableau）、地图工具（PolyMaps、Modest Maps、Leaflet、Openlayers）、高级分析工具（Processing、R 语言、Python、Gephi）。

3.5.1 认识大数据可视化工具

1. 入门级工具

Excel 是 Microsoft 公司的办公软件 Office 家族的系列软件之一，这个软件通过工作簿存储数据，可以进行各种数据的处理、统计、分析和辅助决策操作，已经被广泛地应用于管理、统计、金融等领域。Excel 是日常数据分析工作中常用的工具，简单易用，用户通过简单的学习就可以轻松使用 Excel 提供的各种图表功能。特别是在需要制作折线图、饼状图、柱状图、散点图等各种统计图表时，Excel 通常是普通用户的首选工具。Excel 的缺点是在颜色、线条和样式上可选择的种类较为有限。

2. 信息图表工具

信息图表工具是信息、数据、知识等的视觉化表达工具，它利用人脑对图形信息相对于文字信息更容易理解的特点，高效、直观、清晰地传递信息，在计算机科学、数学及统计学领域有着广泛的应用。

（1）D3

D3（Data-Driven Document）可以处理数字、数组、字符串和对象，也可以处理 JSON 和 GeoJSON 数据。D3 最擅长处理可缩放矢量图形（SVG 图或 GeoJSON 数据），能够提供线性图和条形图之外的大量的复杂图表样式。D3.js 是 D3 中包含的一个库，它是流行的可视化库之一，用于创建数据可视化图形，D3.js 实质上是一个 JSON 文件。

（2）Flot

Flot 是一套用 JavaScript 编写的用来绘制图表的函数库，专门用在网页上执行绘制图表功能。Flot 是使用 jQuery 框架编写的，所以也被称为 jQuery Flot。它的特点是体积小、执行速度快、支持的图形种类多。除此之外，Flot 还有许多插件可供使用，用以补充 Flot 本身所没有的功能。Flot 目前支持的图表类型有折线图、饼图、直条图、分区图和堆栈图等，也支持实时更新图表及 Ajax update 图表。

（3）ECharts

ECharts 是一个免费的、功能强大的、可视化的库。用它可以非常简单地向软件产品中添加直观的、动态的和高度可定制的图表。它具有非常丰富的图表类型、支持多个坐标系、支持在移动端进行交互优化、深度的交互式数据探索、支持大数据量的展现、支持多维数据、视觉编码手段丰富、支持动态数据和特效绚丽等优点。

（4）Visual.ly

Visual.ly 是一款非常流行的信息图制作工具，用户可以用其快速创建自定义的、样式美观且具有强烈视觉冲击的信息图。Visual.ly 的理念是抓住每个数据来源的特性，从而制作相对应的信息图模板，最终实现自动化制图的功能。

（5）Tableau

Tableau 是新一代商业智能工具软件，它将数据连接、运算、分析与图表结合在一起，容易操控各种数据，用户只需将大量数据拖放到数字画布上，就能快速地创建出各种图表。其产品之一的 Tableau Desktop 是一款桌面软件应用程序，能连接许多数据源，例如 Access、Excel、文本文件 DB2、MS SQL Server、Sybase 等，在获取数据源中的各类结构化数据后，Tableau Desktop 可以通过拖放式界面快速生成各种美观的图表、坐标图、仪表盘与报告，并允许用户以自定义的方式设置视图、布局、形状、颜色等，从而通过各种视角来展示业务领域的数据及其内在关系。

3. 地图工具

地图工具在数据可视化中较为常见，它在展现数据基于空间或地理分布上具有较强的表现力，可以直观地展现各分析指标的分布、区域等特征。当指标数据要表达的主题与地域有关联时，就可以选择以地图作为大背景，从而帮助用户更加直观地了解数据的整体情况，同时可以根据地理位置快速地定位到某一地区并查看详细数据。

（1）PolyMaps

PolyMaps 可同时使用位图和 SVG 矢量地图，为地图提供了多级缩放数据集，并且支持数据的多种视觉表现形式。

（2）Modest Maps

Modest Maps 是一个可扩展的交互式免费库，它提供了一套查看卫星地图的 API，是目前最小的地图库。Modest Maps 是一个开源项目，有强大的社区支持，支持很多功能强大的扩展库，是网站中整合地图应用的理想选择。

（3）Leaflet

Leaflet 是一个专门为移动设备开发的互动地图库，是一个开源的 JavaScript 库。Leaflet 的设计坚持简便、高性能和可用性好的原则，可在所有主要桌流和移动平台高效运作，在浏览器上还可利用 HTML5 和 CSS3 的优势，同时也支持对低版本浏览器的访问，支持插件扩展，提供了友好且易于使用的 API 文档和简单可读的源代码。

（4）OpenLayers

OpenLayers 是一个用于开发万维网地理信息系统（WebGIS）客户端的 JavaSripe 库。OpenLayers 支持的地图来源包括 Google Maps、Yahoo Maps、Microsoft Virtual Earth 等，用户还可以用简单的图片地图作为背景图，与其他的图层在 OpenLayers 中进行叠加。在操作方面，

OpenLayers 除了可以在浏览器中帮助开发者实现地图浏览的基本效果（如放大、缩小、平移等）之外，还可以进行选取面、选取线、选择要素、叠加图层等不同的功能操作，甚至可以对已有的 OpenLayers 操作和数据支持类型进行扩充，赋予其更多的功能。

4．高级分析工具

（1）Processing

Processing 是一门适合设计师和数据艺术家的开源语言，它具有语法简单、操作便捷的特点。

Processing 的开发环境包括一个简单的文本编辑器、一个消息区、一个文本控制台、管理文件的标签、工具栏按钮和菜单。使用者可以在文本编辑器中编写自己的代码，这里的代码被称为草图，然后单击"运行"按钮即可运行程序。在 Processing 中，程序设计采用 Java，也可以采用 Python 等。在数据可视化方面，Processing 不仅可以绘制二维图片，还可以绘制三维图形。此外，为了扩展其核心功能，Processing 还包括许多库和工具，支持播放声音、计算机视觉、三维几何造型等。

（2）R 语言

R 语言是属于 GNU 系统的一个免费、开源的语言，是一套完整的数据处理、计算和制图系统。其主要的特点包括：数据存储和处理系统；数组运算工具（其向量、矩阵运算方面的功能尤其强大）；完整连贯的统计分析工具；优秀的统计制图功能；简便而强大的编程语言；可操纵数据的输入和输出，可实现分支、循环；用户可自定义功能。

R 语言的使用，在很大程度上也是借助各种各样的 R 包的辅助。从某种程度上讲，R 包就是面向 R 的插件，不同的插件可满足不同的需求，如经济计量、财经分析、人文科学研究及人工智能等。

（3）Python

Python 是一种面向对象的解释型计算机程序设计语言，目前已成为最受欢迎的程序设计语言之一。Python 具有简单、易学、免费开源、可移植性好、可扩展性强等特点。在国内外用 Python 做科学计算的研究机构日益增多，越来越多的大学开始采用 Python 来教授程序设计课程。

（4）Gephi

Gephi 是网络分析领域的数据可视化处理软件。它是一款信息数据可视化利器，开发者对它的定位是"数据可视化领域的 Photoshop"。Gephi 可用于探索性数据分析、链接分析、社交网络分析、生物网络分析等。虽然它使用起来比较复杂，但可以生成非常吸引人的可视化图形。

3.5.2　常见大数据可视化工具的使用

1．使用 Python 进行大数据可视化

众多开源的科学计算机软件包都提供了 Python 的调用接口，例如著名的计算机视觉库 OpenCV、三维可视化库 VTK、医学图像处理库 ITK。而 Python 专用的科学计算机扩

展库就更多了，例如，十分经典的科学计算机扩展库 NumPy、Pandas、SciPy、Matplotlib、Pyecharts。它们为 Python 提供了快速数组处理、数值运算及绘图功能。

要使用 Python，需要安装 Pycharm 社区版和 Anaconda。Pycharm 社区版如图 3-24 所示，Anaconda 如图 3-25 所示，Pycharm 的界面如图 3-26 所示。

图 3-24　Pycharm 社区版

图 3-25　Anaconda

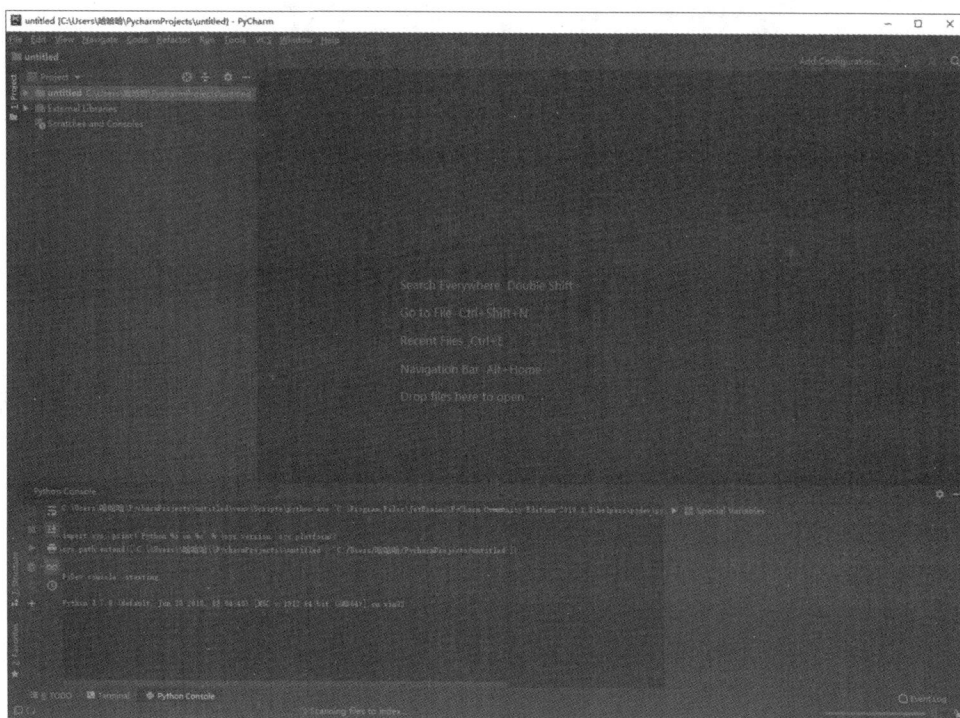

图 3-26　Pycharm 的界面

2. 使用 Tableau 进行大数据可视化

使用 Tableau 进行大数据可视化，其实是使用其最核心的产品 Tableau Desktop，利用其强大的分析能力完成各种指标的分析，并以丰富的可视化效果展示数据。图 3-27 所示为用 Tableau Prep 进行数据处理，用 Tableau Desktop 进行数据分析和可视化的过程，它具有非常好的协同性，如图 3-27 所示。

从 Tableau 官网下载 Tesktop，然后进行一步式安装。连接数据库时，可以连接 Excel、CSV 及 MySQL 等数据库。Tableau 操作流程如图 3-28 所示。

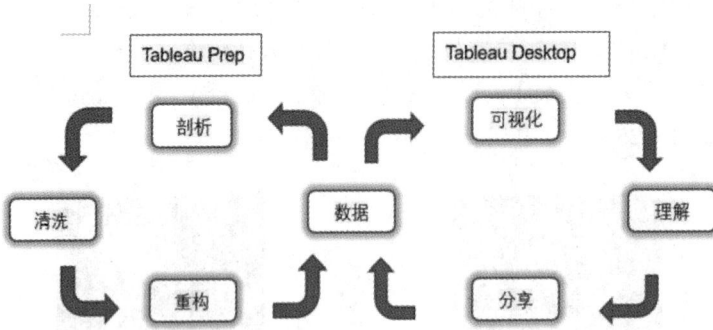

图 3-27　Tableau 工作过程

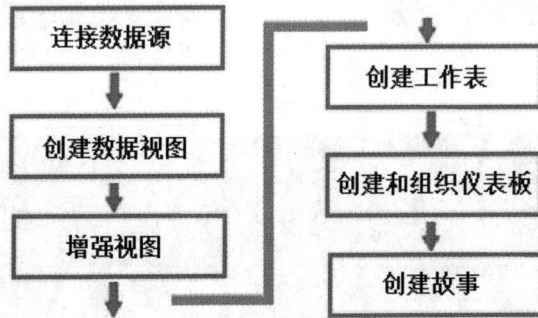

图 3-28　Tableau 操作流程

（1）连接数据源

Tableau 可连接所有常用的数据源。它具有内置的连接器，在提供连接参数后负责建立连接。无论是简单文本文件、关系源、无 SQL 源或云数据库，Tableau 几乎能连接到所有数据源。

（2）创建数据视图

连接到数据源后，将获得 Tableau 环境中所有可用的列和数据，可以将它们分为维、度量和创建任何所需的层次结构。这些构建的视图也称为报告。Tableau 提供了易使用的拖放功能来创建数据视图。

（3）增强视图

创建的视图需要进一步增强，可以使用过滤器、聚合、轴标签、颜色和边框等格式进行修改。

（4）创建工作表

可以创建不同的工作表，以便对相同或不同的数据创建不同的视图。

（5）创建和组织仪表板

仪表板包含多个链接它的工作表，任何工作表中的操作都可以相应地更改仪表板中的结果。

（6）创建故事

故事是一个工作表，其中包含一系列工作表或仪表板，它们一起工作以传达信息。可以通过创建故事以显示事实如何连接，提供上下文，演示决策如何与结果相关，或者做出有说服力的案例。

完成以上步骤后，一张生动的商业智能仪表板就诞生了。

3.5.3　大数据可视化案例

在大数据可视化中，我们可以将数据划分为时间数据、比例数据、关系数据和文本数据。通过大数据可视化表现数据的时间属性、关联性和分布性。下面以文本数据的可视化为例展示大数据可视化。

1. 案例一：词云图

根据一份列表中记录的某可视化网站上最受用户喜爱的 100 篇文章的浏览量、评论数和文章分类，得到各类文章的浏览总量，然后使用 Pyecharts 库中的 WordCloud() 函数绘制词云图，如图 3-29 所示，总浏览量越大的文章分类的名称越大，总浏览量越小的文章分类的名称越小。

使用 Python 进行数据可视化代码如下：

```
from pyecharts import WordCloud
import pandas as pd
post_data=pd.read_csv('post_data.csv')
wordcloud=WordCloud(width=1300,height=620)
post_data2=post_data.groupby(by=['category']).agg({'views':sum}).reset_index()
wordcloud.add("",post_data2['category'],post_data2['views'],word_size_range=[20,100])
wordcloud.render('ciyun.html')
```

生成的词云图如图 3-30 所示。

```
id,views,comments,category
5019,148896,28,艺术可视化
1416,81374,26,基础可视化
1416,81374,26,特别推荐
3485,80819,37,特别推荐
3485,80819,37,基础可视化
3485,80819,37,数据源
500,76495,10,统计可视化
500,76495,10,基础可视化
500,76495,10,网络可视化
4092,66650,70,简单可视化
4092,66650,70,错误数据
2432,42512,17,信息图
4449,36166,10,特别推荐
```

图 3-29　数据源部分数据

图 3-30　词云图

2. 案例二：关系图

数据源 weibo.json 中包含大量的微博用户之间微博转发关系，用 Pyecharts 库中的 Graph() 函数可将用户节点和节点之间的转发关系绘制出来，具体代码如下：

```
from pyecharts import Graph
import os
import json
```

```
with open(os.path.join("weibo.json"),'r',encoding="utf-8") as f:
    j=json.load(f)
    nodes,links,categories,cont,mid,userl=j
graph=Graph(" 微博转发关系图 ",width=1200,height=600)
graph.add(
    "",
    nodes,
    links,
    categories,
    label_pos="right",
    graph_repulsion=50,
    is_legend_show=False,
    line_curve=0.2,
    label_text_color=None,
)
graph.render("guanxitu.html")
```

根据 weibo.json 做出的可视化结果如图 3-31 所示。

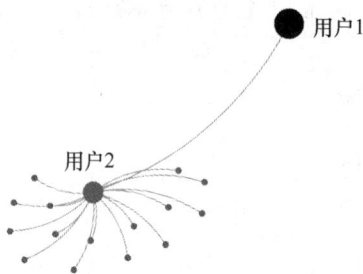

图 3-31　微博转发关系图

3.6　大数据的安全与风险

　　本节介绍大数据常见安全问题和风险、大数据安全防护的基本方法和相关法律法规等内容，帮助读者了解相关知识。大数据所涉及的数据量十分巨大，往往采用分布式的方式进行存储。这种存储方式的路径视图相对清晰，导致数据保护相对简单，黑客能较为轻易地利用相关漏洞实施不法操作，造成安全问题。由于大数据环境下终端用户非常多，且受众类型较多，认证客户身份的环节需要耗费大量处理能力。由于高级持续性威胁（Advanced Persistant Threat，APT）具有很强的针对性，且攻击时间长，一旦攻击成功，大数据分析平台输出的最终数据均会被获取，容易造成较大的信息安全隐患。大数据安全虽然继承了传统数据安全保密性、完整性和可用性 3 个特性，但也有其特殊性。

3.6.1 常见安全问题和风险

1. 安全问题

大数据所带来的便利性越来越明显，同时，大数据在应用中也存在越来越大的风险挑战。从整体看，根据大数据的应用范畴，在国家安全层面及个人安全层面均面临一些问题及隐患。例如，在医疗及消费等民生领域，使用大数据汇总分析健康指标参数及消费者消费需求时，个人数据信息在用于决策分析时面临不小的数据泄露风险。又如，个人在大数据环境下进行操作时，身份证号、手机号、银行卡号等重要个人信息容易遭受黑客攻击而导致各类损失。从微观的大数据层面看，其面临的问题如图 3-32 所示。

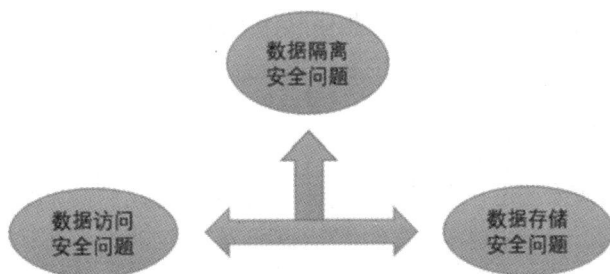

图 3-32 大数据安全问题

（1）数据隔离安全问题

大数据的重要功能之一就是提供数据的高频次、多终端共享，数据共享功能的应用较为频繁，在这一功能的应用中较易发生数据隔离安全问题。随着大数据逐渐渗透到各行业，数据隔离安全问题更为紧迫。例如，在局部范围内，数据信息传输共享频率高，各类数据信息通常不设置过高的密级，也未考虑到数据隔离问题而与外界计算机之间设置数据传输屏障，这就为黑客入侵创造了可乘之机。因数据隔离安全问题而引发的信息风险案例时有发生。

（2）数据存储安全问题

对大数据环境下产生的数据进行收集、存储及访问时，应对数据进行安全防护。一些数据在使用及读取后，数据的价值已经得到发挥，此时需要对数据加以销毁处理，但因数据销毁不及时而出现的数据遭窃取的问题依然存在。例如，重要的数据能够通过信息技术进行二次操作还原，如此带来的数据风险隐患极大。此外，考虑到自然灾害预防及阻隔黑客的实际需求，在大数据的存储上，借助容灾技术能够由此云端转移到彼云端，但这一过程中数据也面临泄露风险。

（3）数据访问安全问题

大数据环境下的数据在进行访问操作时，数据资源的访问控制极为重要。数据资源访问控制问题主要表现在数据的非法访问上。用户在大数据平台中储存数据，所储存的数据主要在远程服务器中，如大数据云计算服务商在安全防护上出现漏洞，极易被黑客攻击，导致数据出现泄露、被篡改或丢失。例如，用户通过非法手段实施数据访问，当用户在云计算技术

81

下将数据在云服务端上传，云计算服务商可以对上传的数据进行实时获取，如此就使数据过于透明，当安全防护系统不够健全时，云计算信息系统中存储的数据就有极高的泄露甚至崩溃隐患。

2. 风险

（1）大数据信息泄露风险

大数据平台存在信息泄露风险，因此在对大数据进行数据采集和信息挖掘的时候，要注重用户隐私数据的安全问题，在不泄露用户隐私数据的前提下进行数据挖掘。如何在分布计算的信息传输和数据交换时保证各个存储点内的用户隐私数据不被非法泄露和使用，是当前大数据背景下信息安全的主要问题。同时，当前大数据的数据量并不是固定的，而是在应用过程中动态增加的，但是传统的数据隐私保护技术大多是针对静态数据的，所以如何有效地应对大数据动态数据属性和表现形式的数据隐私保护也是要注重的安全问题。最后，大数据远比传统数据复杂，现有的敏感数据的隐私保护是否能够满足大数据复杂的数据信息也是应该考虑的安全问题。

（2）大数据传输过程中的安全隐患

① 数据传输过程安全问题。伴随着大数据传输技术和应用的快速发展，在大数据传输过程的各个阶段、各个环节，越来越多的安全隐患逐渐暴露出来。除了存在泄露、被篡改等风险外，还可能被数据流攻击者利用，数据在传输过程中可能出现逐步失真等。除数据非授权使用和被破坏的风险外，由于大数据传输的异构、多源、关联等特点，即使多个数据集各自脱敏处理，数据集仍然存在因关联分析而造成个人信息泄露的风险。

② 基础设施安全问题。作为大数据传输汇集的主要载体和基础设施，云平台为大数据传输提供了存储场所、访问通道、虚拟化的数据处理空间。因此，云平台中存储数据的安全问题也成为阻碍大数据传输发展的主要因素。

（3）大数据的存储管理风险

大数据的数据类型和数据结构是传统数据不能比拟的。在大数据的存储平台上，数据量是非线性的甚至是以指数级的速度增长的，各种类型和各种结构的数据进行存储时，势必会引发多种应用进程的并发且频繁无序地运行，极易造成数据存储错位和数据管理混乱，为大数据存储和后期的处理带来安全隐患。当前的数据存储管理系统，能否满足大数据背景下的海量数据的存储需求，还有待考验。不过如果数据管理系统没有相应的安全机制升级，出现问题后则为时已晚。

3.6.2 大数据安全防护的基本方法

1. 建立大数据信息外部环境安全机制

网络环境是数据信息得以运行的主要路径，大数据模式下的数据信息在总量逐年增大的背景下，数据被调取及使用的频率极高。而海量数据存储在云端，对网络安全等级及数据库安全提出了极高要求。为此，应围绕数据库运行环境的安全性建立相应的机制。

（1）对网络资源进行科学合理的分配

大数据网络资源应秉持均衡化及合理化分配的原则，做到集中管理、集中调度及集中分配，以确保网络装置及设备的稳定运行，进而使数据库的使用不受冲击。

（2）设置防火墙

大数据因数据来源渠道多，一旦遭受木马病毒侵袭，极易导致数据池出现大面积泄露。应阻断病毒入侵网络的通道，因此设置防火墙尤为重要。防火墙在辨别及拦截非法访问时较为有效，在具体的设置上，可对大数据网络进行区域划分，然后限定相应的访问对象及数据服务用户，通过权限管理保护大数据数据库。此外，经由防火墙还可以过滤大数据中的无用及伪装信息。在对操作区域用户进行访问授权时，应将授权用户细分，以数据访问风险为依据，为数据库的安全运行环境的营造提供防护屏障。

（3）在大数据操作终端中应用入侵检测技术

防火墙具备的防护作用主要是在宏观层面上，面对网络内部产生的攻击，单纯使用防火墙技术作用较为有限。为此，可结合使用入侵检测技术，对恶意用户及恶意入侵行为进行检测，以提高数据库的安全性。

（4）大数据服务器应及时做好补丁程序的更新

大数据系统在运行过程中产生的冗余信息会让整个系统产生一定的漏洞，当系统漏洞被黑客等人员利用后，数据被窃取及破坏的风险大增。为及时修补漏洞，应在安装杀毒软件的基础上，对系统中的漏洞进行及时封堵，并做到补丁程序的及时更新。

2. 对大数据文件系统应用强化安全防护技术手段

（1）文件系统的安全防护

数据库服务器在系统形式的选择上，可以选择 UNIX 系统，将数据在 NTFS 文件系统中进行存储，如此可保障数据库在频繁安全性应用过程中的数据安全性。

（2）数据库文件的加密防护

对于大数据中的有用数据及关键数据，应预防黑客通过先进技术窃取及破坏。为此，可以通过数据加密方式，对数据调取进行防护，如为数据使用设置密码等。在选用具体加密方式时，可以采用内加密与外加密相结合的方法。

（3）提高用户的网络安全应用意识

对大数据技术发展趋势进行跟踪观察，了解网络安全的常见漏洞，然后做好网络及数据安全使用的宣传，提高用户的网络安全应用意识。

（4）养成安全上网的良好习惯

大数据在带来极大便利的同时，也因网络环境的多样化及开放性，给网络信息安全及数据泄露提供了机会。作为大数据用户，应养成安全上网的良好习惯，在浏览网页及传输数据资源的过程中，注意做好病毒检测，并通过杀毒软件将入侵计算机的木马病毒进行消杀，保护操作系统的安全运行。涉及外网接入时，应尽量避免传输重要文件。

3. 着重解决大数据云计算数据安全问题

（1）对大数据进行隔离安全认证防护

应对大数据环境下的数据信息隔离安全问题充分重视，通过安全认证防护措施，对云计算服务商及使用商设置安全信任层级。

（2）通过数据加密及数据备份保护数据存储的安全性

数据存储方式的多元化给用户信息安全的控制带来了挑战，为此，为了提高数据安全存储系数，可以通过数据云端存储加密的方式，最大限度降低数据遭受攻击的风险。在此基础上还应做好数据的备份，尤其是云计算系统的关键数据。在处理数据之前，先对数据进行加密，再上传云端，也可以通过密钥的方式对数据信息进行保护。

（3）对数据访问控制环节的安全隐患要素进行清除

对于大数据技术带来的网络环境复杂化特点，可以通过高效、便捷的访问控制技术对数据的访问要求及访问目的进行识别，然后做好不同信息的隔离及分类。为提高数据访问控制过程中数据信息的安全性及完整性，应借助自主访问控制、角色访问控制（见图 3-33），以及强制访问控制等方式，结合不同访问控制的特点，限制访问控制的频率。对大数据的小用户群体而言，可以对访问主体进行权限设计，将操作权限进行简单归类，提高这一访问控制方式的运行效率。对于大批量使用大数据的用户，在访问策略的设定上，应结合用户的访问需求，对特权用户加以明确，避免用户交叉访问时出现信息泄露问题。

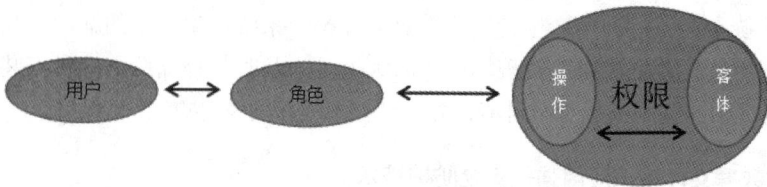

图 3-33　角色访问控制

3.6.3　自觉遵守和维护相关法律法规

数据量巨大、数据变化快等特征会导致大数据分析及应用场景更为复杂，因此必须遵守一定的法律法规及道德标准，同时有关部门需要进一步完善法律法规，保障数据不被窃取、破坏和滥用，确保大数据系统的运行安全可靠，并发挥大数据的最大作用和价值。

由国家和各行业在政策、法律等层面的一系列举措可见，网络空间安全的防护正在不断升级。自 2017 年《中华人民共和国网络安全法》实施以来，信息安全的立法进程越来越紧凑，国家在积极推动大数据产业发展的过程中非常关注大数据安全问题，相继出台和发布了一系列大数据产业发展和安全保护相关的法律法规和政策，如表 3-4 所示。

表3-4　我国大数据安全保护的相关法律法规和政策

年份	法律法规和政策
2015	《促进大数据发展行动纲要》
2016	《中华人民共和国网络安全法》
2016	《国家网络空间安全战略》
2021	《中华人民共和国数据安全法》

1.《促进大数据发展行动纲要》

2015 年 8 月 31 日，国务院印发《促进大数据发展行动纲要》，主要内容分为发展形势和重要意义、指导思想和总体目标、主要任务、政策机制 4 部分。主要任务包括加快政府数据开放共享，推动资源整合，提升治理能力；推动产业创新发展，培育新兴业态，助力经济转型；强化安全保障，提高管理水平，促进健康发展。政策机制包括完善组织实施机制、加快法规制度建设、健全市场发展机制、建立标准规范体系、加大财政金融支持、加强专业人才培养、促进国际交流合作。

2.《中华人民共和国网络安全法》

《中华人民共和国网络安全法》由全国人民代表大会常务委员会于 2016 年 11 月 7 日发布，自 2017 年 6 月 1 日起施行。

该法案定义网络数据为通过网络收集、存储、传输、处理和产生的各种电子数据，并鼓励开发网络数据安全保护和利用技术，促进公共数据资源开放，推动技术创新和经济社会发展。关于网络数据安全保障方面，该法案要求网络运营者采取数据分类、重要数据备份和加密等措施，防止网络数据被窃取或者被篡改，加强对公民个人信息的保护，防止公民个人信息被非法获取、泄露或者非法使用；要求关键信息基础设施的运营者在境内存储公民个人信息等重要数据，网络数据确实需要跨境传输时，需要经过安全评估和审批。

3.《国家网络空间安全战略》

2016 年 12 月，国家互联网信息办公室发布《国家网络空间安全战略》，提出要实施国家大数据战略，建立大数据安全管理制度，支持大数据、云计算等新一代信息技术创新和应用，为保障国家网络安全夯实产业基础。

4.《中华人民共和国数据安全法》

《中华人民共和国数据安全法》作为我国关于数据安全领域的首部律法，其受到了社会各界人士的广泛关注。自 2020 年 6 月 28 日以来，该法案经历了 3 次审议与修改，于 2021 年 6 月 10 日第十三届全国人民代表大会常务委员会第二十九次会议通过，并于 2021 年 9 月 1 日正式施行，标志我国在数据安全领域有法可依，也为各行业数据安全提供了监管依据。

随着《中华人民共和国数据安全法》的出台，我国在网络与信息安全领域的法律法规体系得到了进一步的完善。按照总体国家安全观的要求，该法案明确数据安全主管机构的监管职责，建立健全数据安全协同治理体系，提高数据安全保障能力，促进数据出境安全和自由流动，促进数据开发利用，保护个人、组织的合法权益，维护国家主权、安全和发展利益，让数据安全有法可依、有章可循，为数字化经济的安全健康发展提供了有力支撑。

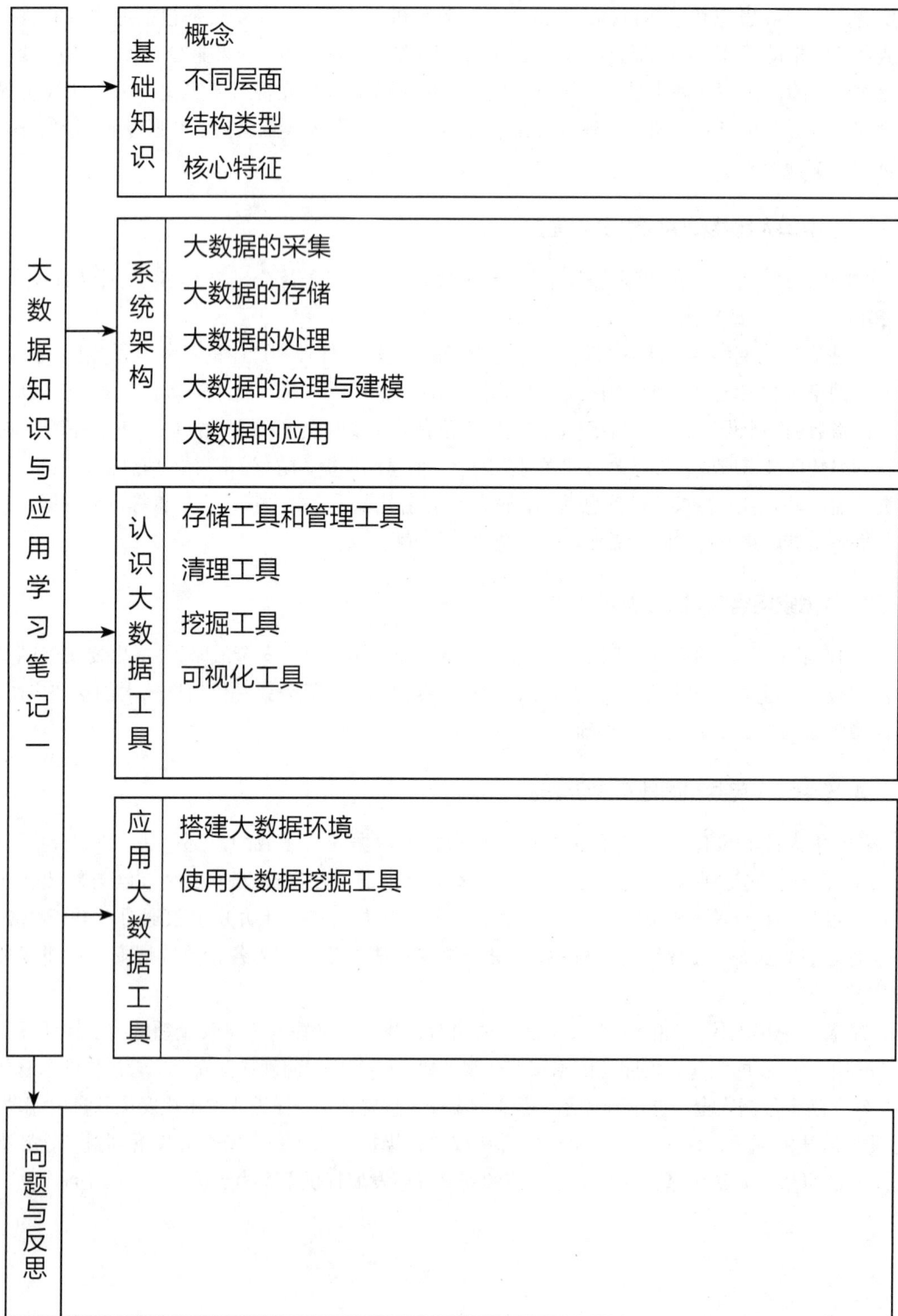

【学习笔记】

大数据知识与应用学习笔记一	基础知识	概念
		不同层面
		结构类型
		核心特征
	系统架构	大数据的采集
		大数据的存储
		大数据的处理
		大数据的治理与建模
		大数据的应用
	认识大数据工具	存储工具和管理工具
		清理工具
		挖掘工具
		可视化工具
	应用大数据工具	搭建大数据环境
		使用大数据挖掘工具

| 问题与反思 | |

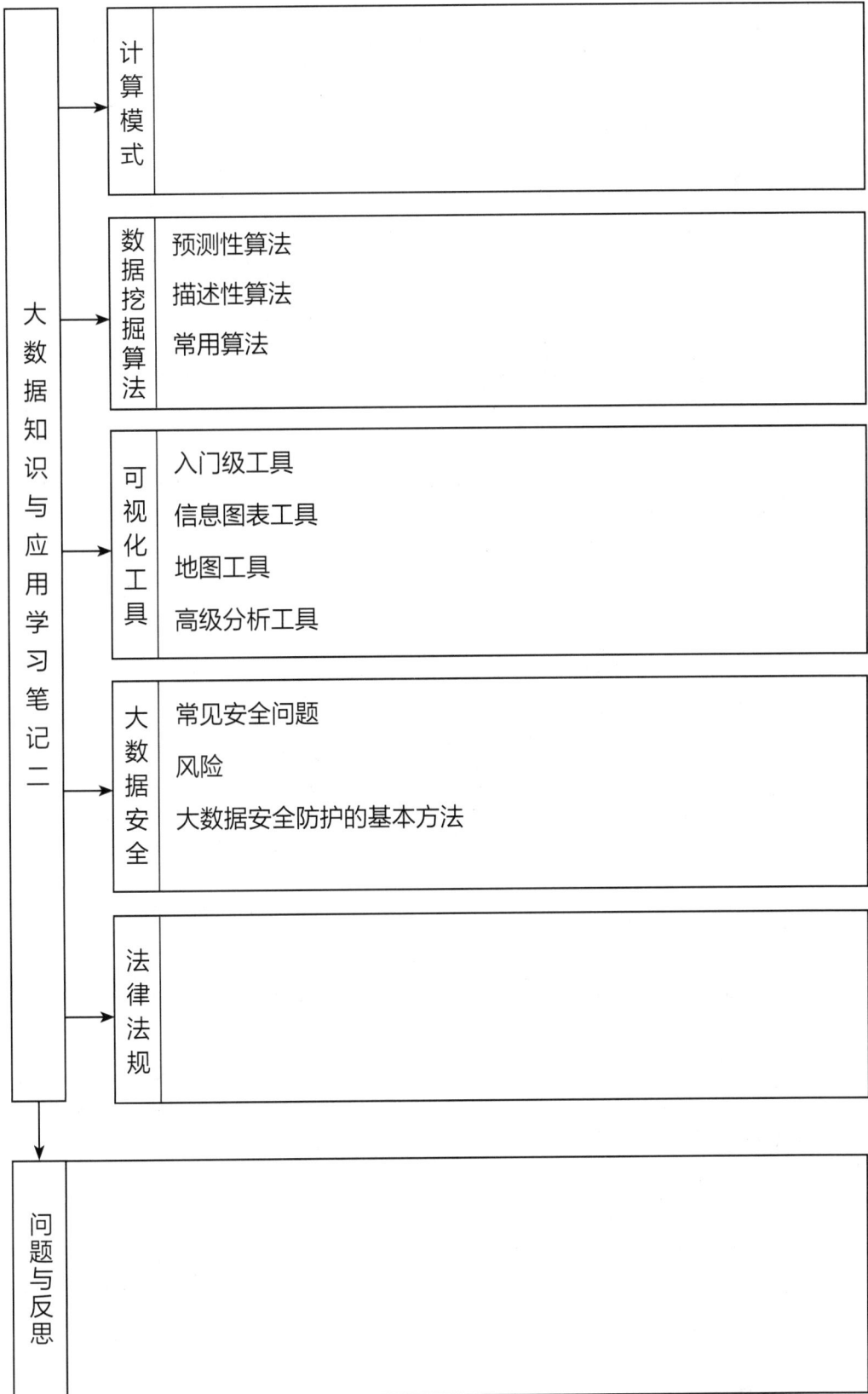

大数据知识与应用学习笔记二	计算模式	
	数据挖掘算法	预测性算法 描述性算法 常用算法
	可视化工具	入门级工具 信息图表工具 地图工具 高级分析工具
	大数据安全	常见安全问题 风险 大数据安全防护的基本方法
	法律法规	

问题与反思	

考核评价

姓名：_____ 专业：_____ 班级：_____ 学号：_____ 成绩：_____

一、单选题（每题2分，共20分）

1. 大数据的结构类型不包括（　　）。
   A. 结构化数据　　　　　　　　　B. 半结构化数据
   C. 非结构化数据　　　　　　　　D. 一体化数据

2. （　　）属于大数据挖掘工具。
   A. MongoDB　　　B. Microsoft Excel　　　C. RapidMiner　　　D. Tableau

3. 传统数据不具备（　　）。
   A. 安全保密性　　　B. 完整性　　　C. 可用性　　　D. 冗余性

4. （　　）是网络分析领域的数据可视化处理软件，可用作探索性数据分析、链接分析、社交网络分析、生物网络分析等。
   A. Python　　　B. Gephi　　　C. R语言　　　D. Processing

5. 可以用Python中的（　　）生成下方的词云图。

   A. jieba　　　B. Pandas　　　C. NumPy　　　D. WordCloud

6. 下列不是信息图表工具的是（　　）。
   A. Gephi　　　B. Flot　　　C. 大数据魔镜　　　D. Tableau

7. 下面语句中，用于关闭防火墙的命令是（　　）。
   A. $ sudo ufw status　　　　　　B. $ sudo dpkg -l l grep ssh
   C. $ sudo ufw disable　　　　　　D. $ sudo apt-get insta11 openssh-server

8. 对大数据文件系统的强化安全防护技术手段的应用不包括（　　）。
   A. 文件系统安全防护　　　　　　B. 数据库文件加密防护
   C. 提高用户网络安全应用意识　　　D. 降低使用数据的频次

9. 使用Tableau进行大数据可视化，其实是使用其最核心的（　　）产品。
   A. Desktop　　　B. Prep　　　C. CSV　　　D. MySQL

10. 《中华人民共和国数据安全法》自（　　）起施行。
    A. 2021年9月1日　　　　　　B. 2021年6月30日
    C. 2020年9月1日　　　　　　D. 2020年6月30日

二、多选题（每题 3 分，共 30 分）

1. 大数据主要具有（   ）的核心特征。
   A. 高速　　　　B. 多样　　　　C. 价值　　　　D. 大量

2. 使用大数据工具，可以对数据进行（   ）操作。
   A. 数据存储和管理　B. 数据清理　　C. 数据挖掘　　D. 数据可视化

3. Hadoop 的安装方式有（   ）模式。
   A. 单机模式　　　　　　　　　　B. 伪分布式模式
   C. 完全分布式模式　　　　　　　D. 混合模式

4. 对于不同类型的数据，大数据计算模式可分为（   ）。
   A. 流式计算　　　B. 批处理计算　C. 图计算　　　D. 查询计算

5. 数据挖掘的任务是从数据集中发现模式，按功能可以分为（   ）。
   A. 预测性模式　　B. 扩大性模式　C. 缩减性模式　D. 描述性模式

6. 若使用 Python 进行数据可视化，需要安装的软件包括（   ）。
   A. Gephi　　　　B. Pycharm　　C. Anaconda　　D. Excel

7. 大数据环境下常见的安全问题包括（   ）。
   A. 数据隔离安全问题　　　　　　B. 数据存储安全问题
   C. 数据丢失安全问题　　　　　　D. 数据访问安全问题

8. 大数据环境下蕴含的风险包括（   ）。
   A. 大数据的存储管理风险　　　　B. 遭受异常流量攻击
   C. 大数据信息泄露风险　　　　　D. 传输过程中的安全隐患

9. 大数据网络资源应秉持均衡化及合理化分配的原则，做到（   ），以确保网络装置及设备的稳定运行，进而使数据库的使用不受冲击。
   A. 集中管理　　　B. 集中销毁　　C. 集中调度　　D. 集中分配

10. 大数据采集的数据类型包括（   ）。
    A. 安全数据　　　B. 系统日志　　C. 网络数据　　D. 数据库数据

三、判断题（每题 2 分，共 20 分）

1. MapReduce 计算是一种非常好的离线批处理框架。（   ）
2. K- 均值聚类算法容易实现，在大规模数据集上收敛较快。（   ）
3. Hadoop 环境的安装流程为：安装虚拟机、安装 Ubuntu 操作系统、关闭防火墙、安装 SSH、安装 Xshell 和 Xftp、安装 JDK、下载 Hadoop 安装包并解压、安装 Hadoop。（   ）
4. Microsoft Excel 可以进行数据清洗工作，并且适用于大数据集。（   ）
5. 可以使用 Python、Tableau、Excel 进行数据可视化操作。（   ）
6. 设置防火墙不能对大数据安全进行防护。（   ）
7. 数据处理包括数据的收集、存储、使用、加工、传输、提供、公开等。（   ）
8. 重要数据的处理者应当按照规定对其数据处理活动定期开展风险评估，并向有关主管部门报送风险评估报告。（   ）
9. 所谓大数据计算模式，就是根据大数据的不同数据特征和计算特征，从多样性的大数

据计算问题和需求中提炼并建立的各种高层抽象或模型。（　　　）

10.《中华人民共和国网络安全法》由全国人民代表大会常务委员会于 2016 年 11 月 7 日发起并施行。（　　）

四、简答题（每题 10 分，共 30 分）

1. 什么是大数据？它具备哪些核心特征？

2. 简述大数据的基本处理流程。

3. 简述大数据安全防护的基本方法。

模块4

物联网

04

物联网通过信息传感器、射频识别技术、全球定位系统、红外感应器、激光扫描器等装置与技术，实时采集需要监控、连接、互动的物体的声、光、热、电、力学、化学、生物、位置等各种信息，通过网络接入，实现物与物、物与人的泛在连接，实现对物品和过程的智能化感知、识别和管理。物联网是一个基于互联网、传统电信网等的信息载体，它将所有能够被独立寻址的普通物理对象形成互联互通的网络。本模块主要介绍物联网的基础知识、应用领域、发展趋势、体系结构和关键技术等内容。

学习目标

◎ 了解物联网的基础知识、应用领域、发展趋势，以及物联网和其他信息技术的融合等。

◎ 了解物联网的体系结构。

◎ 了解物联网感知层关键技术，如物联网传感器、自动识别及智能设备等。

◎ 了解物联网网络层关键技术，如互联网技术、无线传感器网络技术及卫星通信技术等。

◎ 了解物联网应用层关键技术，如云计算技术、中间件技术及物联网应用操作系统等。

知识图谱

物联网知识图谱如图4-1所示。

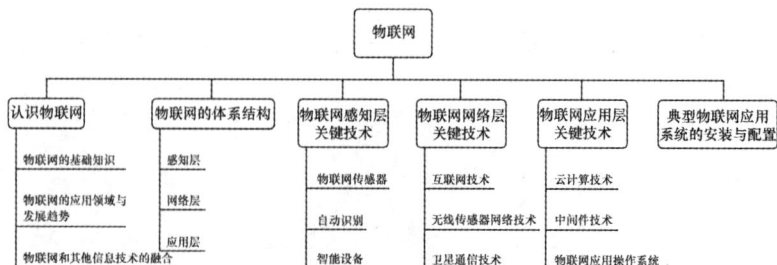

图 4-1 物联网知识图谱

4.1 认识物联网

本节介绍物联网的基础知识、应用领域、发展趋势等，以及物联网与其他信息技术的融合等内容，使读者对物联网有初步的了解。

4.1.1 物联网的基础知识

1．物联网的定义

物联网（Internet of Things，IoT），即"万物相连的互联网"。物联网是互联网的延伸和扩展，是将各种信息传感设备与网络结合起来形成的一个巨大网络，能实现任何时间、任何地点、人、机、物的互联互通。

物联网是新一代信息技术的重要组成部分，在 IT 行业又被称为泛互联网，意思是物物相连、万物互联，物联网就是物物相连的互联网。这有两层意思：第一，物联网的核心和基础仍然是互联网，是互联网的延伸和扩展；第二，其用户端能延伸和扩展到任何物品与物品之间进行信息交换和通信。

2．物联网的起源

物联网概念最早出现于比尔·盖茨（Bill Gates）于 1995 年出版的《未来之路》一书。在《未来之路》中，比尔·盖茨已经提及物联网的一些概念，只是当时受限于无线网络、硬件及传感设备的发展，并未引起世人的重视。

物联网的发展路径如图 4-2 所示。

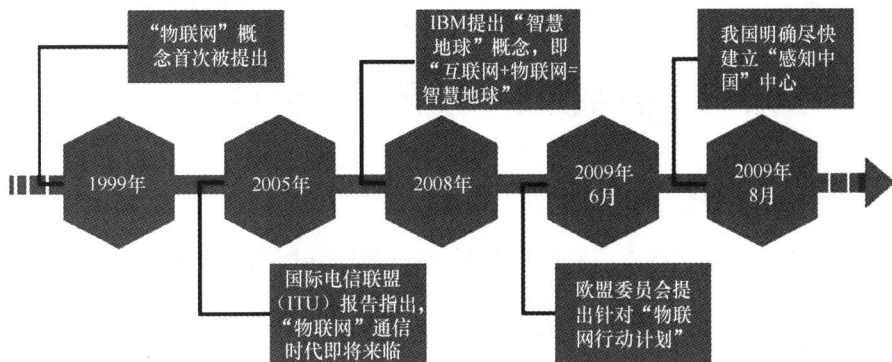

图 4-2 物联网的发展路径

1998 年，美国麻省理工学院创造性地提出了当时被称作 EPC 系统的"物联网"的构想。1999 年，美国 Auto-ID 公司首先提出"物联网"的概念，主要是建立在物品编码、RFID 技术和互联网的基础上。在我国，物联网过去被称为传感网。中科院早在 1999 年就启动了传感网的研究，并取得了一些科研成果，建立了一些适用的传感网。同年，在美国召开的移动计算和网络国际会议提出了"传感网是下一个世纪人类面临的又一个发展机遇"。2003 年，美国

93

《技术评论》杂志提出传感网络技术将是未来改变人们生活的十大技术之首。2005 年 11 月 17 日，在突尼斯举行的信息社会世界峰会上，国际电信联盟发布了《ITU 互联网报告 2005：物联网》，正式提出"物联网"的概念。报告指出，无所不在的物联网通信时代即将来临，世界上所有的物体，从轮胎到牙刷、从房屋到纸巾都可以通过互联网连接，射频识别技术、传感器技术、纳米技术、智能嵌入技术将得到更加广泛的应用。

3．物联网的基本特征

从通信对象和过程来看，物与物、人与物之间的信息交互是物联网的核心。物联网的基本特征可概括为整体感知、可靠传输和智能处理。

整体感知：可以利用射频识别、二维码、智能传感器等感知设备感知、获取物体的各类信息。

可靠传输：通过对互联网、无线网络的融合，将物体的信息实时、准确地进行传输，以便信息交流、分享。

智能处理：使用各种智能技术，对感知和传输的数据、信息进行分析处理，实现监测与控制的智能化。

根据物联网的以上特征，结合信息科学的观点，围绕信息的流动过程，可以归纳出物联网处理信息的功能。

① 获取信息的功能。获取信息指信息的感知、识别。信息的感知指对事物属性状态及其变化方式的知觉和反馈；信息的识别指能把所感受到的事物状态用一定方式表示出来。

② 传输信息的功能。传输信息指信息的发送、传输、接收，把获取的信息及其变化的方式从时间（或空间）上的一点传输到另一点，即常说的通信过程。

③ 处理信息的功能。处理信息指信息的加工过程，利用已有的信息或感知的信息产生新的信息，实际是制定决策的过程。

④ 施效信息的功能。施效信息指信息最终发挥效用的过程，它有很多的表现形式，比较重要的是通过调节对象事物的状态及其变换方式，使对象始终处于预先设计的状态。

4.1.2　物联网的应用领域与发展趋势

1．物联网的应用领域

物联网的应用领域非常广泛，主要的应用领域有智慧城市、智慧物流、智能交通、智慧能源、智能医疗、智能家居、智慧建筑、智能安防、智能零售、智慧农业、智能制造等，物联网的主要应用领域如图 4-3 所示。下面介绍部分常见领域。

（1）智慧城市

一般利用物联网、人工智能、云计算、边缘计算、大数据挖掘分析、机器学习和深度学习等技术，同时运用三维可视化大数据平台、物联网云平台、移动终端及各个智能硬件设备，实现城市物联感知、城市管理、城市服务等功能，提高政府监管服务、决策的智能化水平，形成高效、便捷、便民的新型管理模式，为城市构建智能型、管理型决策平台。智慧城市下的智慧园区所涵盖的各个环节就在我们的身边，与我们的生活息息相关，如图 4-4 所示。

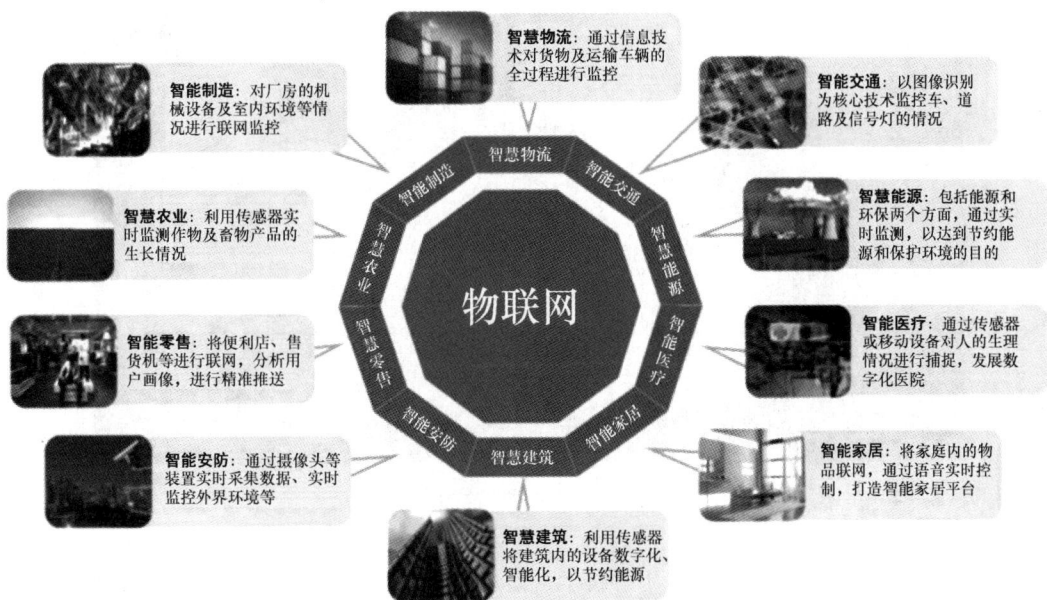

图 4-3 物联网的应用领域

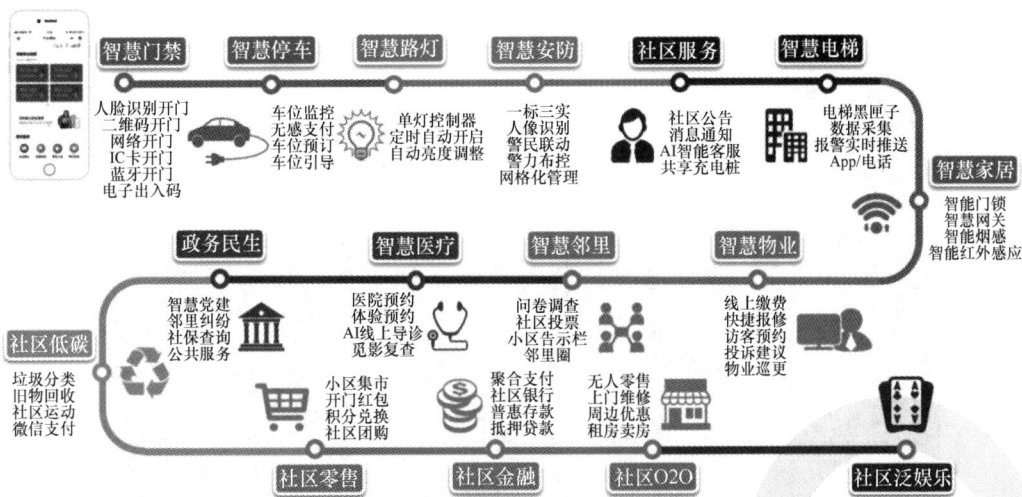

图 4-4 智慧城市下的智慧园区

　　智慧城市的主要应用包括智能交通系统、智慧能源系统、智慧物流系统及建筑服务系统、城市指挥中心、智慧医疗、城市公共安全、城市环境管理、政府公共服务平台等 8 个方面。

　　（2）智慧农业

　　智慧农业基于物联网技术，如图 4-5 所示，智慧农业通过各种无线传感器实时采集农业生产现场的光照、温度、湿度等参数及农产品生长状况等信息，进行远程监控生产环境。将采集的数据信息进行数字化转换后，实时通过网络传输并进行汇总整合，利用农业专家智能系统进行定时、定量、定位处理，及时、精准地遥控指定农业设备自动开启或关闭。

图 4-5　智慧农业

（3）智能交通

智能交通系统是将先进的电子传感技术、信息技术、数据通信传输技术、控制技术、计算技术及物联网技术等有效地集成运用于整个交通管理体系，建立起一种能大范围、全方面发挥作用的，实时、准确、高效的综合交通管理系统。车联网是智能交通中的典型应用，如图 4-6 所示。

图 4-6　车联网

2. 物联网的发展趋势

物联网作为通信行业的新兴应用，在万物互联的大趋势下，市场规模将进一步扩大。随着行业标准的不断完善、技术的不断进步、国家扶持政策的发布，中国的物联网产业将延续良好的发展势头，为经济的持续稳定增长提供新的动力。

按产业链层级划分，可将物联网产业分为感知层、传输层、平台层及应用层 4 个层级。2014 年，我国物联网产业规模达到 6320 亿元，同比增长 26.4%，2015 年物联网产业规模达到7500 亿元，同比增长约 18.7%，如图 4-7 所示。预计到 2026 年，我国物联网的整体产业规模将达到 6 万亿元。

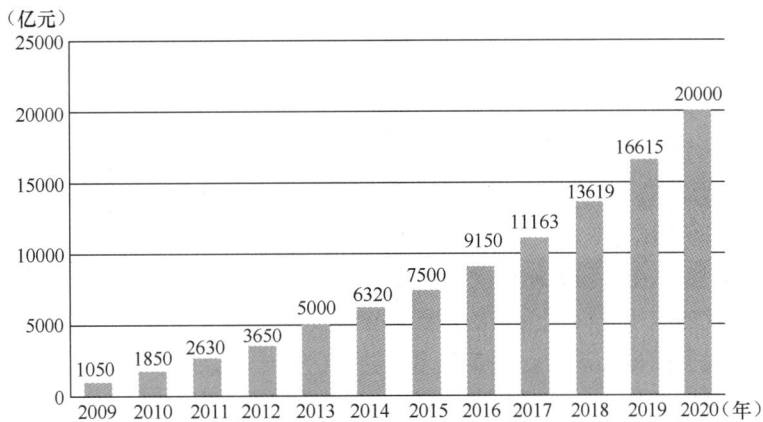

图4-7　物联网市场的增长规模

（1）应用引领产业发展

我国物联网产业的发展是以应用为先导，存在着从公共管理和服务市场到企业、行业应用市场，再到个人家庭市场逐步发展成熟的细分市场递进趋势。目前，物联网产业在我国还处于前期的概念导入期和产业链逐步形成阶段，没有成熟的技术标准和完善的技术体系，整体产业处于酝酿阶段。此前，RFID市场一直期望在物流、零售等领域取得突破，但是由于存在涉及的产业链过长、产业组织过于复杂、交易成本过高、产业规模有限、成本难降低等问题，整体市场成长较为缓慢。

物联网概念提出以后，面向具有迫切需求的公共管理和服务领域，以政府的应用示范项目带动物联网市场的启动将是必要之举。随着公共管理和服务市场应用解决方案的不断成熟，技术的不断整合和提升，逐步形成比较完整的物联网产业链，将带动各行业、大型企业的应用市场逐步成型。待各行业的应用逐渐成熟后，带动各项服务完善、流程改进，个人应用市场才会随之发展起来。

（2）标准体系逐渐成熟

物联网标准体系是渐进发展和完善的。物联网概念涵盖众多技术、众多行业、众多领域，试图制定一套具有普适性的统一标准几乎是不可能的。物联网产业的标准是一个涵盖面很广的标准体系，将随着市场的发展而逐渐成熟。

在物联网产业的发展过程中，单一技术的先进性并不一定能保证其标准具有活力和生命力，标准的开放性和所面对的市场的大小是其能被行业持续接受的关键和核心。随着物联网应用的逐步扩展和市场的成熟，哪一个应用占有的市场份额更大，该应用所衍生的相关标准就更有可能成为被广泛接受的事实标准。

（3）综合性平台即将出现

随着行业应用的逐渐成熟，新的通用性强的物联网技术平台即将出现。物联网的创新是应用集成性的创新，一个单独的企业是无法完全独立完成一个完整的解决方案的。一个技术成熟、服务完善、产品类型众多、界面友好的应用，将是设备提供商、技术方案商、运营商、服务商协同合作的结果。支持不同设备接口、不同互联协议，可集成多种服务的共性技术平台将是物联网产业发展成熟的结果。

在物联网时代，移动设备、嵌入式设备、互联网服务平台将成为主流。随着行业应用的逐渐成熟，将会有大的公共平台、共性技术平台出现。终端生产商、网络运营商、软件制造商、系统集成商、应用服务商，都需要在新的一轮竞争中重新寻找各自的定位。

（4）有效商业模式逐步形成

针对物联网领域的商业模式创新将是把技术与人的行为模式充分结合的结果。物联网将机器、人、社会的行动都互联在一起，新的商业模式的出现将是把物联网相关技术与人的行为模式充分结合的结果。

物联网的应用也从小环境开始面向大环境，原有的商业模式需要更新升级来适应规模化、快速化、跨领域化的应用，而更关键的是要真正建立一个多方共赢的商业模式，这才是推动物联网长远有效发展的核心动力。要实现多方共赢，就必须让物联网真正成为一种商业的驱动力，而不是一种行政的强制力。让产业链中参与物联网建设的各个环节都能从中获益，获取相应的商业回报，使物联网得以持续、快速的发展。

4.1.3 物联网和其他信息技术的融合

物联网的核心与基础仍是互联网，物联网是互联网的延伸。互联网是把网络终端设备相连，或是将网络设备与人相连，而物联网是把物体相连，物联网技术是电子、通信、计算机三大领域技术的融合。物联网的发展方向是不再需要用户去互动，而是实现自动地、智能地直接为人服务。

1. 物联网与移动通信 5G 技术的融合

5G 与物联网是相互发展、共同进步、相互依赖的两项技术，共同组成了智能化网络应用体系，5G 网络为物联网提供了良好的进步环境和空间，物联网也为 5G 网络的发展提供了现实依据。

在万物互联的场景下，机器通信、大规模通信、关键任务的通信对网络的速度、稳定性、时延等提出了更高的要求，自动驾驶、AR、VR 等新的应用迫切需要 5G 技术的支持。未来人们对移动互联网的需求和超大流量万物互联的终端数量都是巨大的，现有的无线网络不能满足这些需求。5G 发展将是物联网的主要推动力，业界认为 5G 是为所有事物的互联而设计的。未来十年，物联网领域的服务对象将延伸到各行各业的用户。从需求层面看，物联网首先满足识别和信息读取的需求；其次，通过网络传输共享这些信息；然后是互联网对象增长带来的系统管理和信息数据分析；最后，改变企业的经营模式和人们的生活模式，实现万物的互联。未来物联网市场将向细分化、差异化、定制化方向转变，未来增长有可能超过预期。

新兴的 5G 技术可以颠覆传统的数据传输模式，将移动网络接入的数量提高近百倍，极大地拓展了数据容量，缓解了时延问题。5G 技术的应用使设备的远程连接与操控变得更加便捷，设备与设备之间的连接数目大幅度增加，数据传输效率大幅度提升，实现超可靠的大规模数据传输。在这样高性能的基础上，5G 设备的耗能不仅没有增加，反而进一步降低，甚至是超低能耗，为智能物联网的发展带来了更大的便利。

2. 物联网与人工智能的融合

物联网与人工智能的融合催生出新的智能物联网产业。物联网在人工智能的推动下，已经有了一定的变化，主要体现在 3 个方面：其一是物联网平台；其二是数据分析；其三是应用。其中物联网平台涉及云计算技术，数据分析涉及大数据技术，而应用则主要指的是人工智能技术。人工智能目前处在物联网体系的最高层，不仅各大技术最终均指向了人工智能，同时人工智能也是能否发挥出物联网巨大价值的关键。可以说万物互联的背后必然要求万物智能。物联网与人工智能的结合是二者发展的必然结果，物联网需要通过人工智能发挥出更大的作用，以便把物联网的应用边界不断拓展，这也是产业互联网发展的核心诉求之一，而人工智能也同样需要物联网这个重要的平台来完成落地应用。

随着人工智能和物联网的应用越来越广泛，有必要了解这两种技术如何协同工作，以使企业和普通人受益。物联网设备产生大量数据，而人工智能和机器学习可以用来分析和跟踪这些数据。以这种方式将人工智能与物联网结合，可以创造出"智能设备"，并在没有人为干预的情况下做出明智决策。物联网带来的可能性是无限的。

联网设备和传感器的快速扩展，使它们创建的数据量呈指数级增长，随之而来的最大问题是如何分析这些海量数据。能跟上物联网生成数据的速度并获得洞察力的唯一方法是机器学习。

人工智能将比其他创新技术更有能力塑造我们的未来。在经过多个人工智能"冬天"和"虚假繁荣"之后，数据存储和计算机处理能力的快速发展极大地改变了"游戏规则"。机器学习已经对计算机视觉（机器识别图像或视频中对象的能力）做出了巨大改进。例如收集了几十万甚至几百万张图片，需要分别给它们贴上标签，给有猫的图片贴上猫的标签。该算法试图建立一个模型，可以准确无误地给每一张有猫的图片贴上标签。一旦精度足够高，机器就能"了解"猫的样子。如今，物联网具备了基于人工智能的智能识别及预测能力，正式进入智慧物联网时代。

3. 物联网与区块链的融合

长期以来，区块链被视为一种隔离技术。最近，我们看到了将区块链与其他技术（例如大数据、人工智能等）集成在一起的趋势。可以观察到的有趣发展是，企业越来越重视将区块链应用于物联网。这并不奇怪，物联网市场正在急剧扩大，并且随着 5G 网络的普及，预计这一趋势将以加速的方式持续下去。但是，随之而来的是许多挑战，这些挑战可能会限制其未来的发展。越来越多的企业将区块链视为可以解决许多此类问题的技术。物联网网络可以跨组织拥有和管理多个设备，处理数据事务。这使得在网络攻击的情况下很难确定任何数据泄露的源头。此外，物联网会产生大量数据，并且涉及多个利益相关者，数据的所有权并不总是很清楚。这可能会破坏物联网传感器的可靠性。因此，确保物联网设备完整性是确保数据记录和交易安全的关键。当前物阻碍物联网大规模发展的基本问题是其安全架构，因为由中央机构管理的集中式客户端 / 服务器模型使其容易受到单点故障的影响。许多物联网设备嵌入的安全功能非常低。因此，它们可能会受到隐私和安全漏洞的影响，同时降低了用户的安全性。这使它们很容易成为网络犯罪分子利用薄弱的安全保护来发动 DDoS 攻击的目标。

4.2 物联网的体系结构

本节介绍物联网的体系结构，帮助读者理解物联网的层次。

物联网的体系结构主要由 3 个层次组成：感知层、网络层和应用层，如图 4-8 所示。

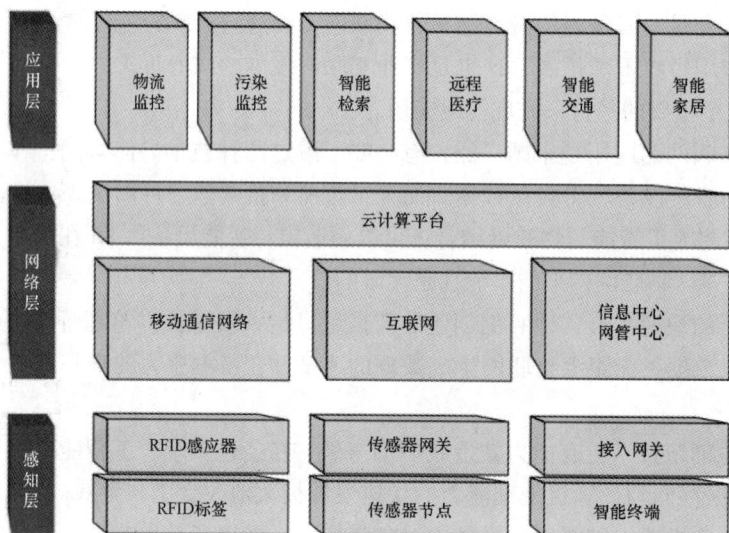

图 4-8　物联网的体系结构

4.2.1 感知层

感知层解决的是人类世界和物理世界的数据获取问题，由各种传感器及传感器网关构成。该层被认为是物联网的核心层，主要作用是物品标识和信息的智能采集，它由基本的传感器件（例如 RFID 标签、读写器、各类传感器、摄像头、GPS、二维码标签和识读器等）及传感器组成的网络（例如 RFID 网络、传感器网络等）两大部分组成。该层的核心技术包括射频技术、新兴传感技术、无线网络组网技术、现场总线控制技术（Fiedbus Control Techonlogy，FCS）等，涉及的核心产品包括传感器、电子标签、传感器节点、无线路由器、无线网关等。

4.2.2 网络层

网络层也称为传输层，解决的是感知层所获得的数据在一定范围内（通常是长距离）的传输问题，主要完成接入和传输功能，是进行信息交换、传输的数据通路，包括接入网与传输网两种。传输网由公网与专网组成，典型传输网络包括电信网（固网、移动网）、广电网、互联网、电力通信网和专用网（数字集群）。接入网包括光纤接入、无线接入、以太网接入和卫星接入等各类接入方式，实现底层的传感器网络、RFID 网络"最后一公里"的接入。

4.2.3 应用层

应用层也可称为处理层，解决的是信息处理和人机界面的问题。网络层传输而来的数据在这一层里进入各类信息系统进行处理，并通过各种设备与人进行交互。处理层由业务支撑平台（中间件平台）、网络管理平台（例如 M2M 管理平台）、信息处理平台、信息安全平台、服务支撑平台等组成，完成协同、管理、计算、存储、分析、挖掘，以及提供面向行业和大众用户的服务等功能，典型技术包括中间件技术、虚拟技术、高可信技术，云计算服务模式、SOA 系统架构方法等先进技术和服务模式。

在各层之间，信息不是单向传输的，也有交互、控制等。传输的信息多种多样，包括在特定应用系统范围内能唯一标识物品的识别码和物品的静态与动态信息。尽管物联网在智能工业、智能交通、环境保护、公共管理、智能家庭、医疗保健等领域的应用特点千差万别，但是每个应用的基本架构都包括感知、传输和应用 3 个层次，各种行业和各种领域的专业应用子网都是基于这 3 层基本架构构建的。

4.3 物联网感知层关键技术

本节介绍物联网感知层关键技术，帮助读者了解物联网的感知方式。

扫码观看
微课视频

4.3.1 物联网传感器

在物联网架构的感知层中，传感器主要负责接收对象的"语音"内容。传感器技术是从自然源中获取信息并对其进行处理、转换和识别的现代科学与工程技术。它涉及传感器的规划、设计、开发、制造和测试，信息处理和识别，改进活动的应用和评估。

人们为了从外界获取信息，必须借助于感觉器官。但单靠人们自身的感觉器官，在研究自然现象和规律及生产活动时，它们的功能就远远不够了。为了适应这种情况，就需要使用物联网传感器。可以说物联网传感器是人类五官的延伸，因此物联网传感器又称为"电五官"。传感器就是把自然界中的各种物理量、化学量、生物量转化为可测量的电信号的装置与元件。传感器的定义决定了它本身的复杂性和品种多样性。传感器属于物联网的神经末梢，是人类全面感知自然最核心的元件，各类传感器的大规模部署和应用是构成物联网不可或缺的基本条件。对于不同的应用，我们使用不同的传感器，覆盖范围包括智能工业、智能安保、智能家居、智能运输、智能医疗等。

随着新技术革命的到来，世界进入信息时代。在利用信息的过程中，首先要解决的就是要获取准确、可靠的信息，而传感器是获取自然和生产领域中的信息的主要途径与手段。在现代工业生产（尤其是自动化生产过程）中，要用各种传感器来监视和控制生产过程中的各个参数，使设备工作在正常状态或最佳状态，并使产品达到最好的品质。可以说没有众多优良的传感器，现代化生产也就失去了基础。

在基础学科研究中，物联网传感器更具有突出的地位。现代科学技术的发展开辟了许多新领域，例如观察大到上千光年的茫茫宇宙，小到纳米级的粒子世界，长达数十万年的天体演化，短到纳秒级的瞬间反应。此外，还出现了对深化物质的认识、开拓新能源、制作新材料等具有重要作用的各种极端技术研究，如超高温、超低温、超高压、超高真空、超强磁场、超弱磁磁等。显然，要获取大量人类感官无法直接获取的信息，没有相应的传感器是不可能的。许多基础科学研究的障碍，首先就在于对象信息的获取存在困难，而一些新机理和高灵敏度的检测传感器的出现，往往会带来该领域内的突破。一些传感器的发展，往往是一些边缘学科开发的先驱。

物联网传感器早已渗透到工业生产、智能家居、宇宙开发、海洋探测、环境保护、资源勘探、医学诊断、生物工程、文物保护等领域。可以毫不夸张地说，从茫茫的太空到浩瀚的海洋，以至各种复杂的工程系统，几乎每一个现代化项目，都离不开各种各样的传感器。由此可见，物联网传感器技术在发展经济、推动社会进步方面的重要作用是十分明显的。世界各国都十分重视这一领域的发展。相信在不久的将来，传感器技术将出现一个飞跃，达到与其重要地位相称的水平。

4.3.2　自动识别

1.　条形码识别技术

在日常生活当中，条形码充斥着大量社会信息，这些数据信息的采集和分析将直接影响到人们的生活及生产决策。自动识别技术指的是通过识别装置或扫描装置，自动获取物品当中的一些负载信息，然后通过核心处理器对这些数据进行处理和计算。条形码由不同宽度的黑白条及特定的编码排列组成，条形码在数据转换过程中需要通过扫描和编译这两个环节。现阶段应用十分广泛的二维码是在一维条形码基础之上延伸而来的一种新型自动识别技术，这种技术可以将信息储存在一维空间或二维空间当中，但是二维码的信息处理需要经过扫描设备及编译设备。通过对比一维条形码和二维码，可以发现一维条形码信息储量比较小且信息密度低，而二维码除了能够标识物品之外，也可以描述物品，它可以在数据库和网络中使用。

2.　射频识别技术

射频识别技术距今已经有 70 多年的发展历史，这一技术在我国相对比较成熟，并且许多产品也用到了这一技术。射频识别技术利用射频信号，通过空间耦合实现无接触信息传递，并通过所传递的信息达到识别目的。有源系统、无源系统、定位系统、低波高频及微波系统等都是射频技术的特征。同时，射频识别技术的应用十分简单，一般不需要人工干预，十分符合我国现代生产中的应用要求，该技术也可以存储大量的信息，具有较强的信息处理及识别的能力。

物联网自动识别技术可以为物流领域提供智能性的服务，保证物流信息的准确性和及时性，从物品出库到售后都可以利用物联网体系为客户或者用户提供全系统的服务。此外，在智能交通领域使用物联网技术可以帮助运输部门解决各种困难，为移动车辆提供实时的路况信息。对绿色建筑领域来说，可以有效地识别卡片的相关信息，对人员进行管理，也可以通过设备来对房间的照明设备及电器进行管理。RFID 技术就是物联网"让物说话"的关键技术。

物联网中的 RFID 标签存储标准化的、可操作的信息，并通过无线数据通信网络自动采集到中心信息系统中，实现物品的识别。

4.3.3 智能设备

智能设备是指任何一种具有计算处理能力的设备或机器。功能完备的智能设备必须具备灵敏且准确的感知功能、正确的思维与判断功能及行之有效的执行功能。智能设备是传统电气设备与计算机技术、数据处理技术、控制理论、传感器技术、网络通信技术和电力电子技术等结合的产物。智能设备主要包括两方面的关键内容：自我检测是智能设备的基础；自我诊断是智能设备的核心。

首先，智能硬件能够满足人们的智能化需求，智能硬件会给我们带来全新的生活形式。智能硬件要么是被创造出来的，要么是基于传统硬件改造的，目的都是使人们可以更便捷地使用、更高效地生产。

其次，智能硬件的智能化程度是不一样的。智能硬件应该具备的能力包含但不限于连接能力、感应外部环境的能力、根据环境变化做出判断的能力、能够积累数据并提升自身判断水平的能力（也就是学习能力）。此外，设备还要是可编程的，如此才可以升级、进化。智能硬件最基础的功能是能够连接，根据硬件具备的功能元素，智能设备的智能级别可以定义为以下多种级别。

① 第一级，能感知环境的微智能传感式硬件。传统硬件加入传感器和通信模块，传感器能够感知外部环境并将数据通过通信模块传输出去。数据则被其他模块收集、分析后加以利用，如计步器等设备。

② 第二级，在第一级的基础上增加自我调节能力——传感式智能设备。传感式单体设备加上软件算法，能分析传感器的数据后直接做出简单的操作，如智能插座当湿度、温度超标时自动切断电源。目前大部分智能设备都处于这一阶段，如智能灯泡、智能水杯。这一阶段的智能可以通过简单的机器学习算法实现。

③ 第三级，在第二级基础上增加学习能力并能够与人类交互。这种智能设备能够根据过去收集的数据提升自身的判断与决策水平，从而根据外界环境的变化改善自身的决策能力。同时，这种智能设备也支持收集用户特定的需求数据，如手环的动作自动识别功能。

④ 更高级别的智能是全自动感知、分析、决策，不需要人的参与。要达到这一层，必须建立在互联网、物联网、云计算、大数据等基础上，并且依赖网络连接能力。这需要利用传感器收集并预处理所有的数据，其中包括个人生活的点点滴滴、外界自然环境、社会环境等数据，然后通过宽带实时传至云端，同时设备实时根据云端的指令做出相应的操作。这样的设备必须是可编程的，从而支持扩展和自主学习。

4.4 物联网网络层关键技术

扫码观看
微课视频

如果说感知层是物联网的"感觉器官"，那么网络层就是物联网的"神经"。

物联网网络层中存在着各种"神经中枢"，用于进行数据的传输。通信网络、信息中心、融合网络和网络管理中心等共同构成了物联网的网络层。

要实现网络层的数据传输，可以利用多种形式的网络类型，例如人们既可以利用小型局域网、家庭网络和企业内部专网等进行数据传输，也可以利用互联网、移动通信网等进行数据传输。随着多种应用网络的融合，物联网的进程将不断加快。本节介绍物联网网络层的多种关键性技术，包括互联网技术、无线传感器网络技术及卫星通信技术等内容，帮助读者理解物联网网络层的工作模式。

4.4.1　互联网技术

互联网几乎包含了人类的所有信息，是人类信息资源的汇总，人们常说的因特网就是互联网的狭义称谓。互联网技术是物联网技术的前身，两者关系如图 4-9 所示。在相关网络协议的约束下，通过互联网相连的网络将海量的信息汇总、整理和存储，实现信息资源的有效利用和共享，这其实就是互联网最主要的功能。互联网由众多的子网连接而成，它是一个逻辑性网络，而每一个子网中都有一些主机，这些主机主要由计算机构成，它们相互连接，共同控制着自己区域内的

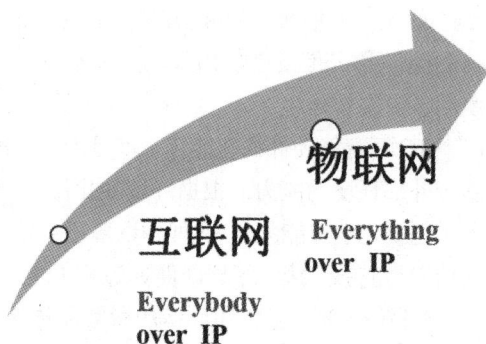

图 4-9　物联网与互联网的关系

子网。互联网中存在两类最高层域名，分别是地理性域名和机构性域名，其中，机构性域名的数量有 14 个。

"客户端 / 服务器"模式是互联网的基础工作模式，在 TCP/IP 的约束下，如果一台计算机可以和互联网连接并相互通信，那么这台计算机就是互联网的一部分。这种不受自身类型和应用操作系统限制的联网形式，使互联网的覆盖范围十分广泛。从某种意义上来说，在互联网的基础上加以延伸便可形成物联网。

拥有丰富信息资源的互联网，一方面可以方便人们获取各种有用信息，让人们的生产、生活变得更加高效；另一方面可以让人们享受互联网所提供的优质服务，从而提高人们的生活水平。

具体来说，互联网可以为人们提供以下几种服务。

① 高级浏览服务。利用网页搜索，我们可以搜寻、检索并利用各种网络信息。同时，我们也可以将自己的信息及外界环境信息等通过网页编辑，发布到互联网上与他人共享。利用互联网的高级浏览服务，我们不仅能进行非实时信息交流，还能进行实时信息交流。

② 电子邮件服务。电子邮件服务是最流行的网络通信工具之一，可以帮助人们在任何时间、任何地点实现与朋友、亲人之间的互动交流。

③ 远程登录服务。利用这种服务，人们可以远距离操控其他计算机。通过远程登录服务，可将本地计算机与远程计算机连接起来，实现通过操控本地计算机控制远程计算机的目的。

④ 文件传输服务。最早的互联网文件传输程序是 FTP，人们利用远程登录服务先登录到互联网上的一台远程计算机上，再利用文件传输程序 FTP 将信息文件传输到远程计算机系统

中。同样，我们也可以从远程计算机系统中下载文件。

互联网是物联网最主要的信息传输网络之一，要实现物联网，就需要互联网适应更大的数据量，提供更多的终端。而要满足这些要求，就必须从技术上进行突破。目前，IPv6技术是攻克这种难题的关键技术，这是因为IPv6技术拥有接近无限的地址空间，可以存储和传输海量的数据。利用互联网的IPv6技术，不仅可以为人提供服务，还能为所有硬件设备提供服务。

4.4.2 无线传感器网络技术

在物联网中，要与人无障碍地通信，必然离不开能够传输海量数据的高速无线网络。无线网络不仅包括允许用户建立远距离无线连接的全球语音和数据网络，还包括短距离蓝牙技术、红外线技术和 ZigBee 技术。

无线传感器网络（Wireless Sensor Network，WSN），即在众多传感器之间建立一种无线自组织网络，并利用这种无线自组织网络实现这些传感器之间的信息传输。在这个传输过程中，会对传感器所采集的数据进行汇总。该技术可以将区域内物品的物理信息和周围环境信息全部以数据的形式存储在无线传感器中，有利于人们对目标物品和任务环境进行实时监控，也有利于分析和处理有关信息，对物品进行有效的管理。

无线传感器网络包含多种技术，如现代网络技术、无线通信技术、嵌入式计算技术、分布式信息处理技术及传感器技术等。网关节点（汇聚节点）、传输网络、传感器节点和远程监控共同构成了无线传感器网络，它兼顾了无线通信、信息监控和事务控制等功能，具有以下几个特点。

①网络规模较大，遍布各地，通过无数传感器覆盖全球。

②网络呈动态变化，其结构为网络拓扑结构。

③网络的核心是数据，一切工作行为都以数据为中心。

④网络具有自动组织性能。

⑤网络具有应用相关性。

⑥网络较公开，安全性较低。

⑦传感器节点性能有限，有待进一步开发。

物联网网络层在互联网、移动通信网及无线传感器网络的相互配合下，完成了主要的层级功能，为构建物联网系统提供了技术参考和行业标准，加快了物联网的全球化进程。

4.4.3 卫星通信技术

物联网设备进行通信交流主要依赖各种通信技术，如基站和天线。其实对大部分陆地地区来说，这种常规模式是可以满足要求的。但是像海洋、戈壁、沙漠、深山老林这样的地方是很难建立基站的。除了传统陆地基站之外，人们自然而然就想到，是不是可以将基站搬到"天上"，即建立卫星通信，使之成为地面基站通信的补充和延伸。

卫星通信技术（Satellite Communication Technology）利用人造地球卫星作为中继站来转发无线电波，从而进行两个或多个终端之间的通信。从物联网的角度来说，卫星的本质是以航天技术为手段，借助社会和资本的资源，实现全球万物互联的商业价值。

卫星通信系统，一般由空间分系统、通信地球站、跟踪遥测及指令分系统和监控管理分系统等 4 部分组成。在若干个轨道平面上布置多颗卫星，由通信链路将多个轨道平面上的卫星连接起来，在地球表面形成蜂窝状的服务区，服务区内的用户至少被一颗卫星覆盖，用户可以随时接入系统。

卫星通信技术通信容量大，一般使用 1GHz ~ 10GHz 的微波波段，有很宽的频率范围，可在两点间提供多条链路，提供每秒百兆比特的中高数据通道。其覆盖面广，全球无缝连接，通过多颗低轨卫星实现全球无缝覆盖（含南北两极），扩大物联网的覆盖范围。通信稳定性好，卫星链路大部分在大气层以上的宇宙空间，属恒参信道，传输损耗性小，电波传播稳定，不受通信两点间各种自然环境和人为因素的影响。可以实现"见天通"，解决特定地形内（如 GEO 卫星视线受限的城市、峡谷、山区、丛林等区域）通信效果不佳的问题。其组网方便，缓解 GEO 卫星轨道位置和频率协调难度大的问题。

4.5 物联网应用层关键技术

扫码观看
微课视频

本节介绍物联网应用层关键技术，包括云计算技术、中间件技术、物联网应用操作系统等内容，帮助读者理解物联网应用层的工作模式。

4.5.1 云计算技术

物联网的发展离不开云计算技术的支撑。物联网终端的计算能力和存储能力有限，云计算平台可以作为物联网的大脑，实现海量数据的存储和计算。根据美国国家标准与技术研究院（National Institute of Standards and Technology，NIST）给出的定义，云计算是指能够面向共享的可配置计算资源，按需提供方便的、泛在的网络接入的模型。上述计算资源包括网络、服务器、存储、应用和服务等，这些资源能够快速地提供和回收，而所涉及的管理开销要尽可能小。

具体来说，云模型包含 5 个基本特征、3 种服务模式和 4 种部署模式。

• 5 个基本特征：按需自助服务（On-Demand Self-Service）、广阔的互联网访问（Broad Network Access）、资源池（Resource Pooling）、快速伸缩（Rapid Elasticity）、可度量的服务（Measured Service）。

• 3 种服务模式：基础设施即服务（Infrastructure as a Service，IaaS）、平台即服务（Platform as a Service，PaaS）、软件即服务（Software as a Service，SaaS）。

• 4 种部署模式：私有云（Private Cloud）、社区云（Community Cloud）、公有云（Public Cloud）、混合云（Hybrid Cloud）。

一般来说，云计算可以被看作通过计算机通信网络（例如互联网）来提供计算服务的分布式系统，其主要目标是利用分布式资源来解决大规模的计算问题。云中的资源对用户是透明的，用户无须知晓资源所在的具体位置。这些资源能够同时被大量用户共享，用户能够在任何时间、任何地点访问应用程序和相关的数据。云计算的体系结构如图 4-10 所示。

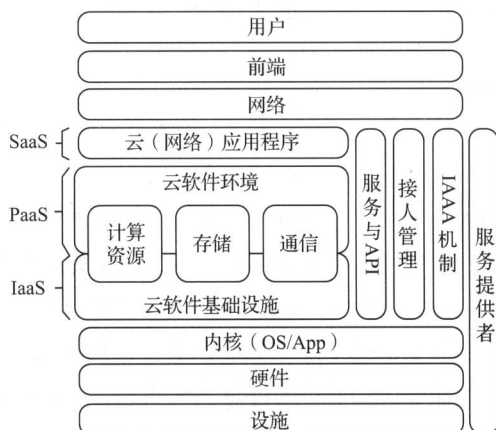

图 4-10　云计算的体系结构

4.5.2　中间件技术

中间件是一种计算机软件产品，它有两种模式：一种介于操作系统与应用软件之间，如图 4-11 所示；另一种介于硬件和应用软件中间，发挥支撑和信息传递的作用。

在第一种模式中，中间件能管理计算机资源和网络通信，将操作系统与应用软件连接起来，实现信息传递和交互。在第二种模式中，中间件将管理集成硬件设备，将硬件数据信息

图 4-11　中间件的位置

集成并上传给应用软件，实现交互。在两种模式中，中间件都可以向下集成处理，向上直接为系统软件提供数据等资源。

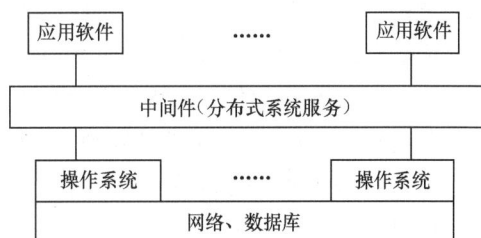

中间件就是一种系统软件平台，为网络应用软件提供综合的服务和完整的环境，借助这种软件使网络应用、硬件数据能够实现集成，达到业务的协同，实现业务的灵活性。中间件技术给用户提供了一个统一的运行平台和友好的开发环境，物联网中间件是减少用户高层应用需求与降低网络复杂度的有效解决方案，对加快物联网大规模产业化的发展具有重要作用。在物联网中采用中间件技术，可以实现多个系统和多种技术之间的资源共享，最终组成一个资源丰富、功能强大的服务系统。

中间件是一种独立的系统软件或服务程序，分布式应用软件借助这种软件在不同的技术之间共享资源，中间件位于客户端 / 服务器的操作系统之上，管理计算资源和网络通信。

首先，中间件屏蔽了底层应用操作系统的复杂性，使程序开发人员只需面对一个简单而统一的开发环境，降低了程序设计的复杂度，将注意力集中在自己的业务上，不必再为程序在不同系统软件上的移植而重复工作，从而大大减少了技术上的负担。

其次，中间件作为新层次的基础软件，其重要作用是将不同时期、在不同应用操作系统

上开发的应用软件集成起来，彼此无缝协调、整体工作，这是应用操作系统、数据库管理系统无法实现的。

最后，由于标准接口对可移植性和标准协议对互操作性的重要性，中间件已成为许多标准化工作的主要部分。

中间件包含以下 8 种类型。

① 通信处理（消息）中间件。

② 事务处理（交易）中间件。

③ 数据存取管理中间件。在分布式系统中，重要的数据都集中存放在数据服务器中，它们可以是关系型的、复合文档型的、具有各种存放格式的多媒体型的，或者是经过加密或压缩存放的文件，该中间件将为在网络上虚拟缓冲存取、格式转换、解压等带来方便。

④ Web 服务器中间件。浏览器图形用户界面已成为公认规范，然而它的会话能力差、不擅长做数据写入、受 HTTP 的限制，必须进行修改和扩充，因此形成了 Web 服务器中间件，如 Silver Stream 公司的产品。

⑤ 安全中间件。一些军事、政府和商务部门上网的最大障碍是安全保密问题，而且不能使用国外提供的安全措施（如防火墙、加密、认证等），必须用国产产品，因此形成了安全中间件。

⑥ 跨平台和架构的中间件。当前开发大型应用软件通常采用基于架构和构件技术，在分布式系统中，还需要集成各节点上的不同系统平台上的构件或新老版本的构件，由此产生了架构中间件，其中功能最强的是 CORBA。

⑦ 专用平台中间件。为特定应用领域设计领域参考模式，建立相应架构，配置相应的构件库和中间件，为应用服务器开发和运行特定领域的关键任务（如电子商务、网站等）。

⑧ 网络中间件。它包括网管、接入、网络测试、虚拟社区和虚拟缓冲等，也是当前最热门的研发项目之一。

4.5.3　物联网应用操作系统

提到操作系统，第一时间我们就会想到运行在计算机上的 Windows、Linux，想起运行在手机上的安卓和 iOS。这些程序直接运行在"裸机"设备的最低层，搭建起其他软件、应用运行的环境与基础。应用操作系统的兴起与完善，促成了软件与应用的兴起，铸就了辉煌的个人计算机时代与移动互联网时代。

谈到物联网，往往与之相关的形容词是"碎片化"和"术业有专攻"。无论是底层的连接还是上层的应用服务，都特别强调专业化。与传统的嵌入式设备相比，物联网感知层的设备更小、功耗更低，还需要安全性及组网能力，物联网通信层需要支持各种通信协议与协议之间的转换，应用层则需要具备云计算能力。在软件方面，支撑物联网设备的软件比传统的嵌入式设备软件更加复杂，这也对嵌入式应用操作系统提出了更高的要求。为了应对这种要求，出现了一种面向物联网设备和应用的软件系统——物联网应用操作系统。物联网的应用操作系统并不简单局限于边缘侧的应用操作系统，嵌入式应用操作系统只是完成了物理硬件的抽象，并不能真正代表未来的物联网的应用操作系统。

物联网的应用操作系统调度物体本身，应用操作系统对物体的调度过程通过层层分发、层层下达，通过调度云、边、端，以及不同层级中不同设备的计算资源而实现。

因此，物联网中的应用操作系统涉及芯片层、终端层、边缘层、云端层等多个层面。单一层次的物联网应用操作系统与安卓在移动互联网领域的地位和作用类似，实现了应用软件与智能终端硬件的解耦。就像在安卓的生态环境中，开发者基本不用考虑智能终端的物理硬件配置，只需根据安卓的编程接口编写应用程序，就可以运行所有基于安卓的智能终端，物联网应用操作系统的作用也是如此。

对于物联网操作系统的外围功能模块，也有一些特殊的要求。

① 支持应用程序的远程升级。因为物联网的种种应用环境和条件限制，远程升级是物联网操作系统在升级方式上的重要途径，当然同时也是成本最低的选择。

② 外部存储。支持硬盘、USB Stick、Flash、ROM 等常用存储设备，以便在网络连接中断的情况下，起到临时存储数据的作用。

③ 对物联网常用的无线通信功能提供内置支持。在公共网络、近场通信、桌面网络接口之间，要能够相互转换，能够把从一种协议获取到的数据报文，转换成为另外一种协议的报文发送出去。除此之外，还应支持短信息的接收和发送、语音通信、视频通信等功能。

④ 网络功能。物联网操作系统必须支持完善的 TCP/IP 协议栈，包括对 IPv4 和 IPv6 的同时支持。但 TCP/IP 协议栈是面向互联网设计的通信协议栈，由于物联网本身的特征与互联网有很大差异，TCP/IP 协议栈在应用到物联网中的时候，面临许多问题和挑战，需要对 TCP/IP 协议栈做一番优化改造。

⑤ 支持完善的 GUI 功能。图形用户界面一般应用于物联网的智能终端中，完成用户和设备的交互。GUI 应该定义一个完整的框架，以方便图形功能的扩展。同时应该实现常用的用户界面元素，例如文本框、按钮、列表等。

4.6 典型物联网应用系统的安装与配置

本节介绍典型物联网应用系统的安装与配置，帮助读者深入理解物联网的应用方法。

4.6.1 项目介绍

智能照明系统是智能家居中的重要组成部分，传统照明系统多采用电气开关进行电路的控制，而智能照明系统可基于物联网技术实现远程照明控制、亮度控制、色彩控制等功能。本项目模拟一套智能家居中的照明系统，将 Arduino UNO 作为主控板，利用 Wi-Fi 模块实现无线通信，利用双色 LED 模块模拟照明灯光，最终实现利用手机 App 控制灯光开关等功能。

4.6.2 硬件设备安装

本项目用到的硬件包括 Arduino UNO 主板、双色 LED 模块、Wi-Fi 模块。将 Wi-Fi 模块

RX 和 TX 分别连接到 Arduino 的 TX 和 RX 串口上，Arduino 的两个控制引脚分别与 LED 模块上的红色灯和绿色灯控制引脚相连，Arduino 的 5V 供电引脚连接到 Wi-Fi 模块的 5V 供电引脚上，将各模块的 GND 端相连，如图 4-12 所示。

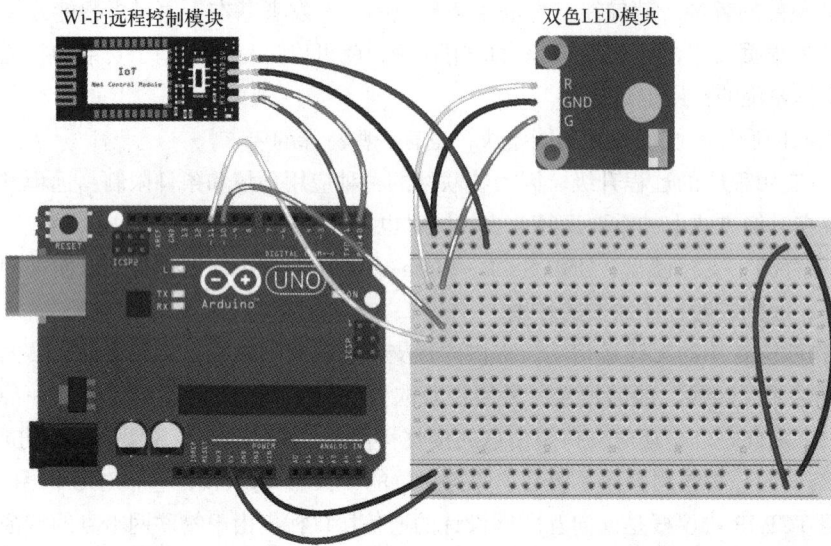

图 4-12　智能照明系统的硬件连接

1. Arduino 简介

Arduino 是一款便捷灵活、方便上手的开源电子原型平台，包含硬件（各种型号的 Arduino 主板）和软件（Arduino IDE）。Arduino 是由意大利互动设计学院的师生所开发，设计的初衷是为学生提供个性化的公有开发平台，以解决单独开发软硬件过程中的效率问题和技术问题。Arduino UNO 主板如图 4-13 所示。

可以看到，与目前动辄 4 层以上的大型电路板相比，该主板非常简单，接口丰富，适合用来学习和进行创意设计。除此之外，Arduino 的简洁还体现在其 IDE 上。传统单片机开发需要阅读大量的底层芯片手

图 4-13　Arduino UNO 主板

册，掌握复杂的时序逻辑及进行大量的调试操作。Arduino 的开发不需要与底层的寄存器及 I/O 接口进行交互，可以完全使用封装好的 API 与图形用户界面进行开发，大大降低了开发难度。目前，已经有部分初中学生使用 Arduino 参加创客比赛，实现了很多有趣的功能。

Arduino 开发套件中的 Ardublock 图形化开发界面如图 4-14 所示。

2. Arduino 的特点

（1）跨平台性

Arduino IDE 可以在 Windows、Macintosh OSX、Linux 三大主流操作系统上运行，而其他的大多数控制器只能在 Windows 操作系统上运行，从而扩展应用的适配性。

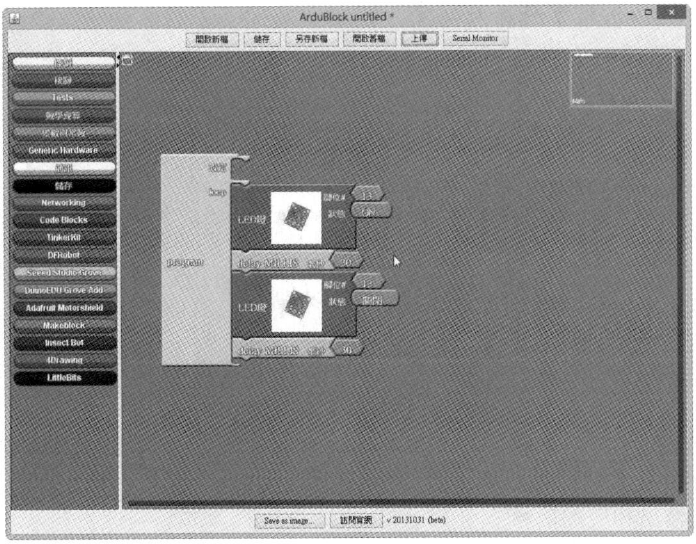

图 4-14　Ardublock 图形化开发界面

（2）开发简单、清晰、易掌握

Arduino 对初学者来说极易掌握，同时有着足够的灵活性。不需要太多的单片机基础和编程基础，简单学习后，即可快速进行开发。

（3）开放性

Arduino 的硬件原理图、电路图、IDE 软件及核心库文件都是开源的，在开源协议范围内里可以按需修改原始设计及相应代码。

由以上特点可以看出，Arduino 平台秉承了开源硬件的设计理念——简单高效、专注于业务、隐藏底层技术细节。由于其具有简单易学的特点，开发者可以快速地从自己的创新想法搭建出原型系统，用于产品原型演示。

4.6.3　网络配置

Wi-Fi 模块拥有远程控制和局域网两种模式。远程控制模式需要将 Arduino 连接到公网上，使用移动端设备实现远程控制。局域网模式需要将 Arduino 和移动端设备连接到同一局域网下，在局域网中实现无线控制。本项目以局域网模式为例，Wi-Fi 模块将产生名为 MakeRobot 20182930 的 Wi-Fi 信号，如图4-15所示。使用移动终端搜索并连接该 Wi-Fi 信号，即可完成局域网的网络连接。

图 4-15　局域网网络连接

4.6.4　软件部署

1. Arduino 的软件部署

① Arduino 初始化设置需将连接红灯和绿灯的控制引脚设置为输出模式，并设置初始化

为熄灭状态，将 Wi-Fi 波特率设置为 9600。

```
void setup()
{
                                      // 初始化 LED 的 I/O 接口为输出方式
pinMode(RED_LED_Pin, OUTPUT);
pinMode(GREEN_LED_Pin, OUTPUT);

        Serial.begin(9600);           // 波特率设为 9600（Wi-Fi 通信设置波特率）
inputString.reserve(8);
                                      //LED 初始化低电平
digitalWrite(RED_LED_Pin, LOW);
digitalWrite(GREEN_LED_Pin, LOW);
}
```

② Wi-Fi 模块通过串口向 Arduino 发送灯光控制指令，其中"$LED-0-^"代表熄灭、"$LED-1-^"代表红灯亮、"$LED-2-^"代表绿灯亮。Arduino 在接到指令后将通过红绿灯控制引脚向 LED 模块输出相应的信号。

```
void loop()
{
                                      //  按钮会传输字符串：$LED-0-^
while (newLineReceived)
{
        if(inputString.indexOf("LED") == -1) // 如果要检索的字符串值"LED"没有出现
{
        returntemp = "$LED-2,#";      // 返回不匹配
        Serial.print(returntemp);     // 返回协议数据包
        inputString = "";             // 清除字符串
newLineReceived = false;
break;
}
        if(inputString[5] == '1')     // 检测到下标为 5 的字符值为 1
{
analogWrite(RED_LED_Pin, 250);        // 红灯亮
analogWrite(GREEN_LED_Pin, 0);        // 绿灯灭
}
else
{
        analogWrite(RED_LED_Pin, 0);  // 红灯灭
}
Serial.println(inputString[5]);
        if(inputString[5] == '2')     // 检测到下标为 5 的字符值为 2
{
        analogWrite(GREEN_LED_Pin, 500); // 绿灯亮
        analogWrite(RED_LED_Pin, 0);  // 红灯灭
}
else
{
        analogWrite(GREEN_LED_Pin, 0); // 绿灯灭
}
Serial.println(inputString[5]);
        if(inputString[5] == '0')     // 检测到下标为 5 的字符值为 0
{
        analogWrite(RED_LED_Pin, 0);  // 红灯灭
        analogWrite(GREEN_LED_Pin, 0); // 绿灯灭
```

```
}
inputString = "";
newLineReceived = false;
}
}
```

③ 准备好 Arduino 程序后，需要对代码进行编译，执行"项目"—"验证 / 编译"命令，编译 Arduino 项目，如图 4-16 所示。

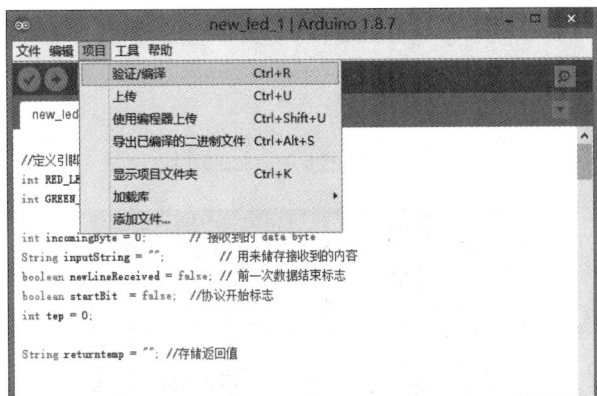

图 4-16　编译 Arduino 项目

④ 在 Arduino 项目没有语法错误的情况下，界面下方显示编译完成及资源使用情况，如图 4-17 所示。

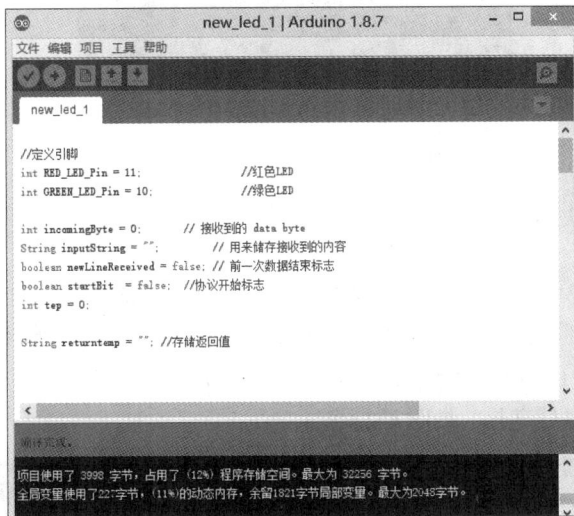

图 4-17　Arduino 项目编译完成

⑤ 执行"项目"—"上传"命令，即可将项目上传到 Arduino 开发板，如图 4-18 所示。

2. 移动端的软件部署

在移动端使用提供的 APK 文件安装 Android 控制软件。可在控制软件中设置关闭、红灯、绿灯 3 个按钮，如图 4-19 所示，分别向 Wi-Fi 模块发送"$LED-0-^""$LED-1-^""$LED-2-^"3 种指令，用于实现无线控制功能。

113

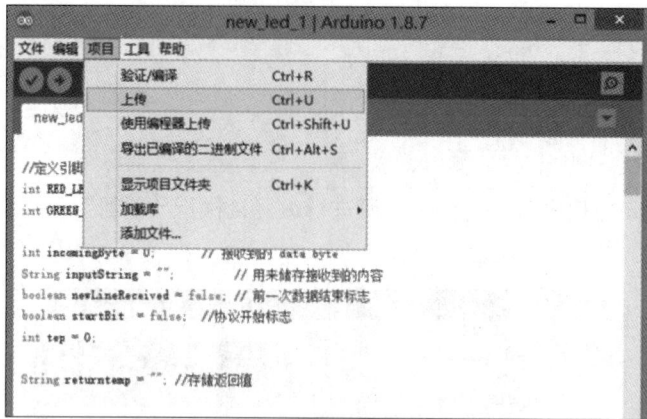

图 4-18　上传 Arduino 项目

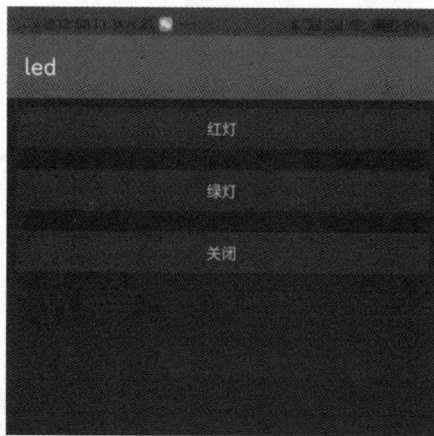

图 4-19　移动端控制界面

4.6.5　综合测试

在完成硬件安装、网络配置、软件部署之后，可对智能照明系统进行综合测试。当单击移动端界面中的"红灯"按钮时，LED 模块的红灯亮起，如图 4-20 所示。当单击移动端界面中的"关闭"按钮时，LED 模块的灯光熄灭，如图 4-21 所示。当单击移动端界面中的"绿灯"按钮时，LED 模块的绿灯亮起，如图 4-22 所示。

图 4-20　红灯控制测试结果

图 4-21　关闭控制测试结果

图 4-22　绿灯控制测试结果

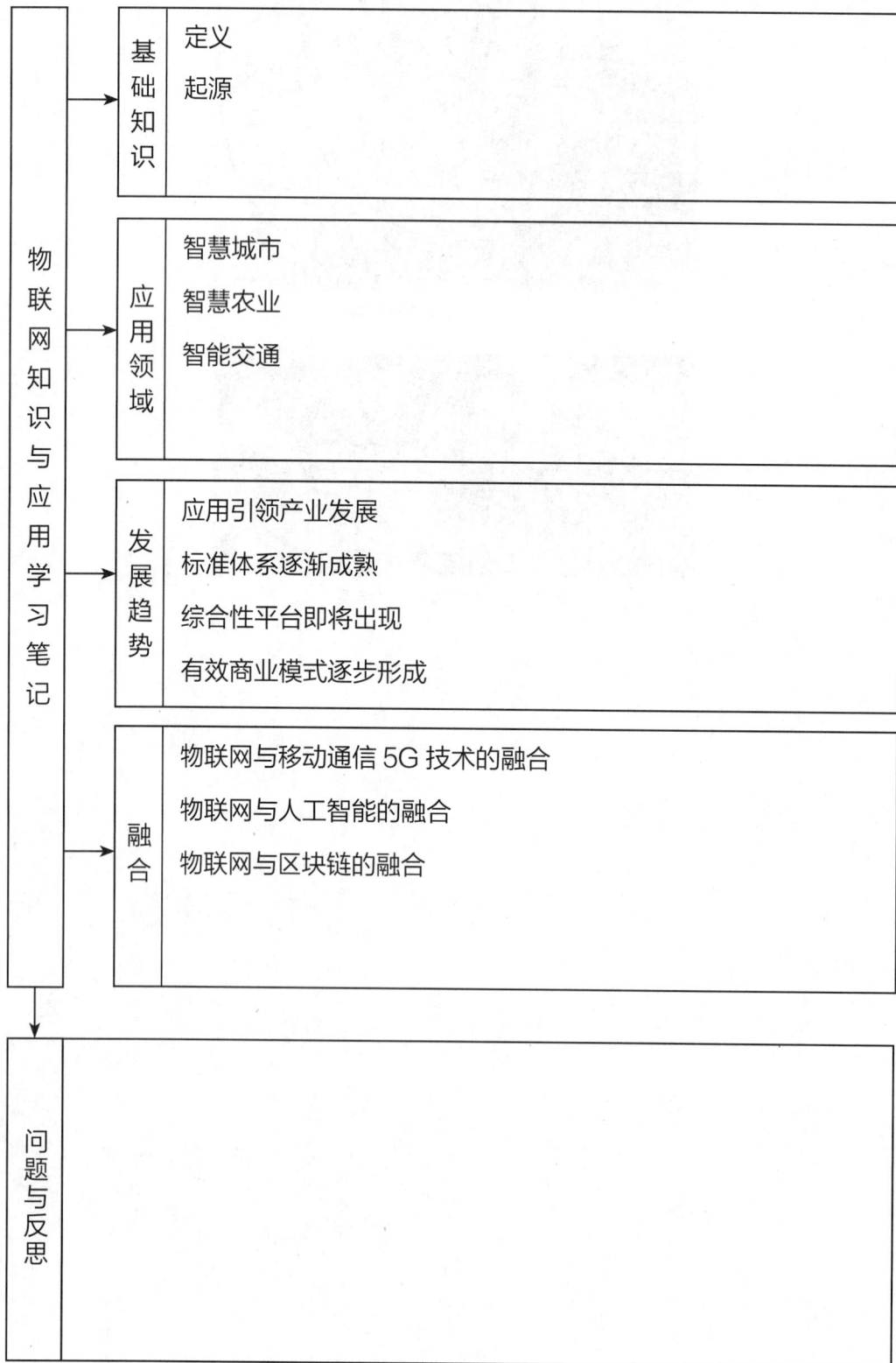

⚙️ 【学习笔记】

物联网知识与应用学习笔记	基础知识	定义 起源
	应用领域	智慧城市 智慧农业 智能交通
	发展趋势	应用引领产业发展 标准体系逐渐成熟 综合性平台即将出现 有效商业模式逐步形成
	融合	物联网与移动通信 5G 技术的融合 物联网与人工智能的融合 物联网与区块链的融合
问题与反思		

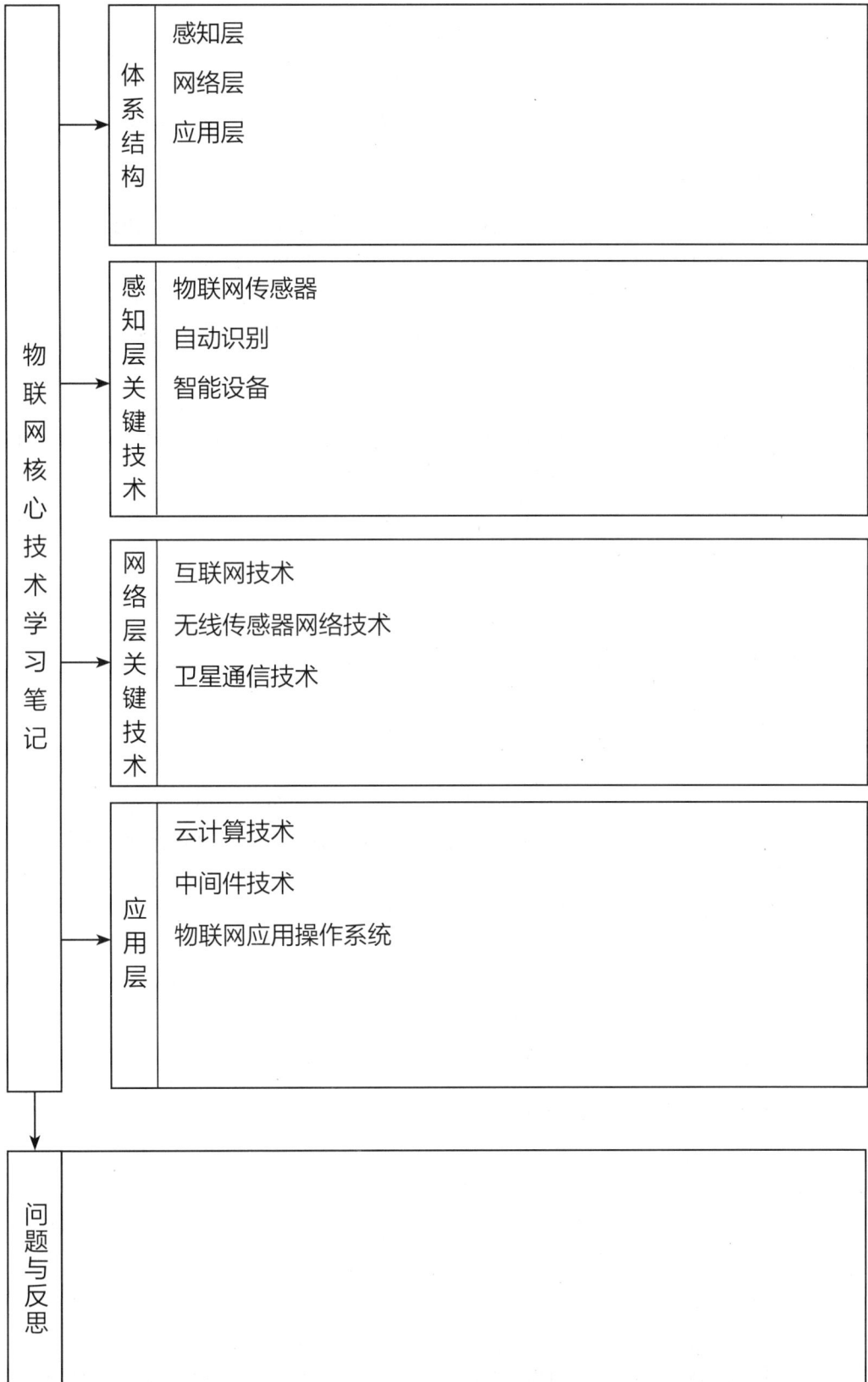

物
联
网
核
心
技
术
学
习
笔
记

体
系
结
构

感知层

网络层

应用层

感
知
层
关
键
技
术

物联网传感器

自动识别

智能设备

网
络
层
关
键
技
术

互联网技术

无线传感器网络技术

卫星通信技术

应
用
层

云计算技术

中间件技术

物联网应用操作系统

问
题
与
反
思

考核评价

姓名：_____ 专业：_____ 班级：_____ 学号：_____ 成绩：_____

一、单选题（每题 3 分，共 30 分）

1. 智慧农业基于物联网技术，通过各种（　　）实时采集农业生产现场的光照、温度、湿度等参数及农产品生长状况等信息，而进行远程监控生产环境。

    A. 执行器　　　　B. 处理器　　　　C. 传感器　　　　D. 存储器

2. （　　）解决的是人类世界和物理世界的数据获取问题，由各种传感器以及传感器网关构成。

    A. 感知层　　　　B. 网络层　　　　C. 平台层　　　　D. 应用层

3. （　　）解决的是感知层所获得的数据在一定范围内（通常是长距离）的传输问题，主要完成接入和传输功能，是进行信息交换、传递的数据通路。

    A. 感知层　　　　B. 网络层　　　　C. 平台层　　　　D. 应用层

4. （　　）解决的是物联网不同应用场景的信息处理和人机界面问题。

    A. 感知层　　　　B. 网络层　　　　C. 平台层　　　　D. 应用层

5. （　　）拥有接近无限的地址空间。

    A. IPv4　　　　B. IPv6　　　　C. TCP　　　　D. DNS

6. 海洋、戈壁沙漠、深山老林等很难建立基站的地方，可以依靠（　　）通信。

    A. 窄带物联网　　B. LoRa　　　　C. 卫星　　　　D. ZigBee

7. 中间件是一种（　　）平台。

    A. 电子商务　　　B. 网络安全　　　C. 系统软件　　　D. 众包

8. （　　）能管理计算机资源和网络通信，将操作系统与应用软件连接起来，实现信息传递和交互。

    A. 操作系统　　　B. 库文件　　　　C. BOIS　　　　D. 中间件

9. 直接运行在"裸机"设备上的软件是（　　）。

    A. 操作系统　　　B. 应用软件　　　C. BOIS　　　　D. 中间件

10. 直接运行在"裸机"设备上的软件是（　　）。

    A. 操作系统　　　B. 应用软件　　　C. BOIS　　　　D. 中间件

二、填空题（每题 1 分，共 10 分）

1. 射频识别技术利用_____，通过空间耦合（交变磁场或电磁场）实现_____传递。

2. RFID 标签根据是否内置电源，可以分为 3 种类型：_____标签、主动式标签和半主动式标签。

3. 传感器一般由_____、转换元件和基本电路组成。

4. _____是指传感器中能直接感受被测（物理）量的部分。

5. 关于情境感知建模的研究可以分为两大类：基于_____的方法和基于逻辑的方法。

6. 情境感知接口包含上下文信息元祖、动作元祖、推导上下文和基于_____的情境表达式。

7. 无线网络是指具备无线通信能力，并可将无线通信信号转化为有效信息的_____。

8. 无线连接是指无线网络用户与基站或者无线网络用户之间用以传输_____的通路。

9. _____是基于无线传感器网络的，是人体上的或移植到人体内的生物传感器共同形成的一个无线网络。

10. _____是指在该网络中，端到端的路径通常很难建立，网络中的消息传播具有很长的时延，使得传统互联网上基于 TCP/IP、无线 Ad-hoc 网络中面向端到端的路由协议变得失效。

三、判断题（每题 2 分，共 20 分）

1. 传感器是把自然界中的各种物理量、化学量、生物量转化为可测量的电信号的装置与元件。（　　　）

2. 条形码由不同宽度的黑白条及特定的编码排列组成，条形码在数据转换过程当中需要扫描和编译这两个环节。（　　　）

3. 互联网受到自身类型和应用操作系统的限制。（　　　）

4. 无线传感器网络技术包括短距离蓝牙技术、以太网技术、红外技术和 ZigBee 技术。（　　　）

5. 所有的物联网通信都可以通过基站、天线完成。（　　　）

6. 中间件是一种应用软件。（　　　）

7. 面向物联网设备的操作系统叫做物联网操作系统。（　　　）

8. 物联网应用软件开发者需要必须考虑智能终端的物理硬件配置，直接对底层硬件编程。（　　　）

9. Arduino 是一款便捷灵活、方便上手的开源电子原型平台。（　　　）

10. 物联网系统安装与配置包括硬件设备安装、网络配置、软件部署、综合测试等多个步骤。（　　　）

四、简答题（每题 5 分，共 30 分）

1. 物联网的定义是什么？

2. 物联网处理信息的主要功能有哪些?

3. 智能设备的智能级别可定义为哪几个级别?

4. 无线传感器网络的特点有哪些?

5. 物联网的典型应用领域有哪些？

6. 物联网操作系统的外围功能模块需要满足哪些要求？

模块5
人工智能

<h1 style="text-align:right">05</h1>

人工智能是研究、开发用于模拟、延伸和扩展人类智能的理论、方法、技术及应用系统的一门新的技术科学。熟悉和掌握人工智能相关技能，是建设未来智能社会的必要条件。本模块主要介绍人工智能的基础知识、开发流程、常用核心技术、开发工具以及应用开发实例等内容。

学习目标

◎ 了解人工智能的概念、基本特征、主要研究领域和社会价值。

◎ 了解人工智能的发展历程、应用领域和发展趋势。

◎ 熟悉机器学习的基本原理、分类和开发流程。

◎ 了解人工智能常见的核心技术及部分算法，能使用人工智能相关应用解决实际问题。

◎ 熟悉人工智能技术应用的开发框架、集成开发环境以及各种开发平台，了解其特点和适用范围。

◎ 能辨析人工智能在社会应用中面临的伦理道德和法律问题。

扫码观看
微课视频

知识图谱

人工智能知识图谱如图5-1所示。

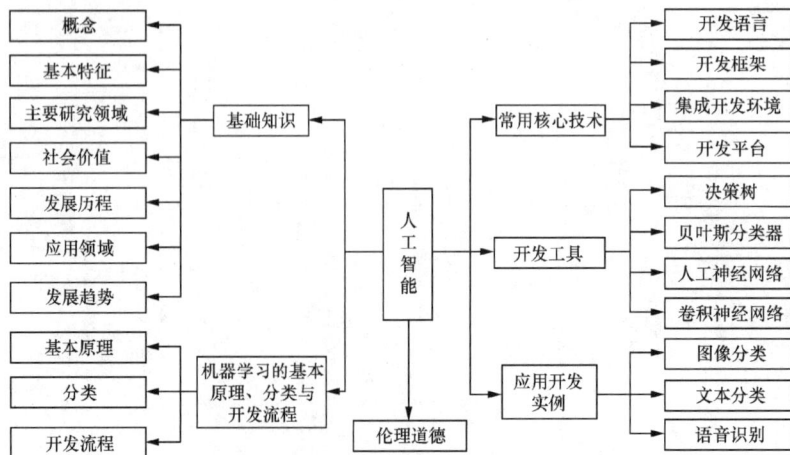

图 5-1　人工智能知识图谱

5.1 认识人工智能

本节通过介绍人工智能的概念、基本特征、主要研究领域、社会价值、发展历程、应用领域及发展趋势等内容，帮助读者认识人工智能的重要性，并对机器学习、知识工程、计算机视觉、自然语言处理、语音识别、智能机器人有初步的了解。

5.1.1 人工智能的基础知识

人工智能作为 21 世纪的三大尖端技术之一，正深刻改变人们的生产生活方式。现在被命名为"智能""智慧"的物品和事物越来越多，如智能电视、智能音箱、智能手表、智能冰箱、智慧教室、智慧交通、智慧城市。这一切的背后，都是人工智能高速发展的结果。那么，什么是人工智能？

1. 人工智能的概念

人工智能（Artificial Intelligence，AI）是研究如何应用机器（主要是计算机）来模拟人类某些智能行为的基本理论、方法和技术。人们试图通过人工智能技术研究人类智能活动的规律，生产出一种能以与人的智能相似的方式做出反应的智能机器。这种智能机器可能是一个像机器人那样的实体，也可能是一个虚拟系统，可以根据对环境的感知做出合理的行动以达到目标。也就是说，这种智能机器能够通过机器视觉、机器听觉、机器触觉、人机交互等方式来认识周围的环境和需要解决的问题，能够像人一样判断、推理、学习、预测、证明，能够根据要达到的目标进行决策或采取相应的行动。简单来说，人工智能是使用机器模拟人类智能的技术；更形象一点地说，人工智能是使机器像人类一样能看、能听、能想、能说、能动的技术。

从根本上说，人工智能是对人类思维信息过程的模拟，其主要目的是赋予机器特有的视、听、说、动及大脑抽象思维能力。对于人的思维模拟，可以从两个途径进行，一是结构模拟，仿照人脑的结构机制，制造出"类人脑"的机器；二是功能模拟，暂时撇开人脑的结构，而从其功能过程进行模拟。由于人类至今对大脑工作机理的认识尚浅，要制造出"类人脑"的机器可能还需要走很长的路，目前人工智能更多地是从生命的生物机理中获得一些灵感，从技术上对人脑思维功能进行模拟，因此它与人脑实际工作原理的差别还是非常巨大的。

人工智能不是人类智能，人工制造出来的智能同人类智能有着本质区别，它所表现出来的智力水平目前还远远达不到人类的智力水平。首先，人工智能以软件代码为基础，代码的运行依赖于计算机技术，人工智能属于无意识的、机械的物理过程；而人类智能以大脑为核心，大脑的运行依赖于复杂的生命系统，人类智能主要是生理和心理的过程。其次，人工智能没有情感、意识及道德判断，也没有人类意识所特有的、能动的创造能力；而人类智能有丰富多样的心理结构和情绪，有强烈的自我约束的价值观，也有很强的自主意识和创新能力。再次，人工智能只能执行某一个具体的任务，一个智能体只能掌握一种能力；而人类智能可以执行各种各样的任务，人的大脑可以同时拥有面向不同任务的分析和处理能力。最后，人工智能只会朝着一个目标前进，它不具备为自己设定目标、改变目标的能力；而人类智能不但每一个步骤都需要人自己去设定目标，为下一步骤的执行创造条件，而且能够及时根据现实情况灵活调整目标。

人工智能不是机器，它往往蕴含在机器中。那么，如何判断一台机器是否具有类似人类那样的智能？人工智能之父艾伦·图灵提出了一个有趣的测试方法：如果一个人和一台机器作为测试对象并与测试者隔开，测试者只能通过类似终端的文本设备向测试对象随意提问，然后根据测试对象给出的答案判别哪个是真人、哪个是机器。经过多轮问答后，如果机器能够平均让每个测试者做出超过 30% 的误判，那么这台机器就通过了测试，并被认为具有类似人类的智能，这就是所谓的图灵测试（见图 5-2）。尽管图灵测试偏向于符号问题求解任务而忽视了智能中的感知技能和行为技能，但图灵测试提示我们应该更加注重智能的外在功能性表现，通过工程技术为机器赋予智能。

图 5-2　图灵测试

人工智能到底能有多"聪明"？国际上一般把它划分为 3 个层次：

① 弱人工智能。弱人工智能也称为应用型人工智能，是指机器可以通过编程展现出某些人类智能的水平，这些机器只不过看起来像是智能的，但是并不真正拥有与人类比肩的智能，它只是面向特定领域、执行特定任务的人工智能。目前我们实现的机器智能几乎全是弱人工智能。

② 强人工智能。强人工智能又称为通用人工智能，是指机器具有像人一样的智能，可以模仿人类的智能或行为，具有学习和应用其智能来解决任何问题的能力，能够胜任任何由人所能完成的智力性工作。目前，人工智能技术还远未达到强人工智能的水平。

③ 超人工智能。超人工智能是一种假想的人工智能，它不仅能全面模仿和理解人类智能，而且能在科学创造力、通识和社交能力等方面都远胜于人类智能。由于目前没有人能说清楚超人工智能在智能方面能表现出怎样的才能，因此它还只是存在于人们的想象中。

2. 人工智能的基本特征

人工智能是通过机器来模拟人类认知能力进而延伸、增强人类改造自然和治理社会的能力的，它具有以下 4 个特征。

第一，人工智能由人类设计并为人类服务。智能机器是人设计出来的机器，其中的"智能"按照人设定的算法及其程序代码在人发明的芯片等硬件载体中运行，为人类提供延伸人类能力的服务，实现对人类期望的一些智能行为的模拟，不应该有目的性地做出伤害人类的行为。

第二，人工智能本质上体现为计算，基础是数据。从本质上说，人工智能是运行于计算机上的程序代码所表现出来的能力，程序代码按照软件算法通过对数据的采集、加工、处理、分析和挖掘，形成有价值的信息流和知识模型，并根据给定的输入做出判断或预测，计算和数据使机器获得了智能。

第三，人工智能具有感知环境、产生反应的能力。人工智能具有借助传感器等器件感知外界环境的能力，能够像人一样通过听觉、视觉、触觉等接收来自环境中的各种信息，能够借助按钮、键盘、鼠标、屏幕、手势、体态、表情、力反馈、虚拟现实与增强现实等方式与人交互，能够对外界的输入产生文字、语音、表情、动作等，从而影响到环境或人类。

第四，人工智能拥有学习和适应能力，可以进行演化迭代。人工智能具有一定的随环境、数据或任务变化而自适应调节参数或更新优化模型的能力，可以利用过去的数据和行为去学习其中蕴含的规律或判断规则，以获取新的知识或技能，并不断提高自身的能力。人工智能还能越来越广泛深入地通过与云、端、人、物的数字化连接扩展，实现人工智能的演化迭代，使智能机器具有适应性、灵活性、扩展性，以应对不断变化的现实环境，从而使智能机器在各行各业产生丰富的应用。

AlphaGo 是一款由 Google 旗下 DeepMind 公司开发的人工智能围棋程序。它运用深度学习、强化学习等技术，从数百万人类棋手对弈棋谱中学习下棋的策略，在实战中不断更新策略，其围棋技艺获得巨大提升。2016 年 3 月，AlphaGo 以 4 比 1 的总比分击败围棋世界冠军、职业九段棋手李世石，在人工智能围棋领域中实现了一次史无前例的突破（见图 5-3）。在此之后，AlphaGo 升级版与中外数十位围棋高手进行快棋对决，连续 60 局无一败绩。接着，AlphaGo 升

图 5-3　AlphaGo 与李世石的人机大战

级版又与围棋排名世界第一的柯洁对战，以 3 比 0 的总比分获胜。至此，围棋界公认 AlphaGo 的棋力已经超过人类职业围棋顶尖水平。

然而，DeepMind 并没有停下前进的脚步。2017 年 10 月，DeepMind 公布了 AlphaGo 的最强版 AlphaGo Zero。AlphaGo Zero 采用新的强化学习算法，它不再需要人类棋谱，而是从 0 开始，自由随意地在棋盘上下棋，然后进行自我对弈，根据对弈的结果调整参数。随着自我对弈的增加，AlphaGo Zero 的表现一点一点地进步，自我博弈的成绩也越来越好。这样，经过几十天的自我训练，AlphaGo Zero 打败了此前所有版本的 AlphaGo。值得指出的是，AlphaGo Zero 不仅可以解决围棋问题，也可以在不需要知识预设的情况下解决其他的棋类问题，其应用场景非常广泛。

3. 人工智能的主要研究领域

人工智能是一门自然科学、社会科学和工程技术三向交叉的边缘学科，涉及哲学、认知科学、数学、神经生理学、心理学、计算机科学、信息论和控制论等学科。人工智能研究的主要内容包括机器学习、知识工程、自然语言处理、语音识别与合成、计算机视觉和智能机器人等方面。

（1）机器学习

机器具有学习能力是机器具有智能的重要标志。机器学习就是专门研究计算机怎样模拟或实现人类的学习行为的科学，其目的是让机器像人一样具有学习的能力，因此，机器学习是人工智能的核心技术，是使机器具有智能的重要途径，其应用遍及自然语言处理、语音识别、

扫码观看
微课视频

计算机视觉和智能机器人等各个人工智能领域。

近年来，机器学习中一个新的研究方向——深度学习获得了快速发展，目前已成为人工智能领域非常热门的研究议题。深度学习是一个复杂的机器学习算法，它所研究的深度神经网络本质上是层数较多的人工神经网络，能够发现高维数据中的复杂规律，取得比传统机器学习方法更好的效果，解决了很多复杂的模式识别难题，在智能搜索、数据挖掘、计算机视觉、自然语言处理、语音识别、推荐和个性化等众多领域取得了巨大成果，部分应用研究成果已转化为产品被广泛使用。

强化学习是机器学习中另一个重要分支，是 AlphaGo 等人工智能软件的核心技术，可用于计算机博弈、机器人控制、汽车智能驾驶、人机对话、过程优化决策与控制等领域，被认为是通向高级人工智能的重要途径，目前受到学术界和工业界的广泛关注。

（2）知识工程

知识是智能的基础，要使机器能模仿人类的智能行为，必须使机器具有知识。知识工程就是以知识为处理对象，研究如何用机器实现知识的获取、表示、推理和决策，其目标是构造出高效的知识处理系统。因此，知识工程是人工智能的一个重要的应用分支。

知识工程技术广泛应用于专家系统、机器定理证明、机器博弈、聊天机器人、智能搜索和知识图谱等领域，其中专家系统是早期人工智能一个主要研究方向，而近年来越来越热门的知识图谱则是新一代知识工程技术的典型代表。

专家系统是一种在特定领域内具有专家水平解决复杂问题的智能计算机软件系统，它将专业领域的专家知识收集并存储在系统中，然后运用这些知识通过搜索、推理来解决某些专业领域的问题。专家系统自 1968 年诞生以来，取得了丰硕的成果，是最早走向实用的人工智能技术。

知识图谱是结构化的语义知识库，其本质是一种大规模语义网络，这种网络由节点和边组成，其中节点表示实体或概念，边表示实体、概念之间的各种语义关系，其示例如图 5-4 所示。知识图谱把不同种类的信息连接在一起形成一个关系网络，利用关系网络描述真实世界中存在的各种实体和概念以及它们之间的相互关系，从而可以从关系的角度去分析问题，进而实现知识的快速搜索和推理。

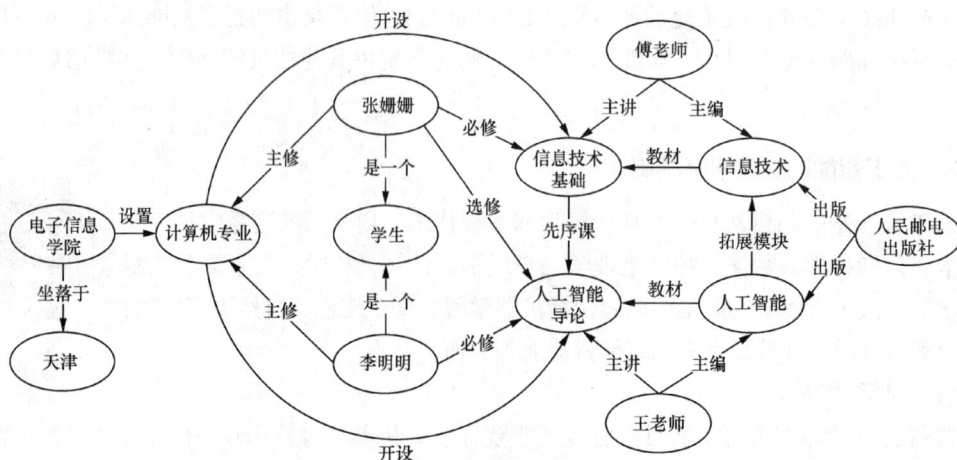

图 5-4　知识图谱示例

知识图谱这个概念最早由 Google 公司提出，主要是用来优化现有的搜索引擎，提升搜索质量，其后知识图谱被广泛用于信息检索、智能问答、自然语言理解、推荐系统、精准营销、金融风控、反欺诈等领域。随着信息技术从信息服务向知识服务转变，知识图谱在未来几年内必将成为工业界的热门工具。

（3）自然语言处理

自然语言处理是人工智能的一个重要分支，它以语言为研究对象，通过建立可计算模型，帮助计算机理解、翻译、生成人类语言，从而实现人与计算机之间用自然语言进行信息交流的目的。目前，自然语言处理技术已广泛用于搜索引擎、问答系统、推荐系统、客服系统、舆情监测和信息过滤等方面。

自然语言处理包括自然语言理解和自然语言生成两部分，前者主要研究如何使计算机理解自然语言的意义，后者主要研究让计算机以自然语言表达给定的信息。因为处理自然语言的关键是让计算机"理解"自然语言，所以自然语言处理有时又称作自然语言理解。

（4）语音识别与合成

语音识别就是让机器通过识别和理解把语音信号转变为相应文字的过程，它与自然语言理解技术相结合，能让机器听懂人的声音。而语音合成正好相反，它是让机器通过规则和理解将任意的文本转换成标准流畅的语音输出，从而让机器能够像人一样开口说话。语音识别、自然语言处理和语音合成等技术相互结合，可以使机器通过语音与人进行交流。目前，语音识别和语音合成技术已经达到实用化的程度并应用到许多人机交互的场合。

（5）计算机视觉

计算机视觉是一门关于如何运用计算机来感知、加工和理解客观世界中三维场景的学问。形象地说，就是给计算机安装上眼睛（照相机）和大脑（算法），让计算机具有"看"的智能。具体来说，就是使计算机能借助各种视觉传感器获取场景的图像，从中感知和恢复三维环境中物体的几何性质、姿态结构、运动情况、相互关系等信息，并对客观场景进行识别、描述、解释、判断，或者将客观场景变换成新的表示。

目前，计算机视觉研究的主要任务包括图像分类、目标检测和跟踪、语义分割、人脸识别、文字识别、事件检测和识别、几何测量、3D 重建、图像自动描述、视觉问答等（目标检测、目标跟踪、语义分割效果如图 5-5 所示）。其中，图像分类、人脸识别、目标检测等任务的计算机视觉算法在性能上已经逼近甚至超越了普通人类的视觉能力。

图 5-5 目标检测、目标跟踪、语义分割效果示例

（6）智能机器人

机器人是一种能够通过编程和自动控制来执行各种任务的高度灵活的自动化机器。人工智能要实现学习、感知、理解语言、推理、规划等智能任务，机器人是一个理想的载体。因此，将人工智能技术应用于机器人，使机器人具有感知、思考和行动能力，这样的机器人称为智

能机器人。

近些年来，智能机器人得到飞速发展，具有代表性的有波士顿动力公司研制的四足大狗机器人，本田公司研制的仿人机器人阿西莫，深圳市优必选科技公司研发的大型仿人服务机器人 Walker X，等等，如图 5-6 所示。目前，智能机器人已广泛应用于工业制造、农业种植、物流运输、医疗诊治、电信运营、金融服务、教育、娱乐等领域。

图 5-6　四足大狗机器人、仿人机器人阿西莫、大型仿人服务机器人 Walker X

5.1.2　人工智能的社会价值

人工智能的飞速发展改变了人类的生产生活方式，推动了社会不断向前发展，对人类社会产生了巨大影响，其社会价值主要体现在以下几个方面。

1. 替代人类劳动，解放劳动生产力

随着人工智能在各行各业的应用，越来越多的工作岗位被人工智能取代，人类摆脱了简单、繁复的日常工作，能从事更轻松、更有意义的工作并获得更多的休闲时光，现有劳动力将得到极大解放。此外，将人工智能应用于火灾救援、抗震救灾、高空作业等高危工作中，让机器人去做一些人类活动风险极高的工作，从而减小人类进行高危活动的风险，把人类从繁重危险的劳动中解放出来。

2. 提高医疗水平，造福人类

人工智能可以在许多方面颠覆性地提升人类战胜疾病的能力。第一，人工智能能够对疾病做出比较准确的诊断，有些疾病的诊断精确性已经超过了医生。第二，智能化的治疗方案和医疗器械能力会更强、精度会更高、效果会更好，如手术机器人显著地提升了手术的精准度和手术效果。第三，运用人工智能研发药物可以加快发现新药物靶点，有效筛选化合物，准确预测药物晶型，达到缩短新药研发周期、降低新药研发成本、提高新药研发成功率的目的。第四，可穿戴的生物医疗人工智能产品可以极大地提升人类监测自身健康水平的能力，能有效地预防疾病的发生、发展。

3. 精准决策，提升社会治理能力

在社会治理活动中，人类的思想、行为的盲目性和不确定性是导致风险产生和成本增加的重要因素。因此，将人工智能运用于社会治理中，可以降低社会治理成本，提升治理效率，减少治理干扰，实现精准决策。

人工智能技术能够充分运用硬件、数据、算法资源和技术手段，感知、分析、整合社会

运行核心系统的各项关键信息，从而对包括民生、环保、公共安全、城市服务、工商业活动在内的各种社会活动做出快速、智能的响应，对社会发展趋势做出预测，进而促进社会治理能力的全面提升。

4. 改善生存条件，为人类提供安全环境

人工智能技术可以改善人类生存条件，为人类提供安全环境。第一，运用人工智能技术预测地震、海啸、台风、洪水、火山爆发等自然灾害，让人类及时规避自然灾害带来的风险。第二，利用人工智能技术升级改造各种设施设备和生产生活环境，可以提高设施设备故障预测能力，能够及时发现火灾等重大险情，为人类提供安全的生产生活环境。第三，把人工智能技术应用于交通管理系统和道路设施中，可以有效提升道路交通的智能监测和预警能力，提前发现过密车辆和人群带来的潜在危险。第四，随着人工智能视频分析和人脸识别技术的普遍应用，智能系统可以自动发现违法行为和违法人员，并及时发出带有具体地点和人员信息的警报，从而达到预防犯罪和制止犯罪的目的，人类社会将更加安全、和谐。

5. 解决人类面临的严重问题

环境污染、能源危机等问题是人类面临的巨大挑战，关乎世界的发展和人类的命运，而人工智能技术能为解决人类面临的这些严重问题提供颠覆性的解决方案。对于环境问题来说，运用人工智能技术可以建立强大的监控环境污染的系统，及时发现环境污染的主要原因；利用人工智能技术可以构建环境污染对社会经济影响的模型，运用模型推演出减少环境污染的最佳方案。对于能源问题来说，运用人工智能技术可以建立能源消耗的模型和能源消耗监控系统，利用模型及监控系统帮助人类发现能源浪费的原因，并通过控制能源设备减少能源的浪费。

6. 探索未知，认识自然与社会规律

祝融号火星车在火星上巡视探测，人工智能系统 AlphaFold 预测蛋白质的三维结构，解决了困扰生物科学家 50 年的 "蛋白质折叠问题"（见图 5-7），人工智能正在帮助我们寻找最复杂的科学问题的答案。无论是人工智能帮助人类探索太空，还是探寻生命的本质，人工智能正在逐步走入科研领域，帮助人类探索未知，认识自然与社会规律。

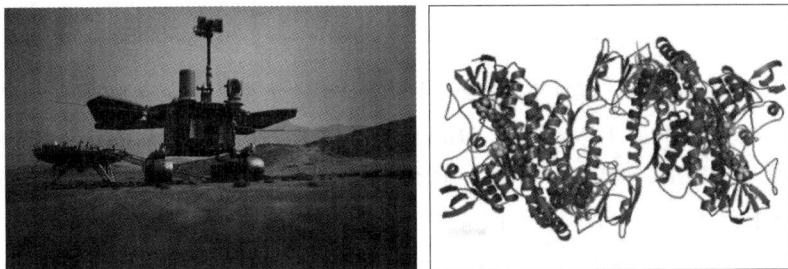

图 5-7　祝融号火星车和 AlphaFold 预测的蛋白质三维结构

7. 改变生活方式，优化生活品质

人工智能可以改变人类的生活方式，优化生活品质。第一，家庭机器人和智能家居可以高效地管理家居生活，使得人类从日常生活的杂务中解脱出来，有更多的闲暇时间。第二，

智能助理可以帮助我们查询各种资讯，为我们合理规划行程、安排活动，让我们的生活井井有条。第三，网上购物、无人实体店将改变人类的购物方式，让购物有了更多的选择和乐趣。第四，无人驾驶技术将改变我们的出行方式，让出行更加便利。第五，即时通信、机器翻译可以实现人们不同地方、不同语言之间的实时交流；而搜索软件、信息推送、聊天机器人则使人类遨游于互联网广阔的信息海洋中。总之，人工智能可以优化人类的生活品质，让人类获得更加幸福、美好的生活。

5.1.3　人工智能的发展历程

　　人工智能从正式诞生到今天已经有六十多年的历史了。在人工智能发展过程中，人工智能技术经历了起起伏伏的曲折道路。在它发展到高潮时，人们担心它会毁灭人类，而在它处于低谷时，人们又对它弃之不理。本小节将简要介绍人工智能的发展历程。

扫码观看
微课视频

1. 人工智能诞生（1956 年）

　　以下是关于达特茅斯夏季人工智能研究项目的一项提议。

　　我们提议于 1956 年夏天在达特茅斯学院举行一次为期两个月 10 人参加的人工智能研讨会。这次研讨会的主题是一项假设的基础，即学习的每个方面或者智能的任何其他特征原则上都能够被精确地描述到能够用机器来模拟的程度。我们将试图从抽象和概念上寻找如何制造机器来使用语言，解决目前只有人类才能解决的问题，以及能够自我改进。我们认为，如果仔细选出一组科学家一起工作一夏天的话，将能够在一个或多个问题上取得意义重大的进展。

麦卡锡　　达特茅斯学院

明斯基　　哈佛大学

罗彻斯特　IBM 公司

香农　　　贝尔电话实验室

1955 年 8 月 31 日

　　这是由当时的达特茅斯学院年轻的数学助教麦卡锡（J. McCarthy）联合哈佛大学年轻的数学家和神经学家明斯基（M. L. Minsky）、IBM 公司信息研究中心负责人罗彻斯特（N. Rochester）和贝尔实验室信息部数学研究员香农（C. E. Shannon）共同发起的人工智能夏季研讨会提议。参加这次会议的除了以上 4 个提议人以外，还有兰德公司和卡内基梅隆大学的纽厄尔（Allen Newell）和西蒙（Herbert Alexander Simon）、麻省理工学院的塞夫里奇（O.Selfridge）和所罗门诺夫（R.Solomonoff）、IBM 公司的塞缪尔（A.L.Samuel）和普林斯顿大学的莫尔（T.Moore）等人。达特茅斯楼和部分与会者如图 5-8 所示。在这次会议上，经麦卡锡提议并正式采用了"人工智能"这一术语。从此，人工智能作为一门新兴学科正式诞生了。由于这次会议确定了人工智能的名称和任务，其主题抓住了许多重要问题的焦点，今天的许多经典定义都能在这次会议中找到起源，因此这是一次具有历史意义的重要会议，标志着人工智能正式诞生。

图 5-8 达特茅斯楼和部分与会者（左起：塞夫里奇、罗彻斯特、纽厄尔、明斯基、西蒙、麦卡锡、香农）

2. 第一次浪潮（1956—1974 年）

自达特茅斯会议之后的近 20 年间，人工智能的研究在机器学习、问题求解、专家系统、定理机器证明及人工智能语言等方面都取得了许多引人瞩目的成就。

在机器学习方面，1958 年，美国康奈尔大学心理学家弗兰克·罗森布拉特（Frank Rosenblatt）受生物神经元启发发明了感知机。这是一种将神经元用于识别的系统，它的成功研制引起了人们广泛的兴趣，成为人工神经网络学习的起点。

在问题求解方面，1960 年前后纽厄尔、西蒙等人根据心理学实验发现的人类求解问题的某些思维规律，编制了通用问题求解程序，该程序可以用来解决 10 多种不同类型的问题。

在专家系统方面，美国斯坦福大学的爱德华·费根鲍姆（Edward Feigenbaum）和遗传学家约书亚·莱德伯格（Joshua Lenderberg）在 1968 年成功研制出世界上第一个专家系统 DENDRAL 并投入使用。DENDRAL 系统能根据质谱仪的实验数据分析推断出待定物质的分子结构，其分析推理能力可以达到化学专家的水平。DENDRAL 系统的出现标志着人工智能的一个新领域——专家系统的诞生，爱德华·费根鲍姆也被称为专家系统之父。

以上这些成果让人们几乎无法相信机器原来可以如此智能，它让研究者对未来充满信心，认为在 20 年之内机器将有能力完成人类所能做的任何工作。但到了 20 世纪 70 年代，人们渐渐发现机器仅有逻辑推理能力远不够实现人工智能，一些如人脸识别等看似简单的任务实现起来却极其困难，所有的人工智能程序像个玩具一样，只能解决它们尝试解决的问题中最简单的一部分，人工智能发展遭遇了无法克服的基础性障碍，许多机构逐渐停止了对人工智能研究的资助，人工智能遭遇了第一次低谷。

3. 第二次浪潮（1980—1987 年）

进入 20 世纪 80 年代，专家系统和人工神经网络等技术取得新的进展。卡内基梅隆大学约翰·麦克德莫特（John McDermott）为 DEC 公司开发了一个名为 XCON 的专家系统，该系统可以在客户订购 DEC 公司的 VAX 系列计算机时按照需求自动配置零部件。XCON 投入使用后取得了巨大成功，许多公司纷纷效仿，开始研发和应用专家系统，专家系统遍地开花，成为人工智能的热门方向。在此期间，日本推出了雄心勃勃的第五代计算机计划，其目标是造出能够与人对话、看懂图形和文字、自动推理并完成工作任务的机器。人工智能迎来了又一轮高潮。

从 20 世纪 80 年代末到 20 世纪 90 年代初，专家系统所存在的知识领域狭窄、知识获取困难、适应性差和测试维护复杂等问题逐渐暴露出来，专家系统开始在商界"失宠"。日本宏伟的第五代计算机计划也以失败告终，人工智能在遭遇一系列财政问题后进入第二次低谷。

4. 第三次浪潮（1993 年至今）

人工智能经历两次低谷后，人们开始对人工智能有了客观、理性的认知，科学家们也放弃了一些不切实际的目标，逐渐转向能解决具体问题的智能技术，大量的人工智能数据模型和算法被开发出来并应用于语音识别、指纹识别、网页搜索、人机博弈、问答系统、智能机器人等领域。1997 年 5 月 11 日，IBM 的计算机系统"深蓝"战胜国际象棋世界冠军卡斯帕罗夫，人工智能又一次成为媒体关注的热点。总体来说，20 世纪 90 年代后期，人工智能处于平稳发展阶段。

进入 21 世纪以后，随着互联网的蓬勃发展，各类电子数据迎来了爆发式增长，人类进入大数据时代，积累了海量数据，计算机性能的高速发展也使计算能力得到了大幅度提升，这为人工智能技术取得突破性成果提供了强大基础。

2006 年，加拿大多伦多大学的科学家杰弗里·辛顿（Geoffrey Hinton）提出深度学习。2009 年，为了满足监督学习的训练要求并对模型的分类能力做出准确评估，斯坦福大学李飞飞团队发布了大规模图像分类数据集 ImageNet。ImageNet 含有超过 1500 万张图片，1000 个类别，每张图片上的物体都做了类别标签，覆盖了几乎所有的常见物体。在深度学习介入之前，传统的计算机视觉算法在 ImageNet 上的分类表现远远落后于人类。2012 年，由辛顿和他的两名学生设计的深度卷积神经网络 AlexNet 在 ImageNet 大规模视觉识别挑战赛上一举夺魁，并将图像分类任务在 1000 个类别上的 top5 错误率降至 15.3%，领先第二名 10.8%。至此，ImageNet 的大规模训练数据释放了深度卷积神经网络惊人的模型拟合能力，现代深度学习革命的序幕徐徐拉开。在接下来的若干年里，借助深度学习技术，计算机视觉、语音识别、自然语言处理等诸多人工智能领域都取得了突破性的进展，许多国家和企业高度重视，纷纷制定人工智能发展规划，投资人工智能领域，人工智能进入第三次高潮，产生了一大批能实际应用的成果。引发人工智能第三次高潮的深度学习三巨头如图 5-9 所示。

图 5-9 深度学习三巨头、图灵奖获得者（左起：杨乐昆、杰弗里·辛顿、约书亚·本吉奥）

2012 年底，Google 公司的 Google X 实验室推出了无人驾驶汽车，它采用照相机、雷达感应器和激光测距机来"看"交通状况，可以同时对数百个目标保持监测（见图 5-10）。无人驾驶汽车使用详细地图来为前方的道路导航，不需要驾驶者就能启动、行驶和停止，可以行使在城市道路和高速公路上。目前，许多无人驾驶汽车已在城市的特定区域开展了自动驾驶业务。

图 5-10　Google 自动驾驶测试车

2014 年，由百度自然语言研究院研发的人工智能语言交互机器人小度首次亮相于江苏卫视的《芝麻开门》闯关节目。依托自然语言处理、对话系统、语音识别等技术，机器人小度不仅能够自然流畅地与主持人进行交流，而且凭借准确的回答勇闯 4 关，40 道涉及音乐、影视、历史、文学类型的题目全部答对，出色的表现赢得现场观众惊叹不已。2017 年，在江苏卫视的《最强大脑》第四季比赛中，机器人小度一路过关斩将战胜人类"脑王"，成为新一代"脑王"。

2015 年，Microsoft 研究院的何凯明等 4 位研究人员在卷积深度神经网络基础上研发出深度残差网络，从而大幅提升了深度神经网络性能，将错误率降低到 3.6%，超越了人眼识别水平。在深度神经网络持续改进下，人脸识别和语音识别的性能也已达到或超过人类的水平。

与前两次人工智能高潮不同的是，目前人工智能技术进入了实用阶段，人工智能技术融入了各行各业，走入了千家万户，人工智能在创造巨大的经济价值和社会价值的同时，给人类工作、生活带来了实实在在的好处，受到全社会普遍赞誉。

人工智能的发展历程如图 5-11 所示。

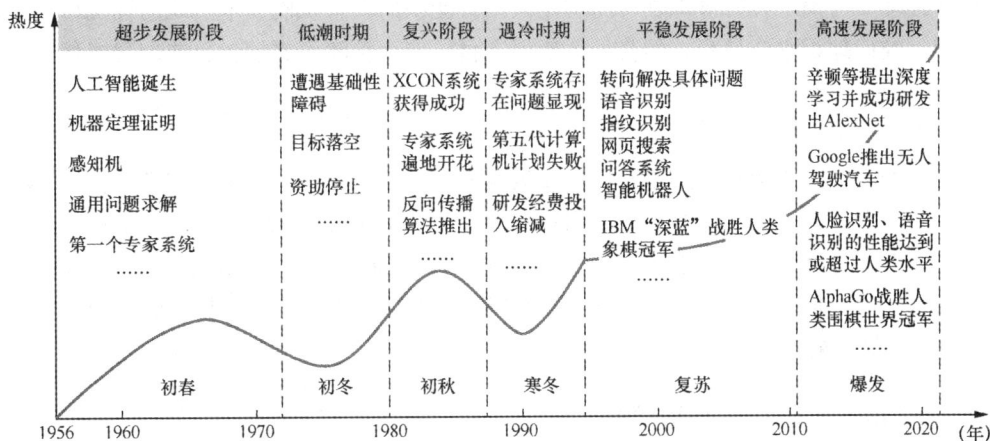

图 5-11　人工智能的发展历程

5.1.4　人工智能的应用领域

随着近年来人工智能相关技术的高速发展，人工智能正在快速融入各行各业。下面介绍一些人工智能在互联网及其他各种传统行业中的典型应用。

扫码观看微课视频

1. 人工智能在互联网行业中的应用

（1）智能搜索引擎

搜索引擎是工作于互联网上的一个软件系统，它能大幅提高人们获取、搜集信息的速度，是人们使用互联网不可或缺的工具。传统的网页排序算法是找出所有影响网页结果排序的因子，然后根据每个因子对结果排序的重要程度，用一个人为定义的数学公式将所有因子串联在一起，计算出每个特定网页在最终结果页面中的排名位置。而在新一代智能搜索引擎中，人工智能算法通过自我学习来确定影响结果排序的每个因子，网页搜索结果的相关性和准确度由此得到了大幅提高。

近年来，百度等公司所构建的知识图谱里储存着海量信息以帮助用户尽可能快地找到答案，利用这种知识图谱及自然语言理解等技术，主流搜索引擎正从单纯的网页搜索工具转变成为世界上最大的知识引擎。打开百度搜索引擎，我们可以直接在百度向搜索引擎提出问题，搜索引擎会聪明地给出许多知识性问题的答案。由此可见，人工智能显著提升了搜索引擎的智能化程度。

（2）智能推送

智能推送是一项以数据挖掘、机器学习、自然语言处理及互联网等多门技术为基础的综合性技术。利用智能推送，服务器可以根据用户的兴趣、行为、偏好和需求来收集、定制和过滤信息，通过对信息与真实需求的有效匹配，将合适的信息定期、自动推送到用户接触的移动或非移动终端，从而有针对性地、及时地向用户主动推送所需信息，以满足不同用户的个性化需求。智能推送目前已广泛应用于新闻网站、电商、广告等领域。

（3）智能移动支付

移动支付是一种便捷、快速的支付手段，能够极大地提高交易效率，为商家和消费者提供方便。移动支付离不开身份识别，而利用人工智能中的人脸识别技术实现的智能移动支付可以快速、准确地识别交易双方的身份，确保支付的安全性和可靠性。目前，智能移动支付已大量应用于各大支付平台中。

（4）智能客服

智能客服是在大规模知识处理基础上发展起来的一项面向行业应用的软件系统，它利用知识处理与管理、自然语言理解、自动问答和推理等技术与用户交流，实现了企业级的客户接待、管理及服务智能化，为企业与海量用户之间的沟通建立了一种基于自然语言的快捷、有效的技术手段。目前，智能客服已通过互联网广泛应用于电商售前、售后服务中，为商家节省了大量的销售成本。

2. 人工智能在工业领域中的应用

（1）日常检修

利用人工智能感知和预测功能，可以在机器出现问题之前就分析出可能发生的问题。例如，工厂中的数控机床的刀具在运行一段时间后就需要更换，通过分析历史数据，机器可以提前知道刀具会损坏的时间，这样就可以提前准备好配件并及时更换刀具。

（2）生产线设备参数优化

生产线涉及的设备、物料和人员众多，参数复杂，人工难以优化设置。而人工智能技术可以通过分析大量数据优化生产工艺，提升产品品质。例如，在天合光能公司，阿里云数据科学家通过研究光伏电池的业务流程和制作工艺，利用人工智能对工艺参数进行优化调整，优化后优品率提升了7%。

（3）质量检测

传统视觉设备误判率比较高，很多工厂都用人工做质量检测工作。采用深度学习算法以后，智能检测设备具备了学习能力，它在经过训练以后会做出非常精准的判断，从而大幅降低质量检测中的误判率。

（4）仓储物流

目前，人工智能逐步被应用于仓储物流的各个环节。例如，计算机视觉用于分拣机器人的感知和地图定位，强化学习实现配送机器人的路径规划和避障，运筹优化算法和遗传算法实现仓库上架与下架策略管理，多智能体算法使多个分拣机器人协调行动。人工智能技术可以让每一个物料都有最优路径，并用最短时间送达。

3．人工智能在农业领域中的应用

（1）现场监测

以色列特拉维夫的农业科技公司运用基于深度学习的计算机视觉技术实时监测农作物生长情况。Orbital Insight公司运用机器学习和计算机视觉算法来分析农作物耕作地区的卫星照片，从而了解气候变化对农业的影响。

（2）农作物检测

美国利用人工智能技术可以检测出14种作物的26种疾病，准确率高达99.35%，这将有效地防止由于误诊而导致的农药或除草剂的滥用。

（3）农业机器人

美国一家公司开发的智能生菜机器人能够通过计算机视觉算法判定一个植物是否是杂草和密度过大的植株，并且会用农药喷雾选择性地杀死该植物，这一技术可以帮助农民减少90%的化学药剂使用。目前，智能生菜机器人服务的生菜种植面积已经占到美国生菜种植的10%左右。

4．人工智能在安防领域中的应用

安防以图像、视频数据为核心，海量的数据来源满足了深度学习算法和模型训练的需求，同时人工智能也为安防的事前预警、事中响应和事后处理提供了技术保障，因此，人工智能在安防领域得到了广泛应用。

目前，人工智能在安防领域的应用主要包括警用和民用两个方向。在警用方向，利用人工智能实时分析图像和视频内容，可以识别人员、车辆信息，也可以对犯罪嫌疑人的信息进行实时分析，给出最可能的线索建议，将犯罪嫌疑人的轨迹锁定由原来的几天缩短到几分钟。在民用方向，人工智能可以用于智能楼宇、工业园区监控以及家用安防等方面。在智能楼宇方面，利用人工智能技术可以实时跟踪定位进出大厦的人、车、物，通过"人脸打卡"实现人员进出管理；在工业园区监控方面，固定摄像头和巡防机器人配合，可实现对园区内各个场所的实时监控，并对潜在的危险进行预警；在家用安防方面，当检测到家中无人时，家庭安防摄像机可自动进入布防模式，有异常时，给予闯入人员声音警告，并远程通知家庭主人。

5.1.5　人工智能的发展趋势

尽管人工智能经过 60 多年的发展取得了巨大成就，但目前人工智能水平与其宏伟的目标相比仍处于"幼儿"时代，其理论和技术依然具有巨大的发展空间，人工智能有望在以下方面迎来新的快速发展。

1．实现跨媒体分析推理

未来人工智能将逐步向人类智能感知靠近，模仿人类综合利用视觉、语言、听觉、触觉等全维度感知信息，突破跨媒体统一表征、关联理解与知识挖掘等技术，实现跨媒体的认知、学习、推理、设计、创作、预测等功能。

2．基于网络的群体智能技术开始萌芽

未来人工智能将从单个智能体向基于互联网的群体智能转变。群体智能具有统筹优化、鲁棒性强和信息共享高效等优点，可以实现基于群智感知的知识获取和开放动态环境下的群智融合与增强，可以支撑覆盖全球的大规模群体感知、协同与演化。

3．自主智能系统成为新兴发展方向

随着生产制造智能化改造升级的需求日益凸显和自主无人系统智能技术的发展，通过嵌入智能系统对现有的机械设备和系统进行改造升级成为更加务实的选择。在此引导下，无人车间、智能工厂、自动驾驶、智能机器人将蓬勃发展，自主智能系统正成为人工智能的重要发展及应用方向。

4．人机协同催生混合增强智能形态

人类智能和人工智能各有所长，两种智能具有很强的互补性。因此，把人的认知模型引入人工智能系统，形成人机协同的混合增强智能形态是人工智能一个非常重要的发展趋势。在混合增强智能形态下，人可以接收机器的信息，机器也可以读取人的信号，两者相互作用，互相促进，共同完成更加复杂多变的任务，进而大幅提高人类智力活动能力。

5.2　机器学习

扫码观看
微课视频

机器学习目前是主流的人工智能方法，人工智能技术的应用开发主要集中于机器学习技术的开发及应用，机器学习已成为新一代人工智能技术的典型代表。因此，本节主要介绍机器学习的基本原理、分类与开发流程。

5.2.1　机器学习的基本原理

机器学习的主要任务是利用以往的经验优化系统自身的性能。从目前机器学习实践角度

看，以往的经验通常是一批历史数据，系统自身往往是一个模型，机器学习的目标是利用过去的历史数据通过学习算法对模型进行训练，使模型越来越符合数据中蕴含的规律或规则，最终得出性能良好的问题解决模型。当模型训练完成后，如果有新的数据输入模型，模型就会做出判断或者给出预测的结果，从而使机器获得解决问题的能力。

具体来说，机器学习主要做两个事情：一个是基于过去找规律，另一个是根据归纳出来的规律预测未来。从形式上说，机器学习旨在从历史数据中寻找一个特定输入 x 和预期输出的功能函数 $f(x)$。该函数在机器学习领域又被称为模型，它可以根据给定的输入做出判断或预测。例如，在机器翻译中，模型可以根据一段英文文字输出相应的汉字；在语音识别中，模型可以根据语音信号判断出说话的内容；在人脸识别应用中，模型可以根据输入的照片判断出照片中的人是谁；在围棋博弈中，模型可以根据当前的棋谱局势预测下一步"最佳"走法的落子位置（见图 5-12）。这里，每个具体的输入都是一个实例，它通常由特征向量构成，所有特征向量存在的空间称为特征空间，特征空间的每一个维度对应实例的一个特征。

$f($ "AI" $)$ = "人工智能"

$f($ ⌇⌇⌇ $)$ = "早上好"

$f($ 👤 $)$ = "杰弗里·辛顿"

$f($ ▦ $)$ = "6-6" （下一步落子位置）

图 5-12 模型的输入和输出

如何找到一个"好用"的模型？首先，要找到一种适宜解决问题的模型形式，可能是一个一次函数，或者是一个指数函数；其次，这样的模型在给定一个实例时并不一定输出一个正确的结果，如输入辛顿的照片后，模型并不一定就能认出辛顿，它可能会错误地认为是张三或李四。因此，需要通过成千上万张带有标签的人脸照片（历史数据）来调整模型，使模型具有准确识别人脸的能力，这一过程通常称为模型训练。

怎样用历史数据作为训练数据去训练模型？首先要构建一个评估体系来辨别模型性能的好坏；然后要用训练数据通过学习算法改善模型的性能，当然，性能的改善没法一步到位，而需要通过训练一步一步地提升，这实际上是一个学习的过程；最后，当模型的性能达到最好时，训练就可以停止了，我们便能获得一个最优模型，这个最优模型就是学习的结果，就可以使用这个最优模型对给定的新数据做出判断或预测了。机器学习的建模过程如图 5-13 所示。

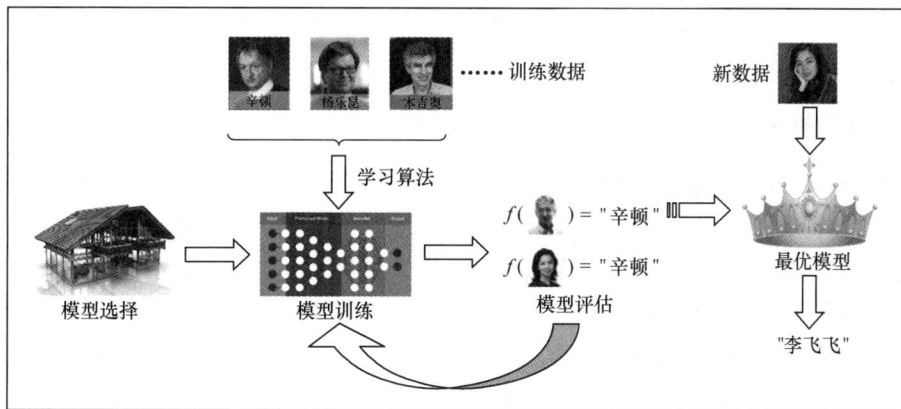

图 5-13 机器学习的建模过程

5.2.2 机器学习的分类

机器学习的学习方式可以分为以下两种类型：

第一种是监督学习。它是利用一组已标记的历史数据来训练模型的方法，也就是在已知输入与输出的情况下训练模型的方法。由于监督学习需要使用已知正确答案的示例来训练模型，因此，在监督学习中，每个历史数据样本都是由一个输入对象和一个正确的输出值（又称为标记、标签或监督信号）组成，监督学习算法通过比较输入对象产生的预测结果和相应标签之间的差异来调整模型中的参数，使模型产生的预测结果和正确的输出值之间的误差最小。监督学习可以完成两类任务，一类是分类任务（如人脸识别、天气好坏预测等），其输出值是离散值；另一类是回归任务（如房价预测、气温预测等），其输出值是连续值。目前，监督学习是机器学习中最常用的方法。

第二种是无监督学习。它是使用不带标记的数据来学习的方法，其最重要的算法是聚类。在聚类算法中，训练数据没有人工标记，算法自动寻找数据中内在的性质和规律，将性质相似的数据聚在一起，从而形成若干个不同的数据类。聚类算法的一个典型应用是照片分类。在手机中，如果拍摄了许多不同人的照片，尽管这些照片没有做任何人工标记，聚类算法也能自动将同一个人的不同照片归入同一个类中，从而方便查找。

5.2.3 机器学习的开发流程

开发一个机器学习项目往往需要经过确定目标、准备数据、选择模型、训练模型和上线运行5个阶段，开发流程如图5-14所示。

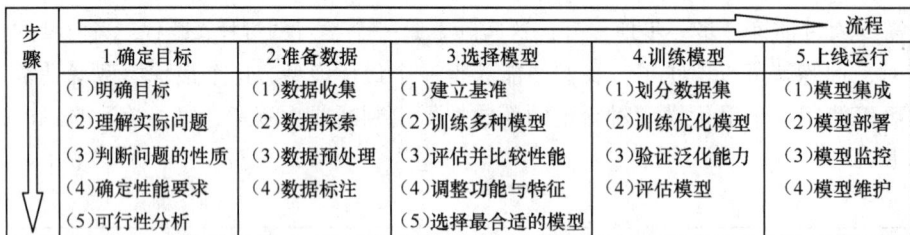

扫码观看
微课视频

步骤	1.确定目标	2.准备数据	3.选择模型	4.训练模型	5.上线运行
	(1)明确目标	(1)数据收集	(1)建立基准	(1)划分数据集	(1)模型集成
	(2)理解实际问题	(2)数据探索	(2)训练多种模型	(2)训练优化模型	(2)模型部署
	(3)判断问题的性质	(3)数据预处理	(3)评估并比较性能	(3)验证泛化能力	(3)模型监控
	(4)确定性能要求	(4)数据标注	(4)调整功能与特征	(4)评估模型	(4)模型维护
	(5)可行性分析		(5)选择最合适的模型		

图5-14 机器学习项目的开发流程

1. 确定目标

在开始机器学习项目开发之前，第一，要明确需要解决什么问题，所开发项目的目标是什么；第二，要了解实际业务场景问题，明确可以获得什么样的数据；第三，要判断问题的性质，项目属于监督学习、无监督学习还是强化学习，如果是监督学习，要分清是分类问题还是回归问题，这样就可以把实际问题抽象为机器学习能处理的数学问题；第四，要确定所开发系统的响应时间、精度、存储容量等性能需求，明确达到业务目标的最低性能要求是什么，应该使用什么指标来衡量系统的性能要求；第五，要针对问题进行可行性分析。

2. 准备数据

训练和测试数据是任何机器学习解决方案中不可或缺的部分，因此准备数据是机器学习开发的基础性工作，其核心任务就是为构建机器学习模型创建一个高质量的数据集。而要创建一个高质量数据集一般需要经过数据收集、数据探索、数据预处理和数据标注 4 个步骤。

① 数据收集。数据收集旨在发现和了解可用数据及其存储结构。在明确开发目标以后，首先要列出需要什么数据及需要多少数据，然后查找并记录获取数据的地方，检查能获取的数据是否充分，估计数据占用多少空间，接下来就是收集数据。数据可能来自不同平台、不同系统或不同部分，可以采用从已有系统中收集、人工输入、向数据提供服务商购买、下载免费数据集、数据爬虫等方式获得数据。此时最重要的是保证获取数据的真实可靠性，但同时也要注意不得非法盗取他人数据。

② 数据探索。收集到的数据一般比较庞大、繁杂，甚至不规范、不完整，因此需要通过数据探索了解数据的大致情况及特征的统计信息。具体来说就是通过数据检索、统计、可视化等方法探索数据大致结构、数据分布及数据质量的整体情况，检查数据的大小、类型和完整性，统计异常值、缺失值占的百分比，识别特征类型，分析特征之间的相关性，观测每个特征对目标变量的影响，为数据预处理做好准备。

③ 数据预处理。通过数据探索，可能会发现缺失数据、数据不规范、数据分布不均衡、存在奇异数据和无关数据或不重要数据等问题，这些问题的存在直接影响数据的质量。为此，数据预处理首先要清洗数据，处理异常值，插补缺失值，删除对任务无用的数据，确保数据集中没有垃圾数据；然后要将数据缩减为有序且简化的形式，把数据转换成容易操作的格式，删除或保护敏感信息，确保数据格式符合机器学习的算法要求；接下来要采用归一化、离散化、因子化等方法规范数据；最后筛选出显著特征，摒弃非显著特征，聚合生成有用的新特征，从而发挥原始数据的最大效力。

④ 数据标注。监督学习需要带标签的数据集，如果收集的数据没有标签，通常需要人工对数据进行标注。一般情况下，数据预处理和数据标注会占据整个机器学习开发过程的大部分时间。

3. 选择模型

机器学习模型有很多，不同的模型适宜解决不同的问题。因此，在实际应用中，一般会按照以下步骤选择几种模型进行比较，从中选择最适宜的模型。

① 建立基准。针对机器学习问题选择一个比较简单的模型作为其他复杂模型的基准，通过算法训练模型来了解整个项目的关键点和数据质量，为开发一个更好的模型奠定基础。

② 训练多种模型。在默认参数条件下使用几种常用的算法训练相应的机器学习模型。

③ 评估并比较性能。测量并比较所训练模型的性能，分析每个模型产生的错误类型，研究对目标影响最大的特征。

④ 调整功能与特征。以不同的方式设计功能、重新构建、提取特征，重复步骤②~步骤④多次。

⑤ 选择最合适的模型。根据模型的表现情况，筛选出最合适的模型。

4．训练模型

大多数机器学习算法都需要设定参数，参数配置不同，训练的模型性能往往有显著差别，因此，训练模型通常是一个调参优化的过程。机器学习常涉及两类参数：一类是算法的参数（超参数）；另一类是模型中的参数（普通参数）。超参数通常由人工设定，普通参数则是通过训练设定。训练模型一般按以下步骤进行。

① 划分数据集。将数据集划分为训练集、验证集以及测试集3个部分。

② 训练优化模型。将训练集中的样本逐次输入模型中，通过算法调整模型参数，优化模型性能，直至模型在训练集上获得满意的效果。

③ 验证泛化能力。采用验证集验证模型的泛化能力，然后根据验证结果手动或自动调整超参数并继续训练模型，直至得到一个泛化能力较强的模型。

④ 评估模型。用测试集数据进行测试，根据测试结果评估模型的泛化能力是否满足项目要求。如果不能满足要求，需要重新选择或改进算法，构建新的模型，并重复上述步骤重新训练模型。

5．上线运行

获得一个满意的模型之后，还需要将其部署到实际生产环境中运行并持续维护，这一过程可按以下步骤进行。

① 模型集成。构建运行模型的基础架构，将训练好的模型集成到运行模型所需的软件基础架构中，形成一个可运行于实际生产环境中的机器学习软件系统。

② 模型部署。将机器学习软件系统部署到实际生产环境并启动运行。由于模型的开发训练是基于之前的已有数据，因而模型在实际应用环境下的准确程度、响应时间、资源消耗、稳定性等都有可能发生变化，需要反复测试与调整。

③ 模型监控。随着实际环境下数据的发展变化，模型性能往往会下降甚至会导致模型崩溃，因此需要定期检查系统的实时性能，在模型崩溃时系统应能触发警告。此外，对于在线学习系统来说，要严格监控输入数据质量，防止由于采集数据系统故障导致模型失效。

④ 模型维护。在生产环境中运行的机器学习系统往往是一个复杂的软件系统，需要根据数据的变化进行维护。许多生产级机器学习模型要定期再训练或持续学习以确保模型始终反映数据和环境的最新状态。

以上这些流程和步骤是工程实践中总结出的一些经验，并不是每个项目都必须包含完整的流程和步骤，不同性质的机器学习项目其开发流程可能会有所不同，因此在开发时要灵活运用上述流程和步骤。

5.3 常用核心技术

机器学习旨在从训练数据中学习模式和规律，数据 x 中蕴含的模式和规律通常可以使用模型 $f(x)$ 进行描述。如同在自然科学的发展过程中，人类对客观规律的描述提出过不同的假说和建模，机器学习模型也有着许多不同的表现形式，体现了人类对数据中蕴含的规律之结构提出的假设和描述。例如，决策树模型将数据 x 和结果 $f(x)$ 之间的预测过程，建模成一棵树形结构；神经网络将 x 和 $f(x)$ 之间的映射关系，建模成由神经元连接而成的多层网络结构；而贝叶斯分类器则将模型 $f(x)$ 表达成贝叶斯公式。这些千姿百态的模型设计反映了人类对认知、决策、智能过程背后机制的思考。

本节以决策树、贝叶斯分类器、人工神经网络和卷积神经网络为例，帮助读者了解机器学习模型是如何从数据中学习和抽取规律，并将学习到的规律应用于新的数据，从而解决具体问题的。

5.3.1 决策树

决策树模型是一种具有可解释性的树形机器学习模型，能够从带有噪声的小样本数据中进行学习，在医疗诊断、信贷风险评估、人才招聘等现实问题中具有广泛而成功的应用。

1. 分类问题

决策树模型适用于解决具有离散输出值的监督学习问题。监督学习的训练集由带有标签的数据样本 (x, y) 组成，含有 n 个数据样本的训练集可以表示为集合 $D=\{(x_1, y_1), (x_2, y_2), \cdots, (x_n, y_n)\}$。输入数据 x 和标签 y 所在的空间记作 X 和 Y。监督学习的目标是从训练数据中学习从 X 到 Y 的映射 $f: X \rightarrow Y$，训练的过程就是根据训练数据调整模型 $f(x)$ 自身参数或结构的过程，训练后得到的模型即为 $f(x)$ 的近似。现实中最为常见的机器学习任务，如图片分类、文本标签预测等，其值域 Y 都是一组离散值，它们都属于这类特殊的监督学习问题，即分类问题。而决策树模型的适用范围也正是分类问题。

2. 训练集

在日常生活中，我们会遇到许多需要从经验中提取规律做出判断的场景，而在我们最为熟悉的学校场景中，随处可见这类需要进行评估和预测的问题。例如，在教学过程中，教师常常需要通过学生的日常表现推知学生的学习状态。这一场景就可以被建模为监督学习问题。

在通常情况下，机器学习模型的输入数据 x 可以用一个向量表示。而向量的每一个分量就构成了对一个样本点的描述。一个分量可以对应于一个和目标任务息息相关的特征（也称为属性）。例如，学生的表现就可以用一组和目标任务学习状态分类相关的特征表示。这里，我们使用考试成绩、作业完成情况、课上注意力和出勤率这 4 个特征来描述学生的表现。它们的特征取值范围如表 5-1 所示。

表5-1 学习状态预测问题中的特征取值范围

特征（属性）	取值范围
考试成绩（a_1）	{优秀，良好，较差}
作业完成情况（a_2）	{按时完成，不能完成}

特征（属性）	取值范围
课上注意力（a_3）	{集中，一般，分散}
出勤率（a_4）	{高，低}

表5-1内所有特征的取值范围就构成了输入空间X。其中，需要判断的学习状态的取值范围为{好，差}，即Y只有两个可能取值，因此，这里的学习状态判断问题是一个二分类问题。

给定目标函数f的定义域X和值域Y，我们就可以定义在这个空间中的任一样本点 {$x=(a_1, a_2, a_3, a_4), y$}。例如，某一学生对应的样本点为 {优秀，按时完成，一般，高，好}，这意味着该学生考试成绩优秀，能按时完成作业，听课注意力一般，出勤率高，其学习状态为好。

一个典型的学习状态判断问题的训练集如表5-2所示，其中每一行数据都可以用作训练的样本。

表5-2　学习状态判断问题的训练集

学号	x				y
	考试成绩	作业完成情况	课上注意力	出勤率	学习状态
1	优秀	按时完成	分散	高	好
2	良好	按时完成	集中	低	好
3	优秀	不能完成	分散	高	好
4	较差	按时完成	集中	高	好
5	良好	按时完成	一般	高	好
6	优秀	按时完成	一般	低	好
7	优秀	按时完成	集中	低	好
8	较差	不能完成	一般	高	差
9	较差	按时完成	一般	低	差
10	优秀	不能完成	一般	低	差
11	良好	不能完成	一般	高	差
12	良好	不能完成	一般	低	差
13	较差	不能完成	分散	高	差
14	较差	不能完成	分散	低	差

3. 基本原理

人类完成分类任务的逻辑推理过程常常被抽象为对分类对象的一系列特征进行测试的过程。例如，在学习状态判断的例子中，如果希望判断学生A的学习状态是好还是差，我们会依次查看他的作业完成情况、考试成绩等，如果能够完成作业而且考试成绩良好，则判定学习状态为好，如果成绩较差，则继续考察其课上注意力等特征，直到获得最终的分类结果。这一决策过程可以被很自然地表示成图 5-15 所示的一棵决策树，决策树上的每一个内部（非叶子）节点表示一个决策特征（属性）a_i，每一条边代表某个特征的一个可能取值。例如，连接出勤率节点和其子节点的边可以表示出勤率"高"或"低"，而每一个叶子节点则表示一个学习状态的分类结果"好"或"差"。从根节点到叶子节点的一条路径代表了一个决策过程的测试序列，一个数据点从根节点进入决策树后，会根据其特征值选择一条这样的路径，最终进入某个叶子节点代表的分类类别并得到最终的分类结果。

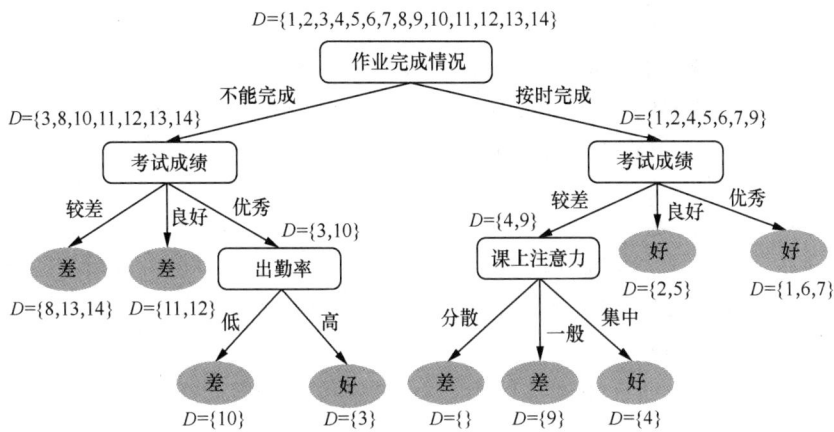

图 5-15 学习状态判断问题训练后得到决策树

4. 基本算法

决策树的训练过程就是根据训练集 D 生成一棵决策树的过程，其训练算法如图 5-16 所示。该算法递归式自顶向下生成决策树，从根节点开始，每次生成一个叶子节点或者选择一个特征 a 生成内部节点。根节点处包含所有训练样本 D，而之后的每个内部节点都会根据特征取值对属于该结点的样本集合进行一次划分。

扫码观看
微课视频

5. 信息增益

决策树训练算法的核心是如何定义最优特征 a^*（见训练算法第 9 行），它和决策树的树高息息相关。为了尽快达到分类目标，决策树应该具有低树高的特点。而为了降低树高，我们希望位置越高的内部结点的决策特征对训练样本集合的分类能力越强。一个分类能力强的决策特征，其划分后的每个子集中的样本类别应该趋于一致，也就是说随着划分过程的不断进行，分支结点的样本子集"纯度"应该越来越高。那么，怎样度量一个节点上样本集合的"纯度"？

信息熵是信息论中广泛使用的一个度量标准，它可以度量任意样本集合的"纯度"。假设一个样本集合 D 中仅包含正反例两类样本，那么 D 相对于这个二分类问题的信息熵就可以定义为：

$$\text{Ent}(D) = -p_1\log_2 p_1 - p_2\log_2 p_2 \tag{5-1}$$

其中，p_1 代表 D 中正例样本的比例，p_2 代表 D 中反例样本的比例，$0\log_2 0$ 定义为 0。

143

```
已知：训练样本集 D = {(x₁, y₁), (x₂, y₂), ..., (xₙ, yₙ)}      // 数据可来自表 5-2
      特征集 A = { a₁, a₂, ... , aₐ}                        // 数据可来自表 5-1
      特征值 V = { a₁:{优秀,良好,较差}, a₂:{按时完成,不能完成}, a₃:{集中,一般,分散}, a₄:{高,低}}
      类别值 Y = {"好", "差"}                               // 学习状态的取值
函数：ID3(D, A)
   1：  创建树的节点 node；
   2：  if  D 中样本全属于 Y 中同一类别 C  then              // 即所有样本的学习状态都为"好"或都为"差"
   3：      将节点 node 标记为 C 类叶子节点； return node；   // 叶子节点 node 标记为"好"或"差"
   4：  end if
   5：  if  A 为空 或 D 中样本在特征 A 上取值相同 then
   6：      node 类别标记为 D 中最多的类别值；               // D 中样本"好"的多还是"差"的多，取多者类别值
   7：      将节点 node 标记为叶子节点; return node；
   8：  end if
   9：  a* = node.决策特征 = 从 A 中选出划分 D 能力最好的特征   // 定义最优特征 a*
  10：  for vᵢ in V[a*]    // vᵢ 遍历特征 a* 对应的每一个特征值，如 a* 是出勤率，则对应的所有特征值是{高,低}
  11：      在 node 下生成一个分支; 令 Dᵛ 为 D 中在 a* 上取值为 vᵢ 的样本子集（即 D 中满足特征值为 vᵢ 的子集）；
  12：      if  Dᵛ 为空 then
  13：          在新分支下生成一个叶子节点 child； child 类别标记为 D 中最多的类别值；
  14：      else
  15：          A' = A - {a*}；   // 去除 a* 后形成新的特征集 A'
  16：          ID3(Dᵛ, A')；   // 以 Dᵛ、A' 为实参递归调用 ID3 函数，在新分支下生成一棵子树
  17：      end if
  18：  end for
  19：  return node；
输出：以 node 为根节点的一棵决策树
```

图 5-16　决策树的训练算法

信息熵越大，正反例样本的比例越均匀，类别越不一致，样本的纯度越低，当正反例数量相同时，信息熵为 1，达到最大值。信息熵越小，样本类别越趋于一致，样本的纯度越高，当集合 D 中样本属于同一类别（都是正例或都是反例）时，信息熵为 0，达到最小值。例如，表 5-2 中共有 14 个样本，其中学习状态好与学习状态差的各占 7 人，表 5-2 对应的集合 D 的信息熵为：

$$\text{Ent}(D) = -\left(\frac{7}{14}\log_2\frac{7}{14} + \frac{7}{14}\log_2\frac{7}{14}\right) = 1$$

有了信息熵作为衡量训练样本集合"纯度"的标准，就可以定义特征划分训练样本能力的度量标准了，这个标准被称为信息增益。一个特征的信息增益就是使用这个特征划分样本集合而导致的信息熵降低程度，在数学上可以定义为：

$$\text{Gain}(D,a) = \text{Ent}(D) - \sum_{v=1}^{V}\frac{|D^v|}{|D|}\text{Ent}(D^v) \qquad （5-2）$$

式（5-2）定义了使用特征 a 对样本集合 D 进行划分获得的信息增益。设特征 a 有 V 个可

能的取值，则特征 a 会把集合 D 划分为 V 个子集 $\{D^1, D^2, \cdots, D^V\}$。所谓信息增益，就是集合 D 和 V 个子集之间的信息熵增量，而 V 个子集的信息熵是它们各自信息熵的加权平均，权重为子集中样本个数 $|D^V|$ 占全集样本个数 $|D|$ 的比例。也就是说，样本越多的分支对信息增益的影响越大。

在一组特征中，我们希望挑选那个经它划分后数据集的纯度提升最大的特征，也就是信息增益最大的特征。设表 5-2 中的训练集为 D，在 {考试成绩 , 作业完成情况 , 课上注意力 , 出勤率} 这组特征中，应该选择哪个作为根结点？为了解答这个问题，需要逐一计算每个特征对训练集 D 进行划分所得到的信息增益。

首先，计算训练集 D 的熵，D 一共包含 14 个训练样本，其中，标签学习状态好与差的样本数量各占一半，因此，D 的信息熵为 1。然后，计算"考试成绩"这个特征对 D 进行划分所得到的信息增益。考试成绩有"优秀""良好""较差"3 种可能取值，因此，将 D 中的样本分为 3 个子集：D^1（考试成绩 = 较差），D^2（考试成绩 = 良好），D^3（考试成绩 = 优秀）。其中，D^1 包含 5 个样本，D^2 包含 4 个样本，D^3 包含 5 个样本。在子集 D^1 中，4 个样本学习状态为差，1 个样本学习状态为好，因此 D^1 的信息熵为：

$$\text{Ent}(D^1) = -\left(\frac{1}{5}\log_2\frac{1}{5} + \frac{4}{5}\log_2\frac{4}{5}\right) = 0.7219$$

同理，我们可以计算得到 $\text{Ent}(D^2) = 1$、$\text{Ent}(D^3) = 0.7219$，于是"考试成绩"的信息增益为：

$$\text{Gain}(D, 考试成绩) = 1 - \left(\frac{5}{14}\times 0.7219 + \frac{4}{14}\times 1 + \frac{5}{14}\times 0.7219\right) = 0.1986$$

按照以上方法，还可以计算出"作业完成情况""课上注意力""出勤率"这 3 个特征的信息增益为：

$$\text{Gain}(D, 作业完成情况) = 0.4083$$

$$\text{Gain}(D, 课上注意力) = 0.2827$$

$$\text{Gain}(D, 出勤率) = 0.0148$$

从以上计算结果中可以看出，特征"作业完成情况"的信息增益最大，它是最优的特征，应该作为根结点的决策特征。

有了确定最优特征的方法，我们就可以根据训练算法（见图 5-16）依次用当前训练集构建每一个节点。这种使用信息增益最大特征作为内部节点划分特征的训练算法被称为 ID3 算法。图 5-15 显示了使用 ID3 算法在表 5-2 的训练集上构建出的决策树。

6. 测试和评估

在测试阶段，我们可以使用包含新数据的测试集对训练好的决策树进行测试。同训练集相同的是，测试集的每一个数据 x 的格式仍然为 $\{x=(a_1, a_2, a_3, a_4), y\}$，其中 y 是正确的类标注。与训练不同的是，在测试过程中，输入模型的部分是向量 (a_1, a_2, a_3, a_4)，不包含 y，而模型会输出预测分类 $\hat{y}$。对比每个测试数据的 y 和 $\hat{y}$，就可以计算出在测试集上模型分类的正确率。例如，如下测试集 T 包含两个测试数据：

T = {(良好 , 按时完成 , 一般 , 低 , 好), (较差 , 不能完成 , 一般 , 低 , 差)}

将测试数据输入模型后，它们会沿图 5-17 所示的决策路径（粗体）走到叶子节点，得到模型的分类结果分别为"好"和"差"，模型给出的分类结果和正确的类标注完全一致。也就是说，训练得到的决策树在这个小型测试集上达到了100%的正确率。

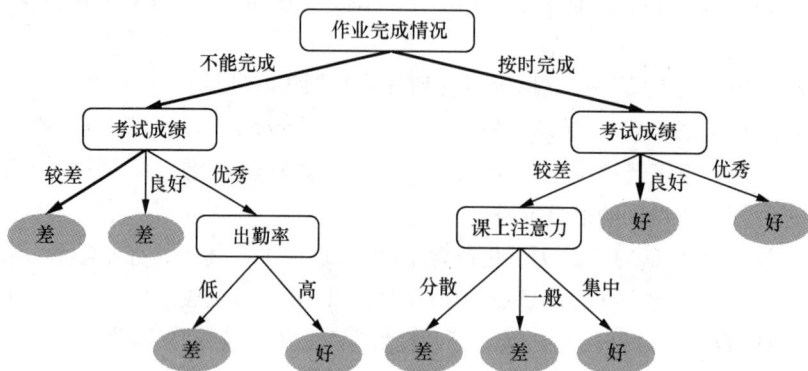

图5-17 学习状态判断问题在训练好的决策树上进行测试

5.3.2 贝叶斯分类器

为了描述数据中蕴含的规律，机器学习方法常常假设真实的数据规律是借由概率分布描述的。从概率的角度看，模型 $f(x)$ 是一个有关概率分布的函数，它在观测到输入数据 x 的条件下，会输出最有可能的 y：

$$f(x) = \underset{y \in Y}{\mathrm{argmax}}\, P(y\,|\,x)$$

（5-3）

对分类问题来说，条件概率 $P(y\,|\,x)$ 表示已知 x 的情况下属于某个分类 $y \in Y$ 发生的概率有多大，而分类器 $f(x)$ 选择能使 $P(y\,|\,x)$ 最大的类别 y，即在已知 x 的情况下选择最有可能的类别 y 作为输出结果。

例如，对于表5-2中的学习状态判断问题，已知一个学生考试成绩良好、能按时完成作业、课上注意力一般、出勤率低，需要判断其学习状态。按照式（5-3），该问题可表达为以下形式并选取其中较大者的学习状态作为判断结果。

P（学习状态 = 好 |（考试成绩 = 良好，作业完成情况 = 按时完成，课上注意力 = 一般，出勤率 = 低））

P（学习状态 = 差 |（考试成绩 = 良好，作业完成情况 = 按时完成，课上注意力 = 一般，出勤率 = 低））

式（5-3）虽然从概率角度定义了模型 $f(x)$，但在现实任务中通常难以直接获得 $P(y\,|\,x)$。为此，根据贝叶斯定理，$P(y\,|\,x)$ 可以被转换为：

$$P(y\,|\,x) = \frac{P(x\,|\,y)P(y)}{P(x)}$$

其中，$P(x\,|\,y)$ 表示在观测到 x 之后 y 的概率，因此被称为"后验概率"。$P(y)$ 表示在观测数据之前 y 的概率，因此被称为"先验概率"。$P(x\,|\,y)$ 表示在特定 y 的情况下 x 出现的概率，被称作"似然概率"。在分类问题中，它意味着在某个类别 y 中 x 出现的概率。而对于 $P(x)$ 来说，由于在给定 x 时 $P(x)$ 与 y 无关，因此不会影响式（5-3）中 $\underset{y \in Y}{\mathrm{argmax}}$ 运算的结果，可以将这一项省略。

于是，式（5-3）可被简化为：

$$f(x) = \underset{y \in Y}{\mathrm{argmax}}\, P(x|y)P(y) \quad\quad (5\text{-}4)$$

由于此式由贝叶斯定理推导而来，因此，式（5-4）被称为贝叶斯分类器。而训练贝叶斯分类器的过程，就是依据训练集 $D=\{(x, y)\}$ 对先验概率 $P(y)$ 和似然概率 $P(x|y)$ 进行估计的过程。

在分类问题中，类别 y 的取值是离散值，先验概率 $P(y)$ 表达了样本空间中各类样本所占的比例。当训练集足够大时，$P(y)$ 可以用类别为 y 的样本在训练集中出现的频率近似估计。令 $|D_y|$ 表示训练集中属于类别 y 的样本个数，$|D|$ 表示训练集样本总数，$P(y)$ 的估计为：

$$\hat{P}(y) = \frac{|D_y|}{|D|}$$

要得到分布 $P(y)$ 的估计，需要计算每一个可能的类别 y 对应的 $\hat{P}(y)$。仍然以表 5-2 中使用的训练集为例，我们可以得到两个类别的先验概率估计：

$$\hat{P}(学习状态=好) = \frac{7}{14} = 0.5, \quad \hat{P}(学习状态=差) = \frac{7}{14} = 0.5$$

对于似然 $P(x|y)$ 来说，由于它涉及关于 x 所有属性的联合概率 $P(x_1, x_2, \cdots, x_d|y)$，直接根据训练集中样本出现的频率来估计非常困难。但如果 $P(x|y)$ 是一个离散概率分布（x 所有属性有限）并且每个属性独立地对分类结果产生影响，则：

$$P(x_1, x_2, \cdots, x_d|y) = \prod_{i=1}^{d} P(x_i|y) \quad\quad (5\text{-}5)$$

将式（5-5）代入式（5-4）中的 $P(x|y)$，则式（5-4）可以简化为以下形式：

$$f(x) = \underset{y \in Y}{\mathrm{argmax}}\, P(y)\prod_{i=1}^{d} P(x_i|y) \quad\quad (5\text{-}6)$$

式（5-6）被称为朴素贝叶斯分类器，它是一类特殊的贝叶斯分类器，可以根据属性值在给定类别 y 的样本训练集中出现的频率近似估计 $P(x_i|y)$。

例：以表 5-2 为训练样本集合，判断一个考试成绩良好、能按时完成作业、课上注意力一般、出勤率低的学生的学习状态。

1. 计算学习状态为"好"条件下的各项概率估计值

$$\hat{P}(学习状态=好) = \frac{7}{14}$$

$$\hat{P}(考试成绩=良好|学习状态=好) = \frac{2}{7}$$

$$\hat{P}(作业完成情况=按时完成|学习状态=好) = \frac{6}{7}$$

$$\hat{P}(课上注意力=一般|学习状态=好) = \frac{2}{7}$$

$$\hat{P}(出勤率=低|学习状态=好) = \frac{3}{7}$$

根据式（5-6），可以得到 $P(学习状态=好|x) = 0.01499$

2. 计算学习状态为"差"条件下的各项概率估计值

$$\hat{P}(\text{学习状态}=\text{差})=\frac{7}{14}$$

$$\hat{P}(\text{考试成绩}=\text{良好}\mid\text{学习状态}=\text{差})=\frac{2}{7}$$

$$\hat{P}(\text{作业完成情况}=\text{按时完成}\mid\text{学习状态}=\text{差})=\frac{1}{7}$$

$$\hat{P}(\text{课上注意力}=\text{一般}\mid\text{学习状态}=\text{差})=\frac{5}{7}$$

$$\hat{P}(\text{出勤率}=\text{低}\mid\text{学习状态}=\text{差})=\frac{4}{7}$$

根据式（5-6），可以得到$P(\text{学习状态}=\text{差}\mid x)=0.00833$

比较以上两个计算结果，学习状态好的计算结果更大，因此判定该学生的学习状态为好。

由于朴素贝叶斯分类器假设了属性条件独立，这使得它能够在训练数据发生变化时，只对分类器进行局部修正。也就是说，只需要对涉及的和新增或删改数据相关属性值的概率分布进行重新估值，而不需要对全部概率分布重新训练。因此，朴素贝叶斯分类器在实际应用中具有轻便、计算量小的特点。朴素贝叶斯分类器已经在垃圾邮件分类、新闻分类等真实世界的问题中得到成功应用。

5.3.3　人工神经网络

人工神经网络（Artificial Neural Network，ANN）是一个用大量节点（神经元）经广泛连接构成的复杂网络结构，它以数学模型模拟神经元活动，是基于模仿大脑神经网络结构和功能而建立的一种信息处理系统。

扫码观看
微课视频

1. 神经元

人的大脑内有1000多亿个神经元，每个神经元与其他神经元之间约有几千个连接，由此组成了结构复杂的神经网络，这个神经网络产生了人的智能行为。根据生物神经元工作原理，我们可以把生物神经网络简化为一个有向图。有向图中的节点代表神经元，有向图中的弧表示信号传播路径，弧上的权重表示神经元之间的连接强度。图5-18展示了有向图中一个人工神经元的结构。

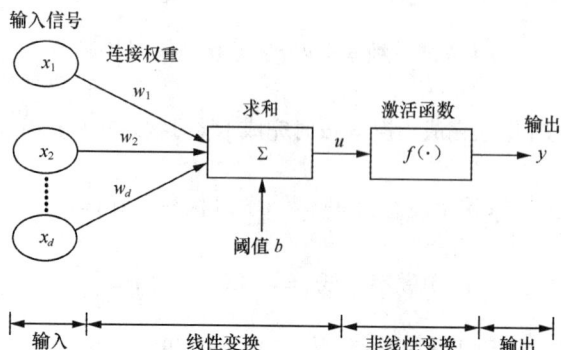

图5-18　人工神经元的结构

在 5-18 图中，x_i 是神经元第 i 个输入元素，代表来自第 i 个结点的输出信号；w_i 是第 i 条连接弧上的连接权重值，代表本节点与第 i 个输入节点之间的连接强度；b 代表神经元内部的阈值；u 代表线性变换后的输出值，其值为输入元素 x_i 加权求和后减去阈值 b，具体公式如下：

$$u = \sum_{i=1}^{d} w_i \cdot x_i - b$$

图 5-18 中的 $f(\cdot)$ 称为激活函数，它是一个非线性变换，决定神经元的输出值。通常，$f(\cdot)$ 采用表 5-3 所示的函数。

表5-3 常用的激活函数

名称	公式	函数图像
Sigmoid 函数	$f(x) = \dfrac{1}{1+e^{-x}}$	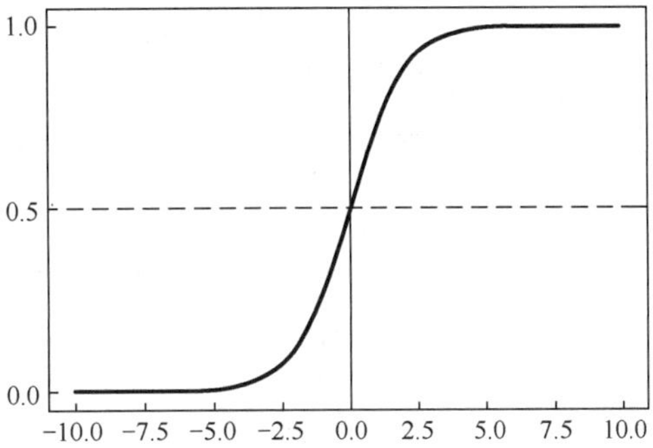
Tanh 函数	$f(x) = \dfrac{e^x - e^{-x}}{e^x + e^{-x}}$	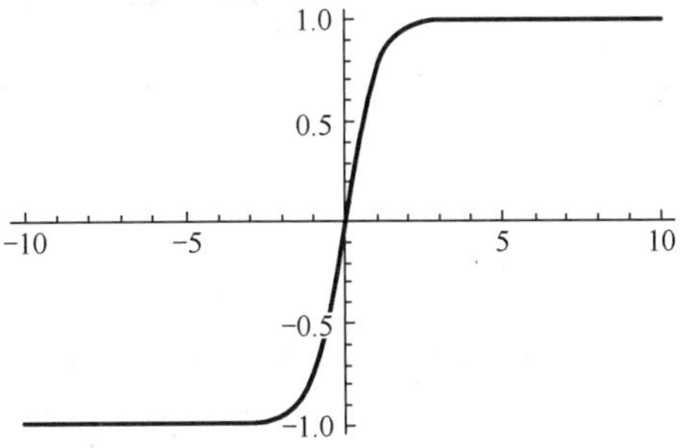
ReLU 函数	$f(x) = \max(0, x)$	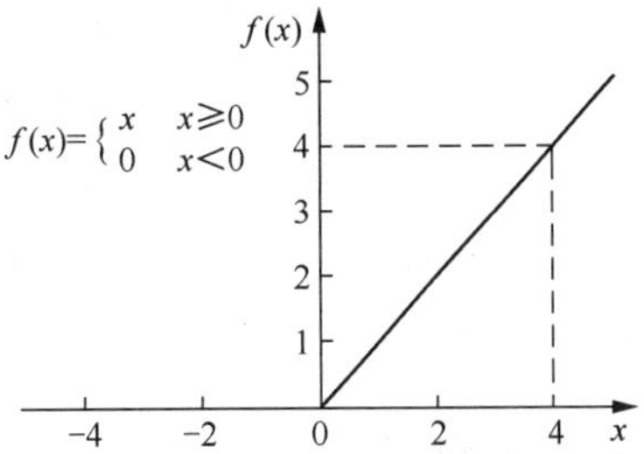

综合以上线性变换和非线性变换，可以得到如下神经元数学模型：

$$y = f\left(\sum_{i=1}^{d} w_i \cdot x_i - b\right)$$

从神经元数学模型中可以看出以下几点。

① 神经元数学模型中既包括线性变换，也包括非线性变换。这样神经元数学模型既有逼近线性函数的能力，也有逼近非线性函数的能力，其应用范围非常大。

② 在构造神经网络时，其神经元的传递函数和转换函数就已经确定了，在网络的学习过程中是无法改变转换函数的。因此如果想要改变网络输出的大小，只能通过改变加权求和的输入来达到。由于神经元只能对网络的输入信号进行响应处理，想要改变网络的加权输入，只能修改网络神经元的权重和阈值参数，因此神经网络的学习就是改变神经元中参数的过程。

③ 神经元获取的知识是从外界环境中学习得来的。当训练一个神经元的时候，就是在不断地调整神经元数学模型中的参数，模型训练好了，参数就确定下来了。因此，可以认为一个模型学到的知识被储存于这些参数中了。

④ 对于分类任务来说，训练神经元相当于寻找一个界限把不同类型的集合点分开，然后通过 Sigmoid 函数将其映射到 0 ~ 1，参见图 5-19 左侧。对于回归任务来说，训练神经元相当于寻找一条能够拟合集合点的直线，使得集合点到直线的距离最短（误差最小），参见图 5-19 右侧。

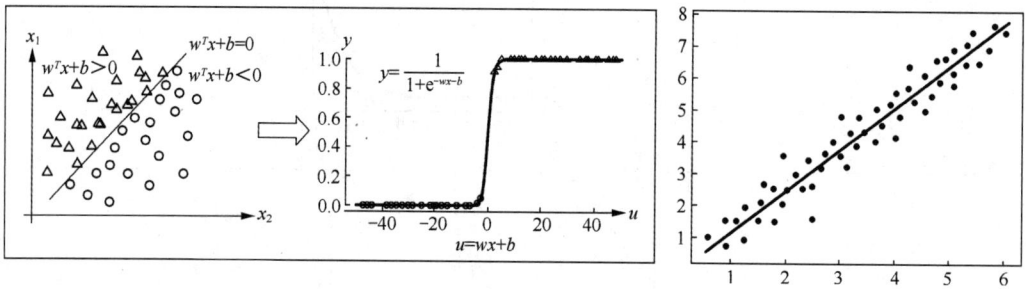

图 5-19　分类与回归函数图像

2. 前馈神经网络

前馈神经网络（Feedforward Neural Network，FNN）是一种特殊的人工神经网络，它采用单向结构，每一层包含若干个神经元，每个神经元只与前一层的神经元相连，可以接收前一层神经元的信号，并产生输出信号给下一层神经元。网络的第 1 层叫输入层，最后一层叫输出层，其他中间层叫隐藏层。前馈神经网络可以没有隐藏层，也可以有一至多个隐藏层。整个网络中无反馈，信号从输入层向输出层单向传播，可用一个有向无环图表示，其具体结构如图 5-20 所示。

前馈神经网络结构简单，应用广泛，它通过简单非线性神经元的复合映射，可获得复杂的非线性处理能力，能够逼近任意连续函数，也可以表达复杂的逻辑策略。

3. 前馈神经网络的训练

多层前馈神经网络可以看作非线性复合函数，其训练过程就是将输入信号沿着网络结构一层一层地正向传播直到输出层，再根据输出值和标签之间的误差通过反向传播算法对权重和阈值进行更新。整个过程循环往复，直到在验证集上的错误率趋于平稳或者达到最大迭代次数。其训练过程如图 5-21 所示。

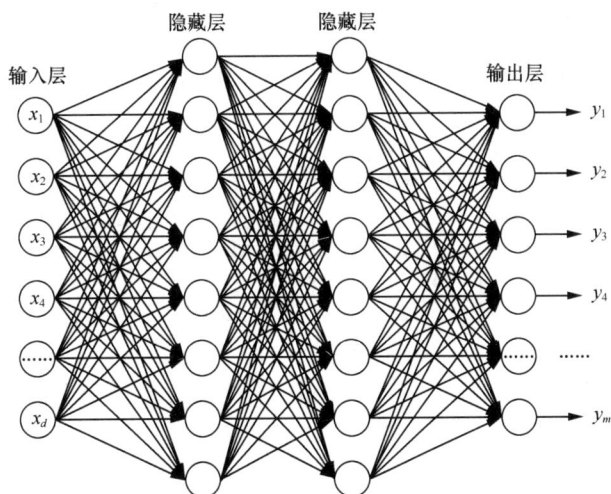

图 5-20　前馈神经网络结构

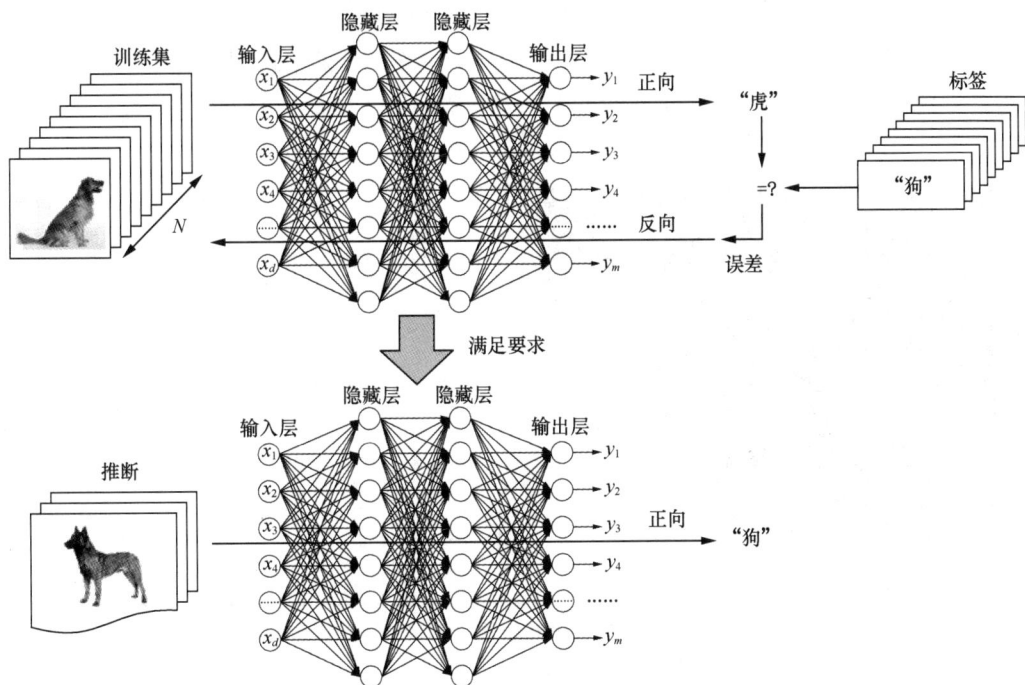

图 5-21　前馈神经网络训练过程

5.3.4　卷积神经网络

卷积神经网络（Convolutional Neural Network，CNN）是一类基于卷积运算的多层前馈神经网络，它具有表征学习能力，能够对输入信息进行平移不变分类，特别适宜处理视觉方面的问题，是深度学习的代表模型之一。

扫码观看
微课视频

1. 卷积神经网络的结构

卷积神经网络是由输入层、卷积层、池化层、全连接层和输出层组成，其结构如图 5-22 所示。下面依次介绍各层的主要功能。

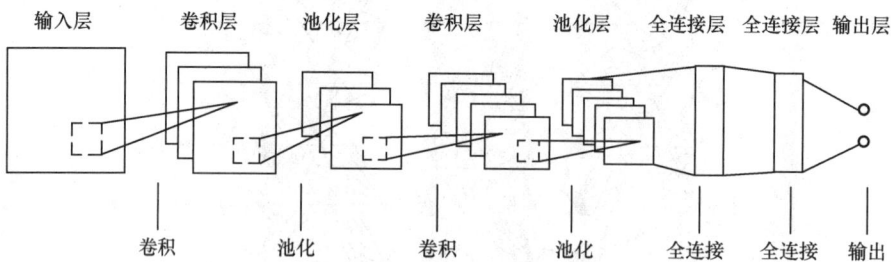

图 5-22　卷积神经网络的结构

（1）输入层

卷积神经网络的输入层可以处理多维数据，最常见的是输入层接收二维数组。一个二维数组可以存放一个矩阵，一个矩阵可以表示一张黑白图像。这样一张黑白图像就可以存入一个二维数组中，数组中的每个元素存放图像对应像素点的灰度值，0 表示最暗、255 表示最亮，图 5-23 所示为一张黑白图像局部区域对应的灰度值矩阵。如果是彩色图像则需要 3 个二维数组，分别存放 RGB 这 3 个通道的像素值，这样就可以把一张彩色图像存放到一个三维数组中。

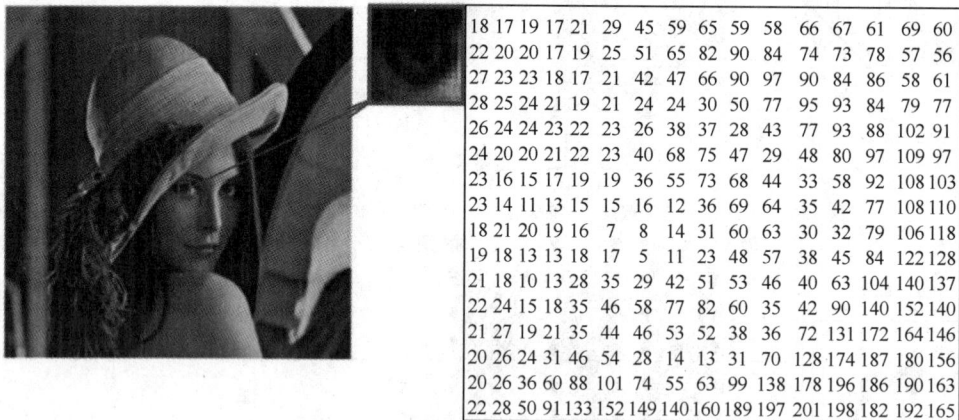

图 5-23　黑白图像在计算机中的矩阵表示

（2）卷积层

卷积层的功能是对输入数据（第 1 层是原始图像）进行特征提取，其内部包含多个卷积核，可以提取不同的特征。一个卷积核类似于一个前馈神经网络的神经元，组成卷积核的每个元素都对应一个权重系数。卷积层内每个神经元都与前一层局部区域中相邻的多个点相连，区域的大小取决于卷积核的大小，卷积核的大小被称为"感受野"，如图 5-24 所示。卷积核在工作时，"感受野"像一个移动窗口一样有规律地扫过输入数据，在移动的过程中，卷积核与"感受野"内的输入数据做卷积运算，然后经激活函数对卷积运算结果做非线性变换。

卷积运算是指从输入数据（被卷积图像）的左上角开始，取一个与卷积核同样大小的活动窗口（感受野），窗口中输入数据与卷积核元素对应起来相乘再相加，其计算结果放入新图像对应窗口的中心位置，然后，活动窗口向右移动一列并作同样的运算。以此类推，从左到右、从上到下依次运算，即可得到一幅新的卷积图像，这幅新图像通常称作特征图。具体的卷积运算过程如图 5-25 所示。

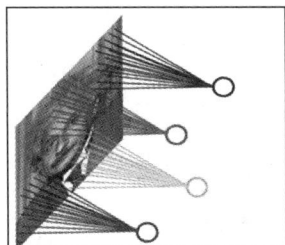

图 5-24 "感受野"示意图

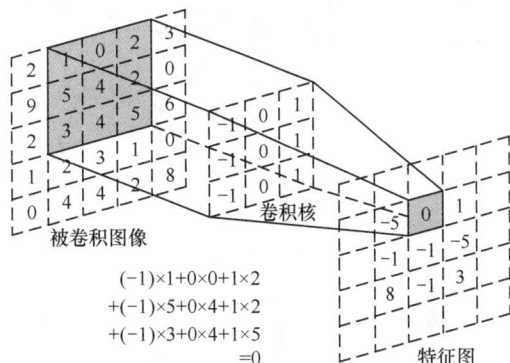

$(-1)\times1+0\times0+1\times2$
$+(-1)\times5+0\times4+1\times2$
$+(-1)\times3+0\times4+1\times5$
$=0$

图 5-25 卷积运算过程

（3）池化层

卷积层提取特征后，其输出的特征图会被传递至池化层进行池化（Pooling）操作。池化操作可采用尺寸 2×2 的池化窗口，以步长为 2 从左到右、从上到下依次对特征图进行最大值采样，即每个采样操作都是从 4 个数字中取最大值作为该区域的概括，其过程如图 5-26 所示。通过池化操作降低了卷积层输出的特征维度（特征图分辨率降低），缩小了连接到后层的节点个数，减少了神经网络中参数的数量，能够在保留主要特征的情况下大幅减少计算量，同时也提高了信息的抽象程度。

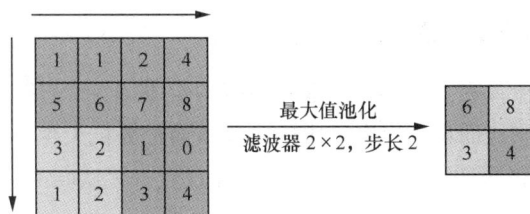

图 5-26 最大值池化操作过程

（4）全连接层

卷积层和池化层可以看成一个自动提取图像特征的过程。经过多轮卷积和池化操作后，图像中的信息被抽象成信息含量更高的特征，这些高级特征需要进行组合处理才能达到分类的目的。因此，在卷积神经网络的最后部分通常使用 1 ~ 2 个全连接层来完成分类任务。

全连接层等价于多层前馈神经网络中的隐藏层，它的每一个节点都与上一层的所有节点相连，用来把前边提取到的特征组合起来。全连接层本身不具有特征提取能力，它的主要作用是对提取的高级特征进行非线性组合以达到分类的目的。因此，特征图在全连接层中不需要保留空间拓扑结构，进入全连接层的特征图需要被转为一维向量并通过全连接层送给输出层。全连接层具体结构如图 5-27 所示。

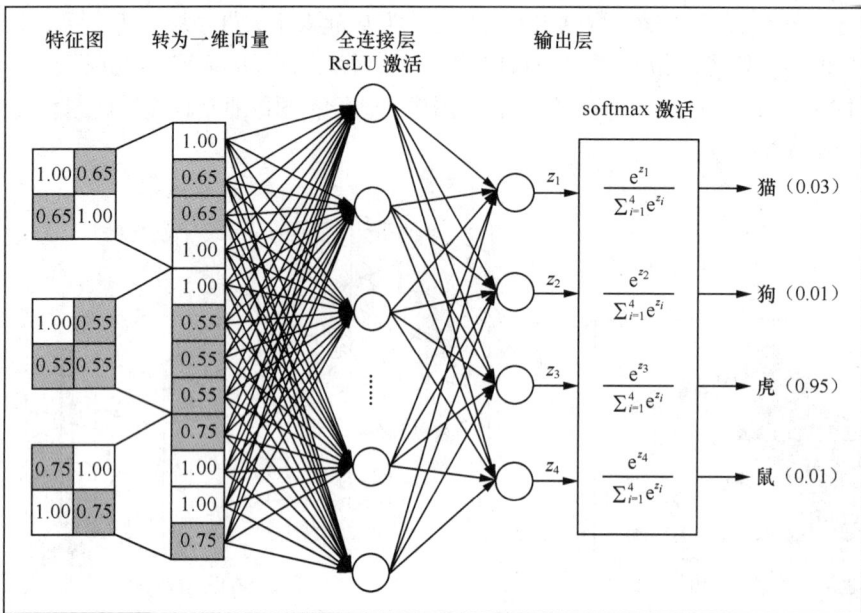

图 5-27 全连接层及输出层结构

（5）输出层

输出层的结构和工作原理与前馈神经网络中的输出层相同，它的输出内容依赖于具体的任务需求。对于线性回归问题，可以直接使用线性函数作为输出以便获得一个连续值；对于多类别分类问题，通常使用 softmax 函数作为输出层的激活函数以便确定输入所属类别，如图 5-27 所示。softmax 函数可以输出属于每个类别的概率，其概率总和为 1，一般取输出值中最大者作为最终的分类结果。

2. 卷积神经网络的基本原理

一张图像可以由二维像素点组成，人能把一张图像中的像素点作为一个整体与脑中的概念进行关联从而识别出图像中的物体，而计算机天生不具有人的这种能力，它只能把一张图像看成一个个孤立的像素点，无法理解这些像素点组合在一起的意义。例如，图 5-28 是字母 x 的图像，它由 9×9 像素矩阵组成，计算机知道这个矩阵中每一个像素点对应的数值，但对这些像素点所表达的含义则一无所知。而卷积神经网络就是利用卷积核抽取图像中的特征来识别图像中的字母 x，那么，卷积核如何提取图像中的特征？

扫码观看微课视频

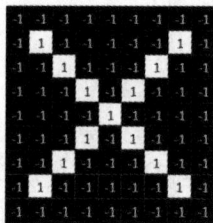

图 5-28 字母 x 的像素点矩阵

（1）卷积核如何提取特征

我们知道，字母 x 可以有各种形态上的变化（如 ▨、▨、▨、▨），但无论怎样变化，x 都具有两个对角线和一个交叉线的特征。对应这 3 个特征，可以定义 3 个卷积核，一个卷积核用来提取主对角线特征，另一个卷积核用来提取交叉线特征，第三个卷积核用来提取副对角线特征。这样 3 个卷积核就可以提取图像 x 中 3 种不同的特征，如图 5-29 所示。

	匹配主对角线特征	匹配交叉线特征	匹配副对角线特征
卷积核			
字母 x 图像			

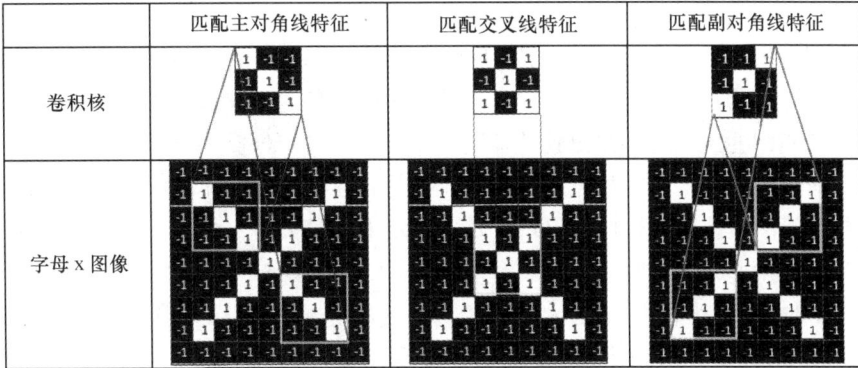

图 5-29　3 个卷积核对应 3 种特征

当卷积核与图像 x 进行卷积运算时，卷积运算就会计算每个位置与卷积核的相似程度。当前位置与卷积核越像，得到的结果值就越大。当卷积核一小块一小块地与被卷积图像进行比对时，卷积核就像一个过滤器，把图像中与卷积核匹配的特征一一提取出来，其运算结果就是特征图，如图 5-30 所示。

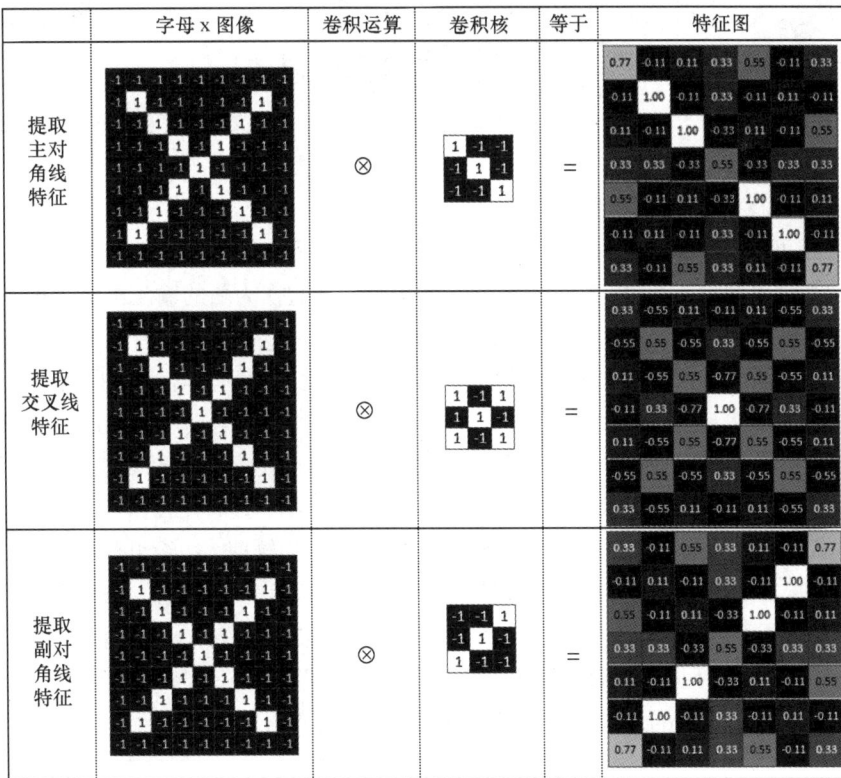

	字母 x 图像	卷积运算	卷积核	等于	特征图
提取主对角线特征		⊗		=	
提取交叉线特征		⊗		=	
提取副对角线特征		⊗		=	

图 5-30　3 个卷积核分别与图像 x 进行卷积运算

特征图中每个元素代表的是当前位置与卷积核的相似程度。从图 5-30 右侧的特征图可以看出，方格内数值越接近 1，对应位置和卷积核的匹配越完整，越接近 0，对应位置匹配的程度越低；当方格内数值小于等于 0 时，可以看作对应位置和该卷积核没有什么关联。有了这张特征图，计算机就可以通过特征图中数值的大小判断出特征所在的位置。

（2）池化的功能

在卷积层中，为了提取出一个特定的形状（特征），我们用一个卷积核逐块扫描图像并输出一个特征图。在此过程中，那些能够与卷积核匹配的特定形状被保留在特征图中，而那些不能与卷积核匹配的区域也被输出到特征图中。显然，只有与卷积核匹配的区域才是真正有用的信息，而其他区域得出的数值对判定该特征是否存在的影响比较小。为了有效地减少计算量，卷积神经网络使用池化操作保留了每一小块内的最大值，相当于保留了这一块最佳的匹配结果，而舍弃了那些与该特征关系不大的信息。例如图 5-31 中，特征图是提取图像 x 中主对角线特征的结果，其中真正有用的是数值为 1 的那些方格，其余数值对提取结果影响不大，因此，可以通过池化操作过滤掉一部分用处不大的信息。

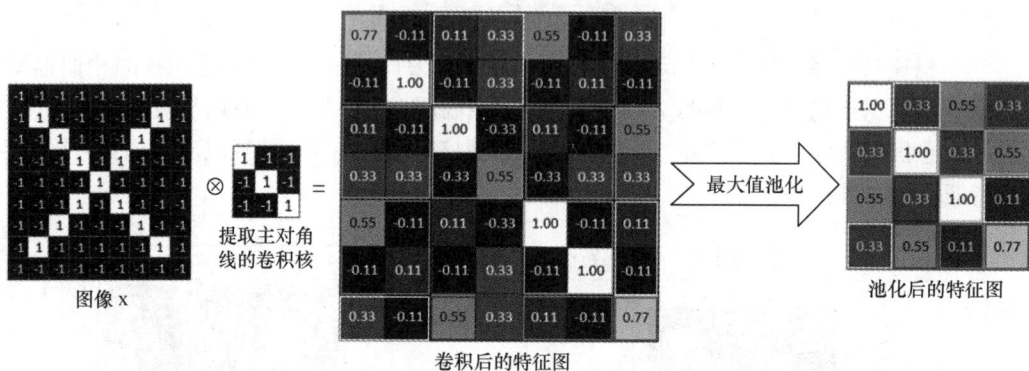

图 5-31 图像卷积池化过程

（3）多层卷积抽取复杂特征

一层卷积可以提取简单的特征，那复杂的特征如何提取？我们知道，每个卷积核可以提取特定的形状并输出到特征图中，若将这些特征图组合到一起作为新的输入再次卷积，则可以提取出更加复杂的形状。如前面 3 个卷积核定义的基本形状可以在第 1 次卷积中提取出来，把这些提取出来的特征图组合后再次进行卷积运算，则可以提取出由基本形状拼接成的 x、◇、∧、√ 等更为复杂的形状。由此可知，复杂特征往往是由简单特征组合而成，通过多层卷积，可以提取各种复杂形状，这就使得整个卷积神经网络具有强大的表达能力和泛化能力。

图 5-32 是利用反卷积技术求得的各层特征含义。从图 5-32 可以看出，第 3 层的人脸是由第 2 层的人脸局部器官和表面组合而成，而第 2 层又是由第 1 层的纹理、边缘组合而成。从特征图角度上看，第 3 层特征图上一个点代表第 2 层若干种局部器官或表面的组合，第 2 层特征图上一个点代表第 1 层若干种纹理、边缘的组合。卷积层组合方式是非常灵活的，不同的边缘和纹理组成不同的表面和器官，而不同的表面和器官又组成了不同的人脸，每一层特征的组合可以多种多样，这样就可以形成近乎无限的人脸模型，可以准确识别各种各样的人脸图像。

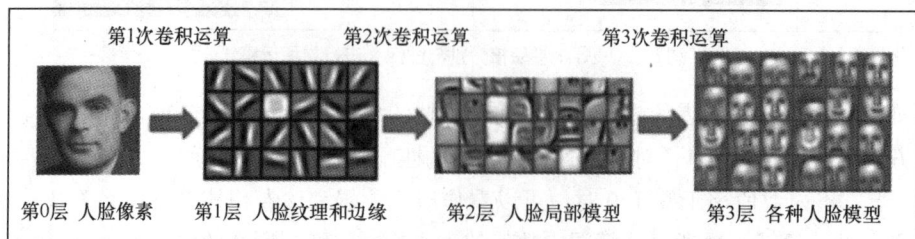

图 5-32 利用反卷积技术求得的各层特征含义

值得指出的是，卷积神经网络每层的卷积核权重是从训练数据中学习得来的，不是人工设计的。人工只能设计一些简单的卷积核，对复杂模式卷积核的设计则显得力不从心，因此卷积神经网络的训练是构建网络必不可少的一环。

3. 卷积神经网络的训练

假设一个卷积神经网络用来识别小汽车、卡车、飞机、船和马 5 类物体，其训练过程如下所示。

① 初始化所有的卷积核元素，使用随机值设置参数。

② 网络接收一张训练图像作为输入，经过各层卷积、非线性变换 ReLU 、池化操作及全连接层的前向传播过程，输出各个类别的概率。假设输入的是一张小汽车的图像，标签是（小汽车 =1，卡车 =0，飞机 =0，船 =0，马 =0），卷积神经网络实际输出结果为（小汽车 =0.1，卡车 =0.2，飞机 =0.1，船 =0.3，马 =0.3）。

③ 计算输出误差值。

$$\begin{pmatrix} 0.1 \\ 0.2 \\ 0.1 \\ 0.3 \\ 0.3 \end{pmatrix} - \begin{pmatrix} 1 \\ 0 \\ 0 \\ 0 \\ 0 \end{pmatrix} = \begin{pmatrix} -0.9 \\ 0.2 \\ 0.1 \\ 0.3 \\ 0.3 \end{pmatrix}$$

④ 根据输出误差值，使用梯度下降算法按反向传播方向更新所有卷积核的权重值以及其他参数值，以便减小输出误差。更新完成后，如果用同样的图像再次作为输入，输出概率可能会是（小汽车 =0.5，卡车 =0.2，飞机 =0.15，船 =0.1，马 =0.05），表明网络通过权重和参数的调节，其输出值已经接近了正确的输出结果（1，0，0，0，0）。卷积神经网络各层运算结果示意图如图 5-33 所示。

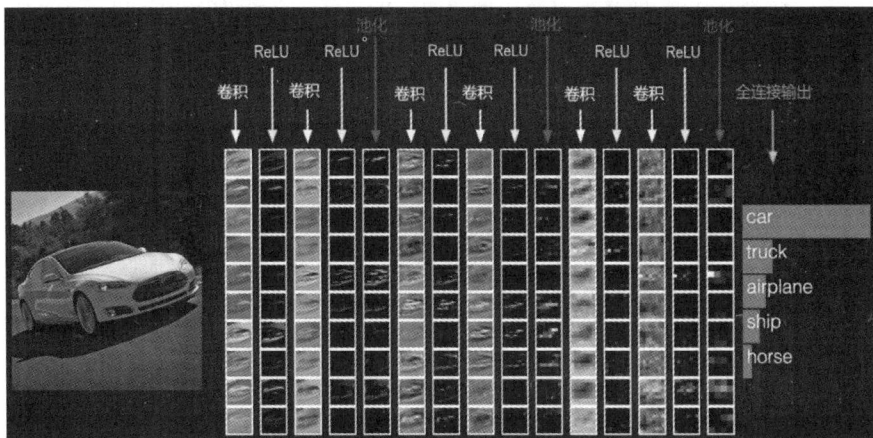

图 5-33　卷积神经网络各层运算结果示意图

⑤ 对训练数据中所有的图像重复步骤② ～ ④，直至完成训练。

训练完成后，当一张新的图像输入卷积神经网络后，网络将会再次进行前向传播过程，并输出各个类别的概率。如果训练数据集非常大，网络对新的图像有很好的泛化能力，那么新图像非常有可能被分到正确的类别中去。

5.4　人工智能开发工具

经过多年的发展，深度学习已成为新一代人工智能技术应用的核心。围绕着深度学习等新一代人工智能技术构建的开发框架与开发平台层出不穷，为新一代人工智能技术的开发与应用提供了极大的便利。

5.4.1　开发语言

Python 是由荷兰著名工程师吉多·范罗苏姆（Guido van Rossum）于 1990 年设计的一门编程语言，是目前最受欢迎的程序设计语言之一。

Python 是一种面向对象、解释型、弱类型的脚本语言，也是一种功能强大且完善的通用型语言，它具有简单易学、功能强大、可移植性强、可以动态编程等特点。相对于 Java、C/C++，Python 的运行效率要稍微低些，但由于 Python 的简洁性、易读性、完美的生态环境以及强大的功能，人工智能各大主流框架基本都支持 Python，其使用率一直在增长。目前，Python 在机器学习领域独领风骚，是开发新一代人工智能软件的首选程序设计语言。

5.4.2　开发框架

开发框架是一个可以复用的软件架构解决方案，它规定了应用的体系结构，阐明软件体系结构中各层次间及层次内部各组件间的依赖关系、责任分配和控制流程，表现为一组接口、抽象类以及实例间协作的方法，为组件复用提供了上下文关系。成熟的框架一般都经过很多人使用，具有稳定性高、性能好、可重用、可扩充和可升级等优点，采用成熟的框架开发软件系统，相当于让框架完成许多基础工作，开发人员只需在此基础上集中精力完成本系统的业务逻辑设计即可完成整个系统的开发，这样就可以缩短大型应用软件系统的开发周期，提高开发质量。

机器学习，特别是深度学习技术，发展到今天变得越来越复杂了。为了简化开发，降低开发难度，不少大公司及科研机构开发了支持深度学习的机器学习框架。有了这些框架，开发人员可以在一个通用功能已经实现的基础上开始具体的机器学习软件开发，这样，复杂的机器学习模型的开发被大大简化，机器学习软件也就不再那么难以开发了。正因为如此，机器学习框架已成为目前人工智能开发者的必用利器。以下介绍几种主流的机器学习框架。

1. TensorFlow

TensorFlow 是一个由 Google 公司的人工智能团队于 2015 年开发完成的开源的机器学习框架，该框架里面有完整的数据流向与处理机制，封装了大量高效、可用的算法及搭建深度神经网络的函数，被广泛应用于各类机器学习算法的编程实现，是目前最热门的机器学习框架之一，其主要特点如下。

① 灵活。TensorFlow 是一个使用数据流图进行数值计算的开源软件库，图运算是其基本特点，通过图上的节点变量可以灵活地控制训练中各个环节的变量，在不使用低级语言的情况下开发出新的复杂层类型。当然，灵活的操作会增加使用复杂度，在一定程度上增加了学习成本。

② 成熟。TensorFlow 是目前世界上使用最多的机器学习框架，拥有庞大的开发者群体和大量的成功案例，积累了丰富的开发经验，框架非常可靠稳定，成熟度稳居主流框架之首。

③ 通用。TensorFlow 是一个基于 Python 的机器学习框架，也支持 C/C++、Java 等所有流行语言的调用，可以在 macOS、Linux、Windows 系统上开发，其编译好的模型几乎适用于当今所有的平台系统（包括移动平台和分布式平台），可以满足各种使用者的需求。

④ 便捷。TensorFlow 是一个端到端的开源的机器学习框架，它拥有一个全面而灵活的生态系统，其中包含各种工具、库和社区资源，既可助力研究人员创新机器学习技术，也可使开发者轻松地构建由机器学习提供支持的应用并部署到工业生产中。

2. PyTorch

PyTorch 是一个由 Facebook 人工智能研究院开发的开源的 Python 机器学习框架，它不仅能够实现强大的 GPU 加速，同时还支持动态神经网络。自 2017 年推出以来，PyTorch 受到越来越多的机器学习从业者的青睐，已成为继 TensorFlow 之后最受欢迎的机器学习框架。PyTorch 具有以下特点。

① PyTorch 优先支持 Python，其用法更贴近 Python。这不仅降低了 Python 用户理解的门槛，也能保证代码基本跟 Python 一致，降低了学习的门槛，比 TensorFlow 更容易上手。

② PyTorch 是相当简洁且高效、快速的框架，具有灵活易用的接口，设计上非常符合人类思维，可以让用户尽可能地专注于实现自己的想法，而不需要考虑太多关于框架本身的束缚。

③ PyTorch 具有动态计算图机制，程序可以在执行时灵活地动态构建、调整计算图。如果计算图运行出错，开发者可以在堆栈跟踪中看到哪一行代码导致了错误。PyTorch 的调试和 Python 的调试一样非常方便，通过断点检查就可以高效解决问题，非常适宜深度神经网络的调试。

④ PyTorch 的设计遵循高维数组、自动求导、神经网络模块 3 个由低到高的抽象层次，3 个抽象层次之间的联系紧密，可以同时进行修改和操作，其 API 简单直观，底层代码也易于理解。

⑤ PyTorch 提供了完整的文档与循序渐进的指南，且作者亲自维护论坛并与用户交流，开发人员遇到问题能得到有效解决。

3. PaddlePaddle 框架

PaddlePaddle 框架是由百度开发的开源深度学习框架。该框架不仅易学、易用、高效和可扩展，而且百度还基于该框架提供了一整套工具组件和配套服务，可以助力深度学习技术更方便地应用到各个领域。与其他框架相比，PaddlePaddle 框架有以下 4 个特点。

① PaddlePaddle 框架兼容动态图和静态图两种编程方案，既易于跟踪调试又保留了训练速度快的特点。此外，PaddlePaddle 框架提供对顺序、分支和循环 3 种执行结构的支持，可以组合描述任意复杂的模型。

② PaddlePaddle 框架除了支持用户编写深度学习模型外，还提供了大量的预训练模型。有了这些预训练模型，多数工业实践任务就不需要从头编写，而是在相对标准的预训练模型上进行微调和优化即可上线应用，这样，就大大降低了训练模型的难度。

③ PaddlePaddle 框架可以大规模分布式训练深度学习模型，具备大规模工业实践能力。

④ PaddlePaddle 框架适配包括国产芯片在内的多种类硬件芯片，可以把训练好的模型部署到各种类型的硬件设备中，进而便于深度学习技术在各种场景下的应用。

以上 3 种机器学习框架都支持深度神经网络开发。TensorFlow 稳定性高，性能好，成熟完善，适宜工业应用开发，更适合大规模部署，特别是需要跨平台和嵌入式部署；PyTorch 简洁高效、灵活易用，适合研究人员、初学者、中小规模项目开发；PaddlePaddle 框架最大的特点是高效易用、功能丰富，在特定的技术场景下，开发者只要根据自己的数据修改一些超参数就能训练好模型，特别有利于深度学习模型的分析和使用。

5.4.3　集成开发环境

集成开发环境（Integrated Development Environment，IDE）是一种集代码编写、分析、编译、调试和源代码控制等功能于一体的服务组合套装软件。它将代码编辑器、编译器（解释器）、调试器等常用的开发工具打包在一起并

扫码观看
微课视频

集成到单个图形用户界面中，进而可以统一发布、安装和使用，以便于开发者构建自己的应用程序。有了 IDE，开发人员可以快速着手为新应用编写代码，而无须在设置时手动配置和切换工具。此外，由于各个实用工具集成在同一个工作台中，开发人员也无须面对不同的工具分别花费时间来学习它们的使用方法，同时还可以借助 IDE 快速掌握团队的标准工具和工作流程。

当前，大部分机器学习应用软件均采用 Python 进行程序开发，支持 Python 的 IDE 有很多，下面介绍两种典型的 Python 集成开发环境。

1. PyCharm

PyCharm 是由 JetBrains 公司打造的一款专门面向 Python 的全功能集成开发环境，它带有代码编写、语法高亮、代码跳转、智能提示、自动完成、调试、单元测试、项目管理和版本控制等一整套可以帮助用户在使用 Python 进行开发时提高效率的工具，在 Windows、macOS 和 Linux 上都可以快速安装和使用。

PyCharm 拥有众多便利和支持社区。用它打开一个新的文件马上就可以开始编写代码，也可以马上在 PyCharm 中直接运行和调试 Python 程序，但是，PyCharm 存在加载较慢等问题。总之，PyCharm 为使用 Python 开发新一代人工智能软件提供了一组非常好的开发工具，是 Python 最常用的集成开发环境。PyCharm 的运行界面如图 5-34 所示。

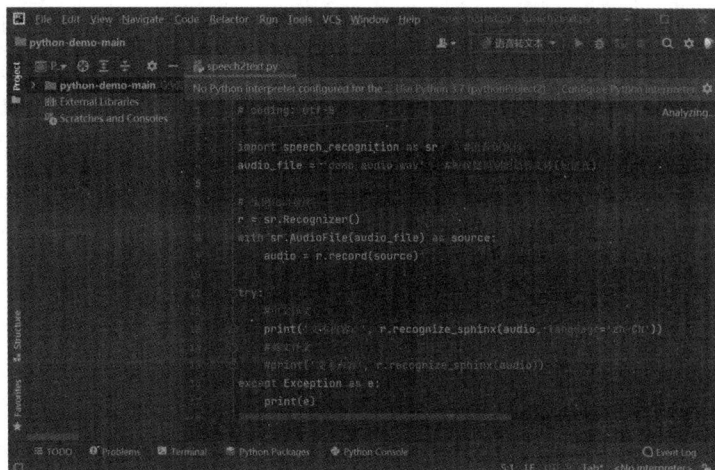

图 5-34 PyCharm 的运行界面

2. Jupyter Notebook

Jupyter Notebook 是一个基于 Web 的交互式计算开发环境。它能将实时运行的代码、叙事性的文本、数学方程和可视化内容全部组合到一个易于共享的文档中，可以在其中编辑文档、编写程序、运行代码和展示结果。这些特性使 Jupyter Notebook 成为一款执行端到端数据科学工作流程的便捷工具，可用于数据清理和转换、统计建模、构建和训练机器学习模型、可视化数据、大数据分析等工作，特别适合交互式计算和数据分析。

Jupyter Notebook 是从 IPython 项目演变而来的，它专注于使用 Python 进行交互式计算来应对科学计算的需求和工作流程。由于 Jupyter Notebook 的底层架构适用于任何交互式的编程语言，因此，现在 Jupyter Notebook 已经能够支持 40 多种编程语言，成为一个多功能、多语言的科学运算平台，非常适合人工智能的相关研究及教学展示。Jupyter Notebook 的运行界面如图 5-35 所示。

图 5-35 Jupyter Notebook 的运行界面

5.4.4 开发平台

新一代人工智能开发门槛高、效率低、算力昂贵，算法、框架复杂难懂，

扫码观看
微课视频

模型训练、部署费时费力。为了帮助企业或个人开发者迅速完成 AI 模型的构建、开发与部署，尽快完成相关业务的研发与上线，一些 AI 开发经验丰富的大公司建立了人工智能开发平台。这些平台通常架设在云上，以硬件架构、软件框架为基础，将算力资源、核心框架、基础模型、开发工具、API 或 SDK、开源代码、学习资源、社区等集成在一起开放给开发人员，形成全方位、全流程的开发环境，极大地简化了 AI 开发过程，降低了 AI 的开发门槛和使用门槛，满足了不同开发层次的需要。下面就来介绍几种国内主流的人工智能开发平台。

1. 飞桨开发平台

飞桨（PaddlePaddle）是百度自主研发的开源的深度学习开发平台。它集深度学习框架、基础模型库、端到端开发套件、工具组件和服务平台于一体，拥有兼顾灵活性和高性能的开发机制、工业级应用效果的模型、超大规模并行深度学习能力、推理引擎一体化设计及系统化服务支持的五大优势。自 2016 年开源以来，飞桨开发平台迅速引发全球开发热度，目前已成为全面开源开放、技术领先、功能完备的产业级深度学习平台，广泛应用于工业、农业、服务业等领域。

飞桨开发平台为经典机器学习和深度学习提供了从数据处理、模型构建、模型管理到模型部署的一站式 AI 开发服务，开发者无须关注底层资源管理、运维和开发环境准备，平台通过开箱即用的云端机器学习开发环境，可以帮助开发者更快地构建、训练和部署模型。

2. 智能钛机器学习平台

智能钛机器学习平台是腾讯公司基于腾讯云的强大计算能力为开发者打造的一站式机器学习开发平台。平台内置丰富的算法组件，支持多种算法框架，满足多种 AI 应用场景的需求，为用户提供了从数据接入、数据清洗、数据标注、模型构建、模型训练、模型评测、模型部署、在线服务、服务监控、应用编排和 AI 应用开发等全链路开发平台套件。

智能钛机器学习平台支持可视化建模，通过可视化的拖曳布局，组合各种数据源、组件、算法、模型、评估模块及部署模块，数据 I/O 可以自动连线。智能钛机器学习平台为开发者量身打造了交互式开发工具 Notebook，开发者可以在 Notebook 中完成数据准备、数据预处理、算法调试与模型训练。智能钛机器学习平台还提供了开源软件包 TI SDK，开发者只需要少量的适配即可使用 TI SDK 提交并运行自己的训练代码。

3. AI 开发平台 ModelArts

ModelArts 是面向开发者的一站式人工智能开发平台，由华为公司研发。ModelArts 提供全流程的 AI 开发服务，可以为机器学习与深度学习提供海量的数据预处理及交互式智能标注、大规模的分布式训练、自动化的模型生成，具有按需部署端—边—云模型的能力，能够帮助用户快速创建和部署模型，管理全周期的 AI 工作流，实现系统的平滑、稳定和可靠运行。

ModelArts 支持不同层次的 AI 开发者：业务开发者在开发工作中将不必关注代码和模型，使用自动机器学习功能即可迅速构建相关 AI 应用；AI 初学者不必关注模型的开发，只要使用预置算法功能即可构建 AI 应用；而对 AI 工程师来说，ModelArts 可以提供多种开发环境、操作流程和操作模式，方便开发者扩展编码，快速构建相关模型与应用。

以上介绍了人工智能的开发语言、开发框架、集成开发环境和开发平台。那么应该如何选择这些开发框架和开发平台？这主要取决于开发策略和路线。以开发深度学习应用软件为例，如果算法创新力度大，应用场景变化多，需要开发者自己完成算法设计、算法实现、算法训练、算法验证等步骤，一般应根据问题的技术特点选择合适的开发框架和集成开发环境进行软件开发；如果应用问题比较典型，现有的技术能够完全解决这些问题，则应该选择人工智能平台中丰富的预训练模型和一站式 AI 开发服务来完成软件开发。显然，第一种选择算法清楚，方法灵活，但开发难度大，开发周期长，对开发人员的要求比较高；而第二种选择开发简单，对开发人员的要求比较低，开发者可以将精力集中于实际业务中，但这种开发方法遇到问题变通算法比较困难，难以解决非典型的应用问题。

5.5 应用开发实例

从上一节内容可知，人工智能技术应用开发有两种途径：一种是开发者自己编写算法程序，另一种是调用别人已经编好的算法程序。本节主要使用后一种途径来解决图像分类、文本分类和语音识别问题，帮助读者进一步了解人工智能应用开发过程。

5.5.1 图像分类

图像分类问题是监督学习中的分类问题在计算机视觉领域的实例化，它的目标是对输入图像中的核心物体进行类别划分。图像分类问题是目标检测、图像分割等图像语义理解任务的基础，也是计算机视觉领域的核心问题之一。

2014 年，牛津大学计算机视觉组和 Google 旗下的 DeepMind 公司研究员在深度卷积神经网络 AlexNet 的基础上提出了 VGGNet。不同于以往的卷积网络使用 11×11、7×7、5×5 这些渐次递减的卷积核，VGGNet 在全部卷积层均使用了 3×3 的小卷积核，在加深卷积网络深度的同时，尽可能地减小网络参数增加的幅度，确保了训练的有效收敛。VGGNet 根据网络总层数的不同分为 VGG16 和 VGG19，VGG16 共包含了 16 个卷积层，由 3×3 的卷积层和 2×2 的最大池化层交替构成，最后由靠近输出端的 3 层全连接层将特征图映射为分类向量，其结构如图 5-36 所示。

本小节将以 VGG16 为例讲解如何使用在 ImageNet 上预训练好的 VGG16 网络对给定的图片进行分类。为了能够在同一平台下通过统一流程熟悉不同的深度学习应用，我们选择百度飞桨开发平台作为代码示例的演示平台。百度飞桨提供了预训练模型库 PaddleHub，它涵盖了计算机视觉、文本处理、语音识别等众多方向的官方模型。

① 为了能够使用预训练模型 PaddleHub，需要在 Python 中安装百度飞桨软件包。读者可以自行根据操作系统安装方式和 cuda 版本在百度飞桨的主页选择合适的飞桨版本和安装命令进行安装，如图 5-37 所示。在 Python 中运行如下命令验证安装结果：

扫码观看
微课视频

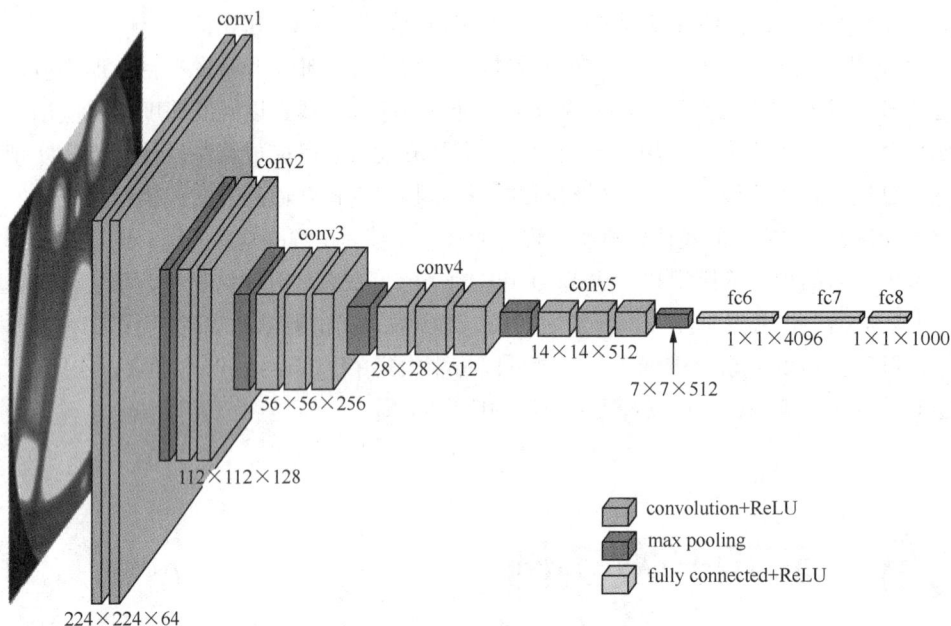

图 5-36　VGG16 网络结构示意图

```
import paddle.fluid
paddle.fluid.install_check.run_check()
```

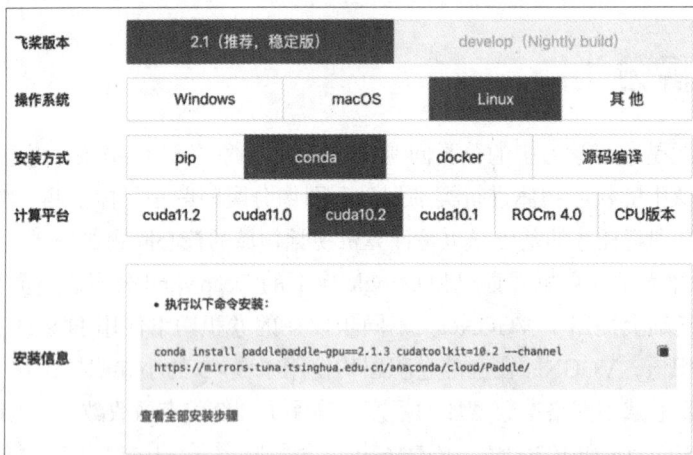

图 5-37　安装百度飞桨

② 为了使用预训练模型，需要使用如下指令在 Python 中安装模型库 PaddleHub：

```
pip install paddlehub
```

③ 新建一个名为 image_classification.py 的 Python 文件，文件中程序代码如图 5-38所示。

程序的开端导入了显示图像需要用到的 matplotlib 模块，以及飞桨的 paddlehub 模型库模块。接下来，定义了用来对图像进行分类的函数 image_classification()。在该函数中，model = hub.Module(name="vgg16_imagenet") 语句将预训练的模型加载到 model，参数 name 指明要加载的模型是在 ImageNet 上训练好的 VGG16。如果是第一次加载模型，该语句会将模型下载到本地。

```
import matplotlib.pyplot as plt
import paddlehub as hub
def image_classification():
    # 加载 vgg 模型
    model = hub.Module(name="vgg16_imagenet")
    # 设置测试图像路径
    test_img_path = "./data/images/puppy.jpg"
    input_dict = {"image": [test_img_path]}
    # 显示测试图像
    img = plt.imread(test_img_path)
    plt.imshow(img)
    plt.axis('off')
    plt.show()
    # 使用训练好的模型对测试图像进行分类
    results = model.classification（data=input_dict）
    # 输出分类结果
    for result in results:
        print(result)
if __name__ == "__main__":
    image_classification()
```

图 5-38　用预训练的 VGG16 进行图像分类的程序代码

input_dict 定义了一个字典结构，关键字 image 对应的 test_img_path 用来存储待分类图像的路径及文件名。这里只提供了一张待分类图像，其存储路径和文件名为 "./data/images/puppy.jpg"。使用 plt.imread() 函数把待分类的图像从文件读入列表 img，然后通过 imshow() 等语句将 img 中的图像显示出来，显示结果如图 5-39 所示。

图 5-39　待分类图像

图像显示以后，下面的语句会读入 input_dict 中的待分类图像作为数据 data，并使用训练好的模型 model 对它进行分类，分类结果保存在 results 中。

```
results = model.classification（data=input_dict）
```

这里，模型 model 会将输入的图像映射到一个类别分布上。由于 ImageNet 包含 1000 个分类类别，这个分布就会对其中的每一个类别分配一个概率值，概率值最大的类别即为分类结果。因此，打印 results 中的内容，会从中得到如下的分类结果：

```
[{'Pomeranian': 0.8621419072151184}]
```

其中，'Pomeranian' 代表的是分类结果为"博美犬"，0.8621419072151184 代表为该类别的概率，即分类置信度达到 86%。

5.5.2 文本分类

文本分类问题是自然语言处理领域里的一个基本任务，它要求根据一段不定长的文本内容来判断文本相应的类别，也就是说，文本分类任务要求模型将句子、段落等输入文本序列映射成一个和任务相关的标签。与图像分类一样，文本分类也属于监督学习中的分类问题，不同的是，文本分类的分类对象不再是一个像素矩阵，而是一个汉字或单词序列 $x=(x_1, x_2, \cdots, x_n)$。自然语言处理的诸多分支任务，都是在对这种语言序列结构进行建模的基础上进行的，这种语言序列的概率模型被称为语言模型。在这种语言序列中，每句话的长度是不一样的，每个词的前后是有关系的。由于前馈神经网络的输入和输出维数都是固定的，不能任意改变，而前馈神经网络的输出只依赖于当前的输入，因此，前馈神经网络不适合处理这类变长的序列数据。

循环神经网络（Recurrent Neural Network，RNN）是一类以序列数据为输入，在序列的演进方向进行递归且所有循环单元按链式连接的神经网络，它通过使用自带反馈的神经元，能够处理任意长度的序列数据，可以实现某种"记忆功能"，特别适合处理自然语言、语音识别等方面的问题，也是深度学习的代表模型之一。

一个典型的循环神经网络包含一个输入层、一个输出层和一个隐藏层，隐藏层由神经元组成（见图 5-40 左侧），这些与传统神经网络没有太大的区别。和传统神经网络不同的是，循环神经网络的神经元不仅与输入和输出存在联系，而且自身存在一个回路，该回路意味着上一个时刻的网络状态信息将会作用于下一个时刻的网络状态。也就是说，当前的状态不但与当前时刻的输入有关，而且与前面的隐藏层状态有关，如果将循环神经网络按时序展开，则形成一个图 5-40 右侧所示的链式连接的神经网络。

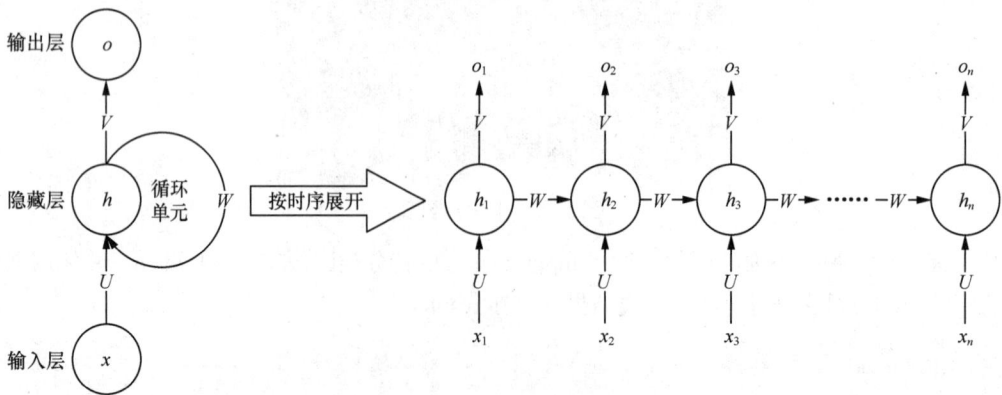

图 5-40 循环神经网络结构（左）和循环神经网络按时序展开后的结构（右）

在图 5-40 中，U 是输入层到隐藏层的连接权重，W 是上一次的状态到隐藏层的连接权重，V 是隐藏层到输出层的连接权重，这些参数值在各个时间节点上是不变的，这样就实现了参数共享。如果进一步细化某一时刻隐藏层的内部结构，可以得到图 5-41 所示的循环神经网络隐藏层内部结构图。

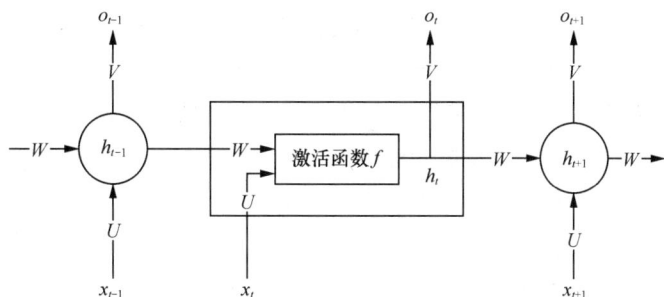

图 5-41　循环神经网络隐藏层内部结构

从图 5-41 中可以看出，隐藏层的输入包含两个部分，一个是当前输入 x_t，另一个是上一个时刻的隐藏层状态 h_{t-1}，这里 h_{t-1} 是由当前时刻 t 之前的所有输入信息 $x_1,\cdots,x_{t-1}$ 压缩而成，代表 t 时刻之前所有的输入信息。隐藏层的输出也包含两部分，一个是当前时刻 t 的隐藏层状态 h_t，另一个是当前时刻 t 的输出 o_t。h_t 基于上一个时刻的隐藏层状态和当前时刻的输入进行计算，即 $h_t = f(U \cdot x_t + W \cdot h_{t-1})$，其中函数 f 通常是非线性函数，一般选择 ReLU 或 Tanh 函数；o_t 的计算和使用要依据具体任务而定，不一定每个时刻都有输出 o_t。

　　例如，情感分析是一类特殊的文本分类任务，它对带有主观描述的文本进行二元分类，即根据一段文本判断该文本是正面评价还是负面评价。如要判断"他是一个好学生"这句话是正面评价还是负面评价，就不需要判断每一个词的情感，而仅需要关注最后一个状态的输出就可以了。因此，循环神经网络可以设计成图 5-42 所示的结构。

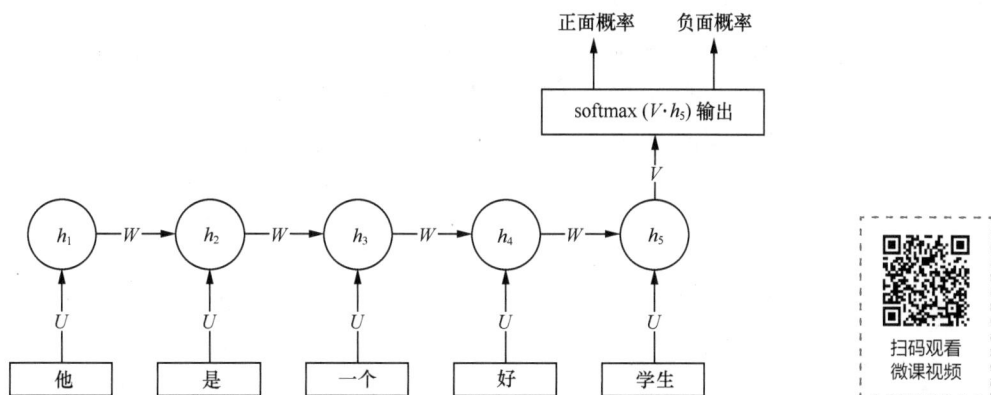

图 5-42　用于情感分析的循环神经网络结构

　　从图 5-42 可以看出，循环神经网络首先将句子里的第一个词"他"输入循环神经网络产生第一个隐藏状态 h_1，此时隐藏状态 h_1 便包含了第一个词"他"的信息；下一步将第二个词"是"作为循环神经网络的输入，循环神经网络将第二个词的信息同第一个隐藏状态 h_1 进行融合产生第二个隐藏状态 h_2，如此则第二个隐藏状态 h_2 便包含了前两个词"他"和"是"的信息；使用同样的方法依次将句子里所有的词输入神经网络，每输入一个词都会同前一时刻的隐藏状态进行融合产生一个包含当前词信息和前面所有词信息的隐藏状态。当把整个句子所有的词输入进去之后，最后的隐藏状态理论上包含所有词的信息，它可以作为整个句子的语义向量表示，该语义向量通过 softmax 函数就可以输出正面评价和负面评价的概率了。

　　虽然循环神经网络从理论上可以建立长时间状态之间的依赖关系，但是过深的网络结构也使模型丧失了学习先前信息的能力，无法实现长时记忆。为了解决长距离依赖问题，在标准循环神经网络的基础上进行改造得到长短时记忆网络（Long Short-Term Memory，LSTM），该网络模型可以实现长时记忆，是目前最流行的一种解决方案。

有了 LSTM 作为基础，我们只需要对 LSTM 模型稍加增、改、组合，就可以完成文本分类、语言翻译、语音识别、甚至问答系统等一系列下游任务。下面依然借助百度飞桨平台，使用其提供的预训练模型 Senta 对输入的文本进行情感分析。

Senta 是目前最好的中文情感分析模型，它提供 LSTM 等 3 种不同的模型结构。图 5-43 所示的代码以单向 LSTM 模型为例讲解如何使用预训练模型将待分析的文本分为"正面（positive）"和"负面（negative）"两种类别。

首先通过 hub 加载名为"senta_lstm"的模型，然后将待分析的文本存储在 test_text 列表中。将 test_text 列表作为输入，调用模型的 sentiment_classify() 函数进行分类，最后，输出分类结果。具体代码如图 5-43 所示。

```python
import paddlehub as hub
def sentiment_analysis():
    senta = hub.Module(name="senta_lstm")
    test_text = [
        " 这是一部波澜壮阔的史诗 ",
        " 这家餐厅不好吃 "
    ]
    results = senta.sentiment_classify(texts=test_text)
    print("-----------------------------")
    for result in results:
        print (" 测试语句 : %s"%result['text'])
        print (" 测试结果 : %s"%result['sentiment_key'])
        print (" 正面概率 : %s"%result['positive_probs'])
        print (" 负面概率 : %s"%result['negative_probs'])
        print ("-----------------------------")
if __name__ == "__main__":
    sentiment_analysis()
```

图 5-43　用预训练的 Senta-LSTM 模型进行情感分析

以下为输出的分类结果：

```
-----------------------------
测试语句 : 这是一部波澜壮阔的史诗
测试结果 : positive
正面概率 : 0.8632
负面概率 : 0.1368
-----------------------------
测试语句 : 这家餐厅不好吃
测试结果 : negative
正面概率 : 0.0811
负面概率 : 0.9189
-----------------------------
```

其中，对于每一个测试语句，模型都给出了其分类标签作为测试结果，并给出了正面和负面两种评价的分类概率作为分类置信度。

5.5.3　语音识别

语音识别技术旨在将语音信号识别并转化为相应的文字，适用于语音指令、

扫码观看
微课视频

语音内容分析、机器人对话、实时语音转写等众多应用场景，特别是在当今智能手机、计算机、各类型智能助手普及的万物互联时代，以语音识别技术为依托的人机交互应用更是遍布日常生活的各个角落，为信息产业带来了巨大的商机和深刻的变革。

物理学告诉我们，声音是一种波，在计算机中，语音被存储成一个波形文件。为了方便和文字之间建立映射，语音波形需要被分割成帧，而同时，文本又是由文字组成的线性序列。因此，语音识别任务可以被认为是帧序列到文字序列的转换。

要把帧序列转换成文字序列，需要确定发音单位。发音单位可以是音素，也可以是音节。为了简化问题，假定发音单位选择的是音节，则一个汉字的拼音可以看作一个音节。语音识别需要通过声学模型把帧序列转换为音节序列，然后通过语言模型再把音节序列转换为文字序列。例如，输入一段"祖国好"的音频，先要把它转换为音节序列"zu guo hao"，然后再把"zu guo hao"转换为汉字"祖国好"。具体转换过程如图 5-44 所示。

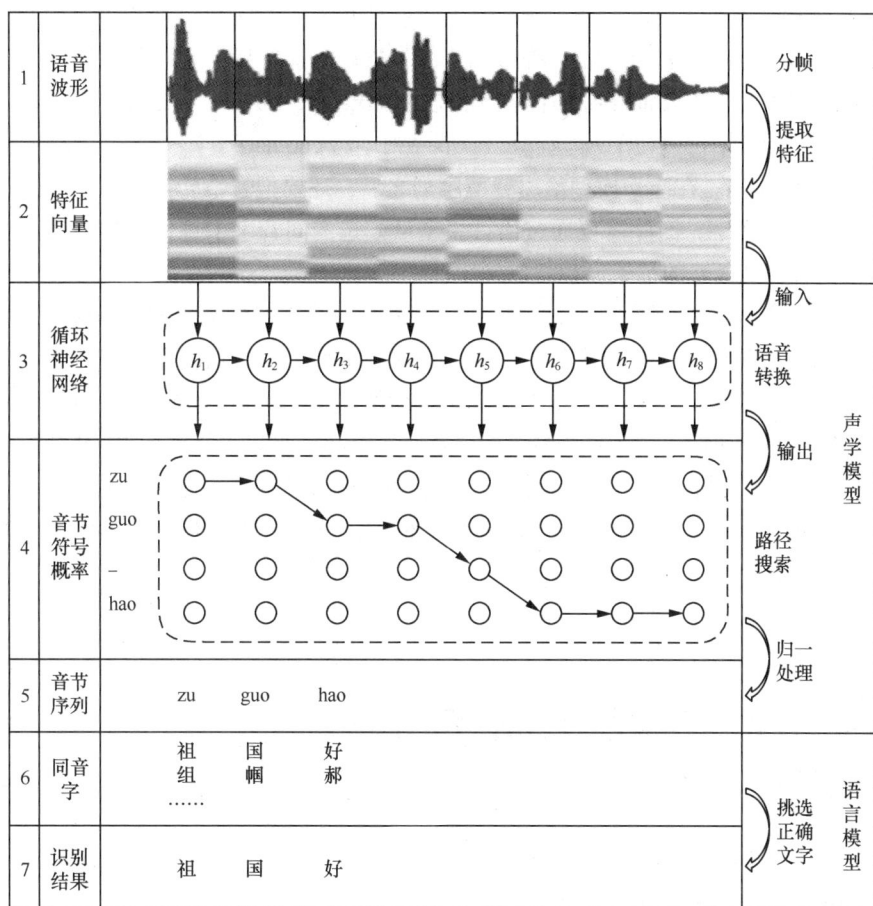

图 5-44　语音识别过程示意图

从图 5-44 可以看出，语音识别主要按以下步骤进行：

① 分帧。语音是一个不定长的波形，所要识别的音节长度也不固定。要对语音进行分析，需要先通过移动窗口把语音波形切分为等间隔的若干小段波形，如图 5-44 第 1 行所示。其中，每一小段波形称为一帧，每帧长度通常为 25 毫秒。

② 提取特征。分帧后，语音变成了很多小段，但每小段波形中与语音识别相关的信息被

淹没在大量无关信息中。为此，需要根据人耳的生理特性提取每一帧波形的声学特征，把每一帧波形变成一个多维的特征向量，使每个特征向量中只包含与语音识别最相关的信息。特征向量根据其大小可以被表示成图 5-44 第 2 行所示的声谱图，它构成的序列被依次输入声学模型。

③ 语音转换。声学模型可以把输入的特征向量转换为音节符号，更准确地说是声学模型给出特征向量属于某个音节符号的概率。由于特征向量代表的语音帧之间具有长时相关性，因此，可以选用图 5-44 第 3 行所示的循环神经网络作为声学模型的主干部分。循环神经网络按时序把输入的语音特征向量转换成图 5-44 第 4 行所示音节符号出现的概率。

④ 路径搜索。根据音节符号出现的概率，通过搜索找出最可能与特征向量序列匹配（条件概率最大）的路径，从而得到图 5-44 第 4 行箭头所示路径上的音节序列"zu zu guo guo_hao hao hao"。

⑤ 归一处理。由于人说话发音是连续的，且中间也会有"停顿"，所以输出的音节序列中存在重复的元素，也存在表示间隔的符号"_"，需要在搜索过程中通过归一处理把路径中重复元素及间隔符号去掉，从而得到声学模型最终的输出结果。例如，"zu zu guo guo _ hao hao hao"归一处理后得到图 5-44 第 5 行所示的音节序列"zu guo hao"。

⑥ 挑选正确文字。在声学模型给出音节序列之后，还要把音节转换成文字。由于一个音节可能对应多个同音字，因此需要通过语言模型从候选的同音字中挑选出概率最大的文字序列进而得到语音识别最终的结果。

基于上述语音识别基本原理，百度提出了 Deep Speech 2 端到端深度学习模型，该模型在中文普通话和英语两种语言上均达到了国际领先的识别率，被成功应用于实时语音识别、音频文件转写等多种场景。Deep Speech 2 以语音帧序列为输入，以汉字或英文字母序列为输出。其中，每一帧由归一化的声谱图作为特征向量进行表征，模型以多层双向 RNN 结构为核心完成序列之间的转换，语音端和文字端分别加入卷积和全连接层帮助进一步提取特征。目前，百度飞桨平台提供了预训练好的 Deep Speech 2 模型，读者可以自行下载模型，或者在线试用其语音识别产品。

5.6 人工智能与伦理道德

扫码观看
微课视频

当前，人工智能浪潮方兴未艾，在很多领域展示出巨大的应用前景。然而，机遇与挑战并存，随着人工智能技术的不断发展，它引发的伦理道德和法律问题不断出现，人类社会道德秩序遭到前所未有的伦理挑战。如何划定人工智能发展的道德边界、如何处理好人工智能和社会协调发展之间的关系是目前人工智能发展中一项亟待解决的问题。那么，人工智能会带来哪些伦理道德和法律方面的挑战？

1. 自动驾驶技术涉及的伦理和法律问题

自动驾驶技术是一种通过计算机系统实现无人驾驶汽车的技术，它在 21 世纪初呈现出接近实用化的趋势，是现代社会极为关注的人工智能技术应用之一，也是未来驾驶的发展趋势。然而，一旦具有自主性和智能化的自动驾驶技术得以应用推广，必然面临伦理学上的"隧道难题"以及相关法律法规不完善等问题。

伦理学上的"隧道难题"提出：假如载有乘客的一辆自动驾驶汽车驶入单行道隧道，在隧道入口处突然有一个儿童跑到了路中央，此时自动驾驶汽车只有两种选择，一种选择是继续驶向入口撞向儿童，另一种选择是急速转向撞到隧道两旁的墙壁，从而造成汽车内乘客的死亡。两种选择都会造成人身安全受损，自动驾驶程序在遇到这种无法避免的伤害情形中，应首先保护车外的儿童还是车内的乘客？其伦理选择指向乘车人员的自我牺牲还是牺牲掉路人的利益，这一难题凸显了车内人员与路人之间的利益冲突，是自动驾驶技术发展面临的伦理困境。

此外，自动驾驶技术也对传统的法律法规和社会规范提出了挑战。例如，2018 年 3 月 18 日晚上，美国亚利桑那州一名横穿马路的女子被优步自动驾驶汽车撞伤，之后不幸身亡。这一事件让人们对自动驾驶技术的安全性产生了进一步的怀疑，无人驾驶汽车一旦出现交通事故，究竟该归因于开发产品的企业、产品拥有者还是人工智能产品本身？这些法律问题将成为自动驾驶技术应用面临的巨大挑战。

从以上内容可以看到，即使现在无人驾驶汽车技术已经比较成熟，但在实际应用时还存在不少伦理和法律问题。

2. 人工智能发展可能会侵犯个人信息权和隐私权

个人信息权和隐私权是公民的基本权利，尊重个人信息权和隐私权是社会文明进步的显著标志。然而，伴随云计算、大数据、5G 等网络媒介技术的迅猛发展，各类数据信息采集无时不有、无处不在，几乎每个人都被置于数字化空间之中。应用人工智能技术，数据掌控者可以基于不完全的、模糊的碎片数据提取出一些有用的个人信息进而形成"用户画像"。这样，个人很可能失去了对自身隐私的控制，一些隐私甚至可能处于随时被窥探的状态。此外，随着人工智能技术的发展，数据的价值不断攀升，数据成为越来越珍贵的资产，一些不法分子乘机贩卖数据获取利益，严重侵犯了个人信息权和隐私权。

3. 人工智能可能会产生算法偏见

人工智能的算法决策在很多时候其实就是用过去的数据预测未来的趋势，算法模型和数据输入决定着预测结果，因此，算法偏见既有可能来自训练数据，也有可能来自算法设计人员的价值观嵌入。例如，用来自互联网上的数据训练一个问答系统，这些训练数据中的一部分数据可能存在种族歧视，如果这部分带有种族歧视的数据未做筛选，用这些数据训练出来的模型自然会带上种族歧视的影子，当问答系统回答问题时，也就有可能出现带有种族歧视的回答。更进一步，算法决策是在用过去预测未来，而过去的歧视作为系统反馈可能会强化这种错误，从而使算法倾向于将歧视固化并在未来得到加强。

4. 人工智能对社会公平的影响

随着互联网和人工智能技术的广泛应用，信息的不对称、不透明以及信息知识技术门槛，客观上会导致并加剧信息壁垒、数字鸿沟等违背社会公平原则的现象与趋势。目前，还有大量不会上网、无法上网以及不愿触碰互联网的"边缘人"，而人工智能对人们的文化水平、信息技术的掌握程度又有了更高的要求。人工智能技术越发达，数字鸿沟就越深，"边缘人"也就越难享受到便捷的智能信息服务，从而也就更不易获得紧缺的服务资源。此外，尽管人工智能也会推动进一步的专业化分工和创造新的工作机会，但并非所有人都有能力迈过技术性和社会性壁垒，人们对人工智能引发失业问题的担忧并非全无道理。

5. 人工智能产生的权利不对称问题

人工智能会产生权利不对称问题。企业可以借助人工智能了解人的偏好和行为，甚至超过用户对自己的了解，这样，企业就可以利用这种巨大的权利不对称达到自己的目的，而用户则在不知不觉中处于弱势地位。例如，某些不良企业利用自己掌握的消费者数据，采用人工智能技术预测客户的消费行为，然后针对不同消费特征的客户，对同一产品或服务在相同条件下设置差异化的价格，误导、引诱客户消费，从而获取高额利润。

为了让人工智能在正确的轨道上发展壮大，我们必须要做好以下几个方面的事情。

① 人工智能技术应该使尽可能多的人群获益，技术所带来的福利和便捷应让尽可能多的人群共享。在提供人工智能产品和服务时，应充分尊重和帮助弱势群体、特殊群体，并根据需要提供相应替代方案，使均等的智能服务惠及不同地区、不同行业和不同群体，让全体人民公平共享人工智能带来的益处。

② 充分尊重个人的知情权、同意权和选择权，完善个人同意授权和数据撤销机制，依照合法、正当、必要和诚信原则处理个人信息，反对任何窃取、篡改、泄露和其他非法收集与利用个人信息的行为，保障个人隐私与数据安全。

③ 人工智能企业应加强人工智能管理和人工智能伦理道德教育，增强企业社会责任感和企业个人自律意识，加强人工智能研发相关活动的自我约束和自我管理，不从事违背伦理道德的人工智能研发。同时，在数据采集和算法开发中，加强伦理审查，充分考虑差异化诉求，避免可能存在的数据与算法偏见，努力实现人工智能系统的普惠性、公平性和非歧视性。

④ 在人工智能算法设计、实现、应用等环节提升透明性、可解释性、可理解性、可靠性、可控性，逐步实现人工智能系统可验证、可审核、可监督、可追溯、可预测、可信赖，使人工智能技术更加安全、透明、可靠。

⑤ 人工智能开发并不仅是一个技术问题，它还涉及伦理道德和法律问题。因此，在开发人工智能系统或产品时，既要遵守相应的法律法规，也要将伦理道德原则融入技术领域。如对于"隧道难题"，由于无人驾驶情景下道德决策是由驾驶汽车的人工智能系统决定的，因此不论现实情景中发生什么变故，系统都将按照既定伦理原则做出判断和选择。这就要求系统设计者不仅技术过硬，还必须具有扎实的伦理学知识，只有这样才能在算法系统中嵌入合理、恰当的伦理原则。

人工智能技术是一把"双刃剑"。人类在享受人工智能红利的同时必须要充分认识到人工智能技术发展带来的问题，特别是人工智能技术应用中存在的伦理和法律问题。随着人工智能向更高层次的应用和飞跃式发展，人工智能技术在社会应用中面临的伦理、道德和法律问题必将受到越来越多的关注。

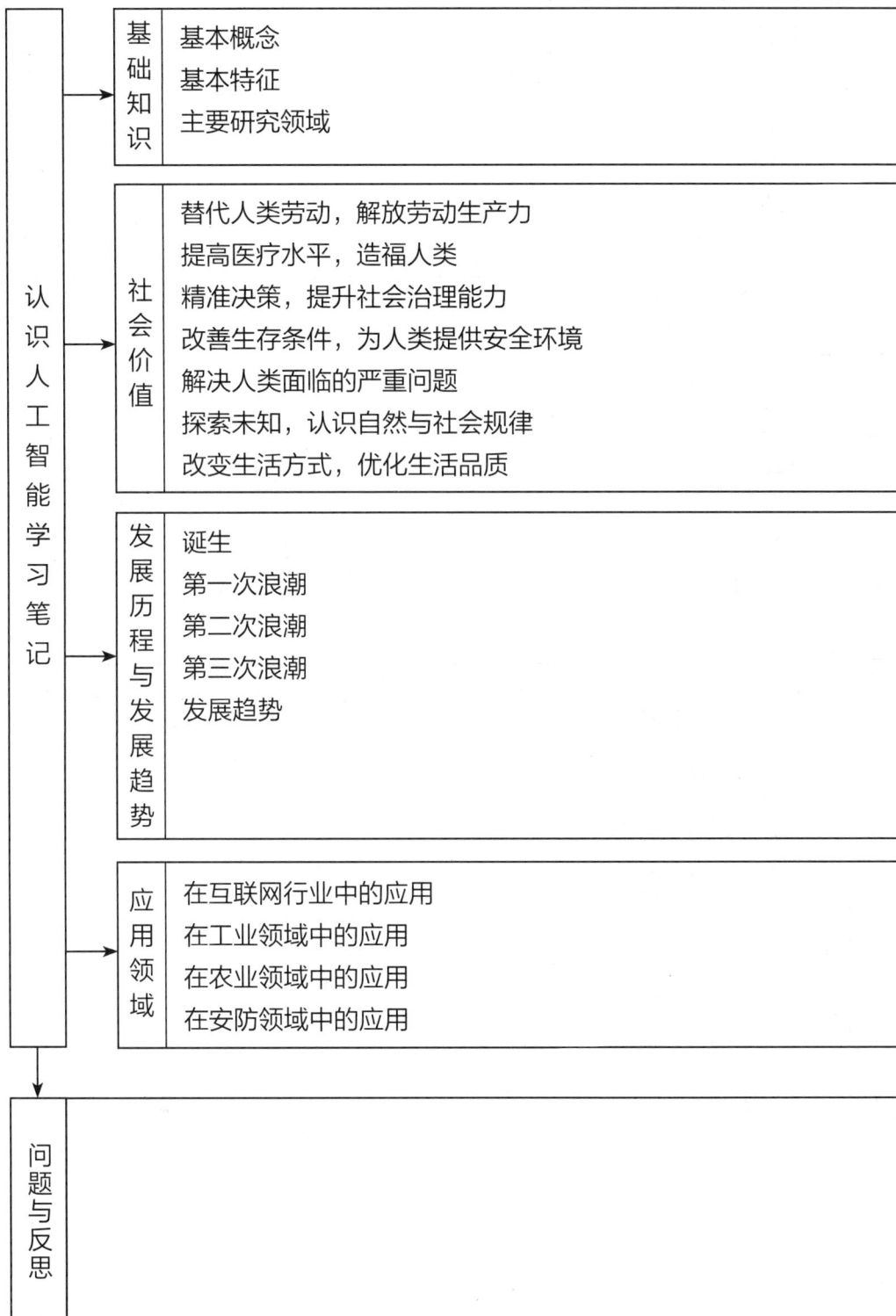

【学习笔记】

认识人工智能学习笔记	基础知识	基本概念 基本特征 主要研究领域
	社会价值	替代人类劳动，解放劳动生产力 提高医疗水平，造福人类 精准决策，提升社会治理能力 改善生存条件，为人类提供安全环境 解决人类面临的严重问题 探索未知，认识自然与社会规律 改变生活方式，优化生活品质
	发展历程与发展趋势	诞生 第一次浪潮 第二次浪潮 第三次浪潮 发展趋势
	应用领域	在互联网行业中的应用 在工业领域中的应用 在农业领域中的应用 在安防领域中的应用
问题与反思		

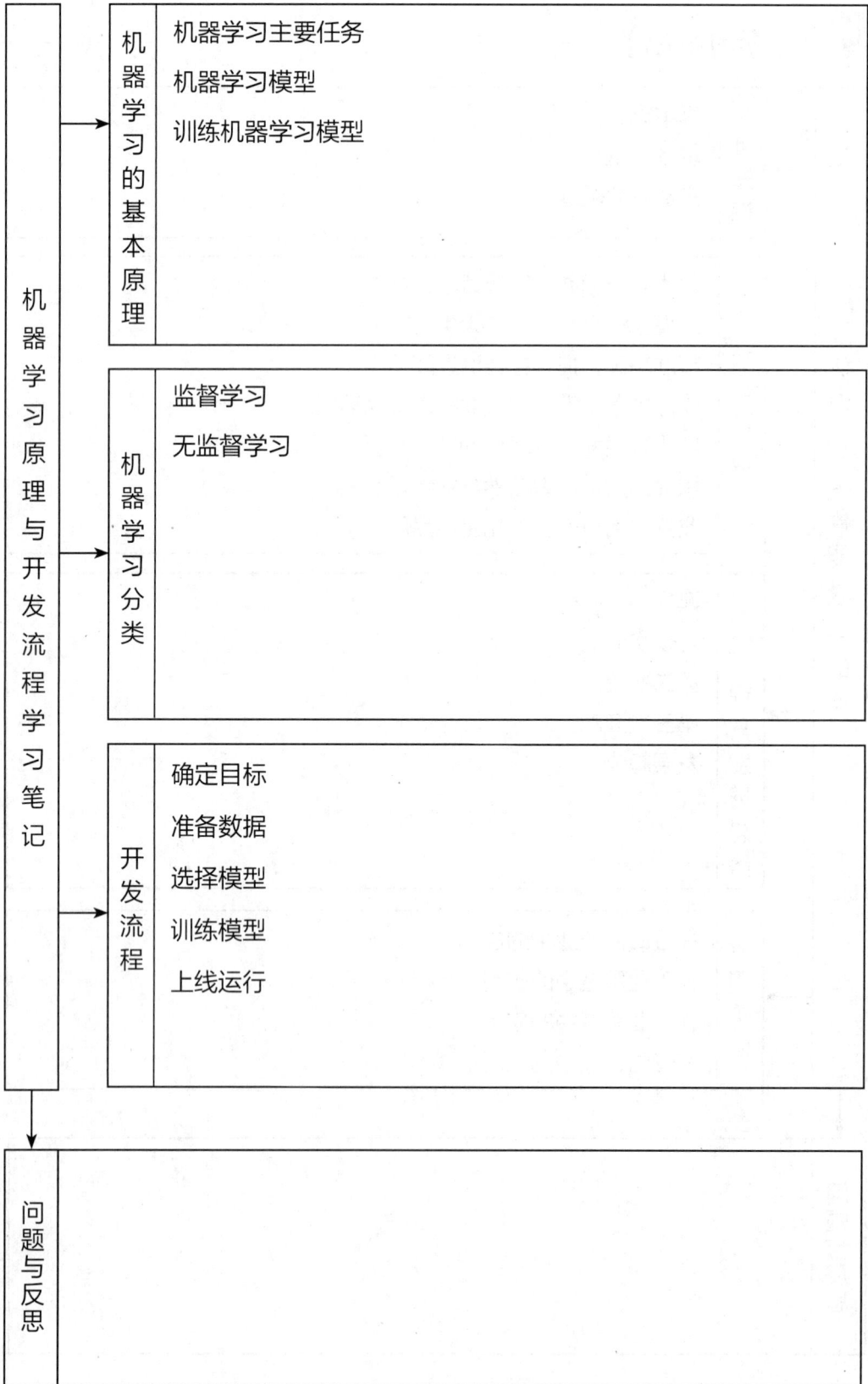

机器学习原理与开发流程学习笔记	机器学习的基本原理	机器学习主要任务 机器学习模型 训练机器学习模型
	机器学习分类	监督学习 无监督学习
	开发流程	确定目标 准备数据 选择模型 训练模型 上线运行

问题与反思	

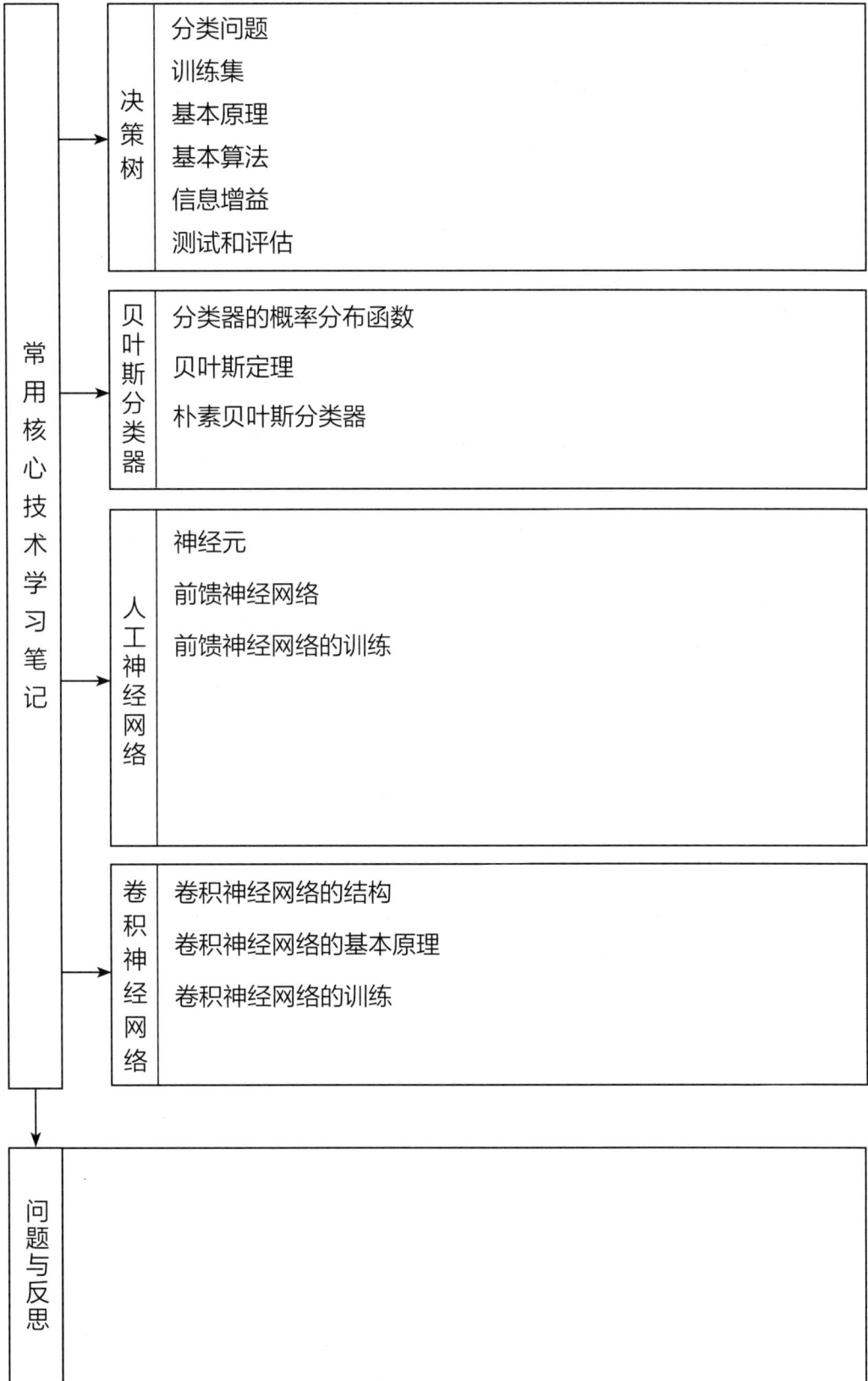

决策树	分类问题 训练集 基本原理 基本算法 信息增益 测试和评估
贝叶斯分类器	分类器的概率分布函数 贝叶斯定理 朴素贝叶斯分类器
人工神经网络	神经元 前馈神经网络 前馈神经网络的训练
卷积神经网络	卷积神经网络的结构 卷积神经网络的基本原理 卷积神经网络的训练

常用核心技术学习笔记

问题与反思

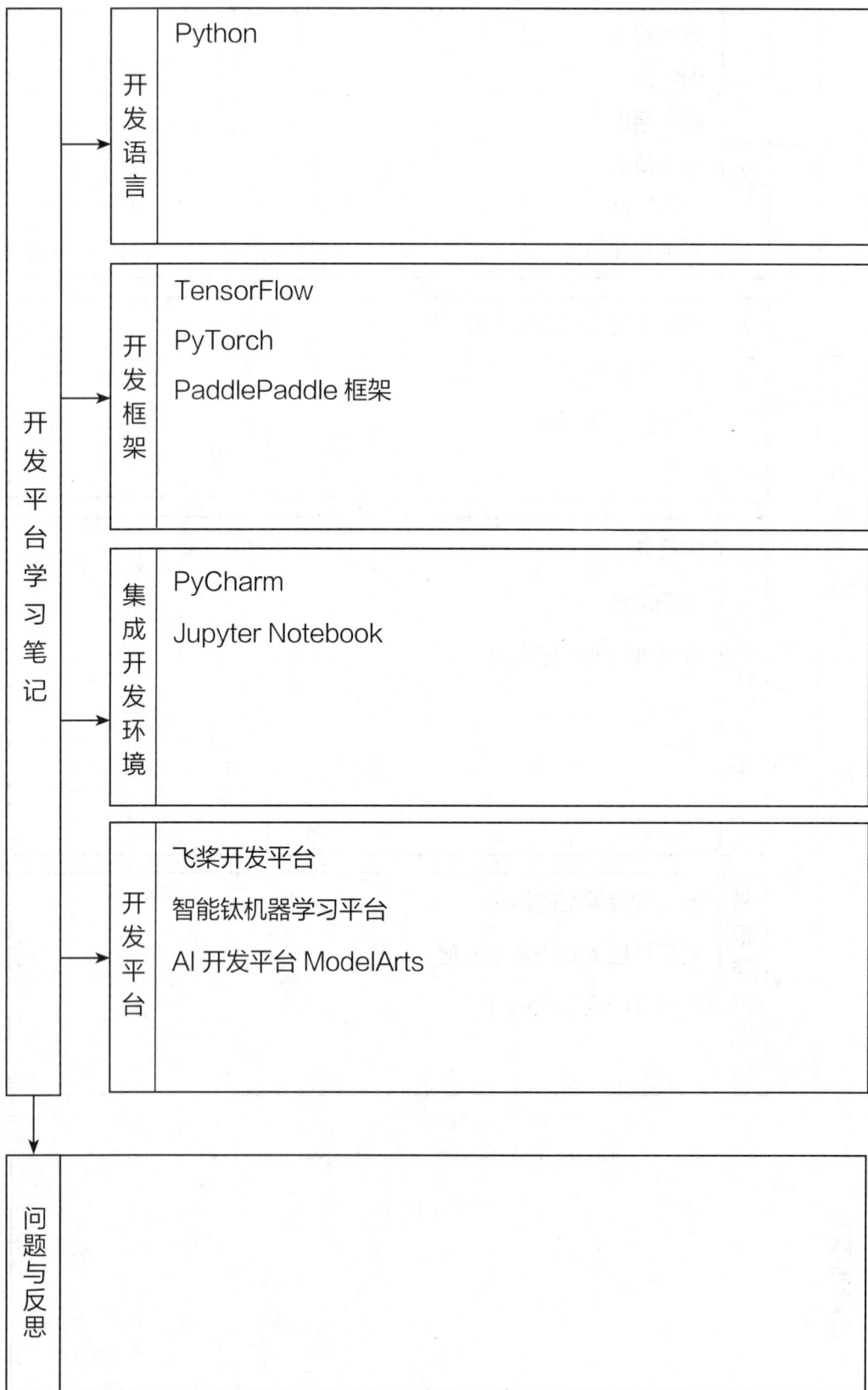

开发平台学习笔记	开发语言	Python
	开发框架	TensorFlow PyTorch PaddlePaddle 框架
	集成开发环境	PyCharm Jupyter Notebook
	开发平台	飞桨开发平台 智能钛机器学习平台 AI 开发平台 ModelArts

| 问题与反思 | |

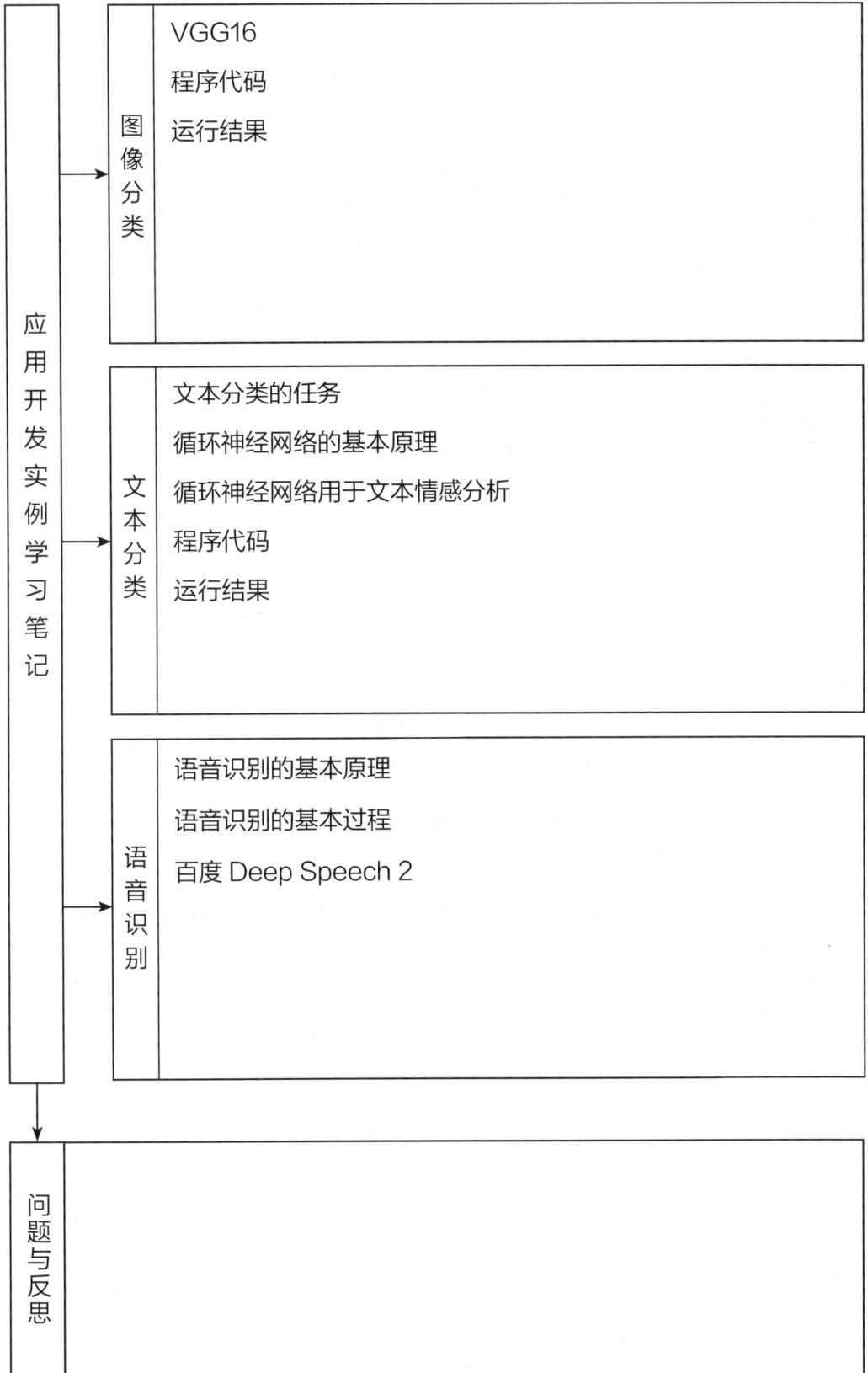

应用开发实例学习笔记

图像分类

VGG16

程序代码

运行结果

文本分类

文本分类的任务

循环神经网络的基本原理

循环神经网络用于文本情感分析

程序代码

运行结果

语音识别

语音识别的基本原理

语音识别的基本过程

百度 Deep Speech 2

问题与反思

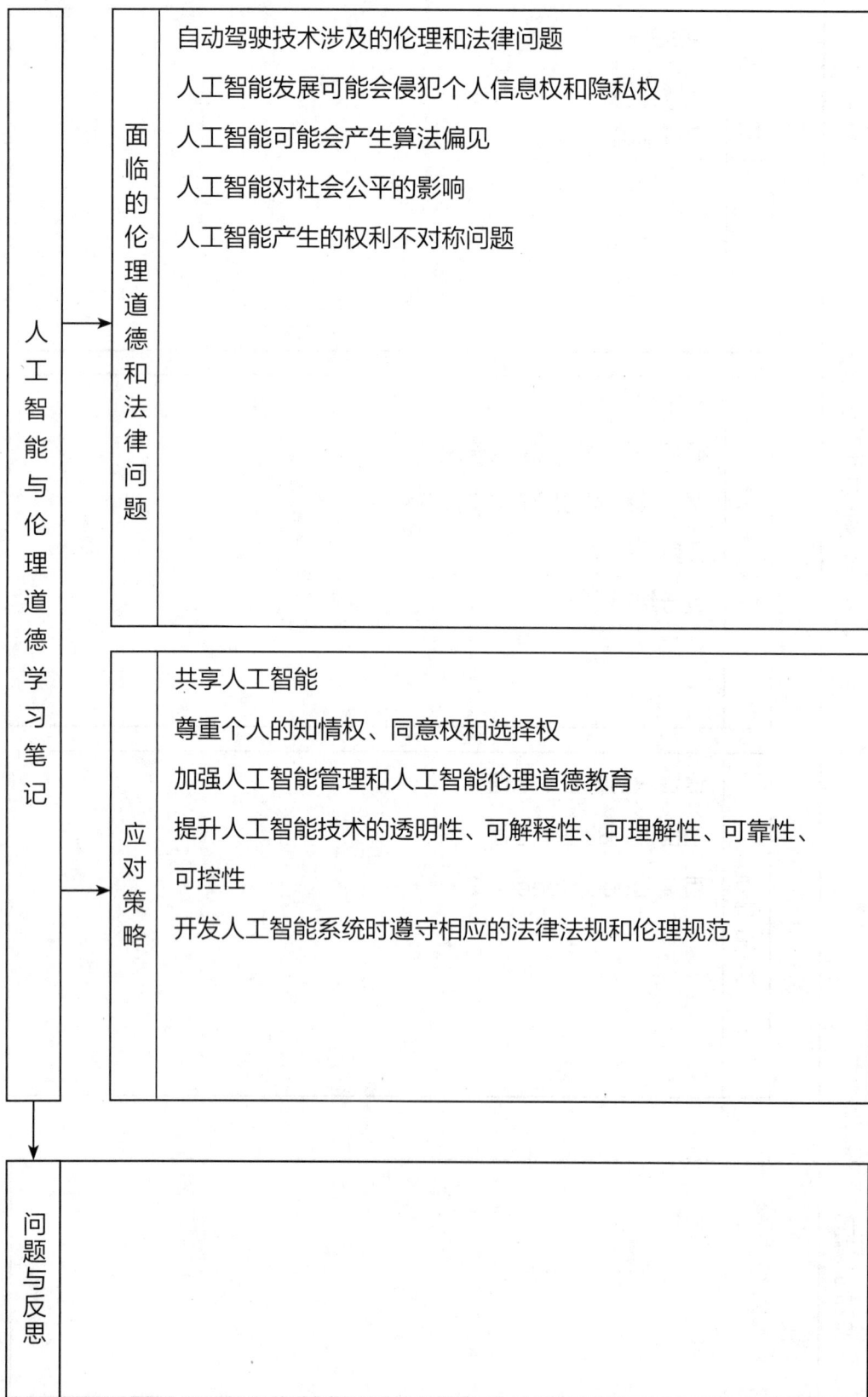

人工智能与伦理道德学习笔记	面临的伦理道德和法律问题	自动驾驶技术涉及的伦理和法律问题 人工智能发展可能会侵犯个人信息权和隐私权 人工智能可能会产生算法偏见 人工智能对社会公平的影响 人工智能产生的权利不对称问题
	应对策略	共享人工智能 尊重个人的知情权、同意权和选择权 加强人工智能管理和人工智能伦理道德教育 提升人工智能技术的透明性、可解释性、可理解性、可靠性、可控性 开发人工智能系统时遵守相应的法律法规和伦理规范
问题与反思		

考核评价

姓名：_____ 专业：_____ 班级：_____ 学号：_____ 成绩：_____

一、单选题（每题 2 分，共 20 分）

1. "人工智能"概念是在（   ）年提出的。
   A. 1955   B. 1956   C. 1957   D. 1958
2. 被誉为"人工智能之父"的科学家是（   ）。
   A. 图灵   B. 辛顿   C. 费根鲍姆   D. 香农
3. TensorFlow 是（   ）公司推出的机器学习开源代码框架。
   A. Facebook   B. Microsoft   C. 百度   D. Google
4. （   ）是 Python 最常用的集成开发环境。
   A. Android Studio   B. PyCharm   C. Eclipse   D. Visual Studio
5. （   ）不属于人工智能的研究范围。
   A. 语音识别   B. 自然语言处理   C. 物联网   D. 专家系统
6. （   ）是机器学习项目的开发流程。
   A. 确定目标、选择模型、训练模型、准备数据、上线运行
   B. 确定目标、准备数据、选择模型、训练模型、上线运行
   C. 确定目标、准备数据、训练模型、选择模型、上线运行
   D. 确定目标、准备数据、选择模型、上线运行、训练模型
7. ModelArts 是由（   ）公司研发的 AI 开发平台。
   A. 华为   B. 百度   C. 腾讯   D. 阿里巴巴
8. （   ）的训练数据样本必须由输入对象和监督信号组成。
   A. 机器学习   B. 无监督学习   C. 监督学习   D. 强化学习
9. 卷积层可以提取输入图像中的（   ）。
   A. 颜色   B. 数据   C. 物体   D. 特征
10. 池化层的数据来自（   ）。
    A. 输入层   B. 卷积层   C. 全连接层   D. 输出层

二、多选题（每题 3 分，共 30 分）

1. 人工智能有望在（   ）方面迎来新的快速发展。
   A. 实现跨媒体分析推理   B. 基于网络的群体智能技术
   C. 自主智能系统   D. 物体识别技术
2. 人工智能的基本特征有（   ）。
   A. 人工智能由人类设计并为人类服务
   B. 机器人的外貌酷似人类
   C. 人工智能具有感知环境、产生反应的能力
   D. 人工智能拥有学习和适应能力

3. 人工智能的研究范围包括（　　　）。

    A. 云计算　　　　　B. 机器学习　　　　　C. 知识图谱　　　　D. 计算机视觉

4. 人工智能的智力水平能达到或超过人类的智力水平的有（　　　）。

    A. 强人工智能　　　　　　　　　　B. 弱人工智能

    C. 超人工智能　　　　　　　　　　D. 通过图灵测试

5. 如果应用问题比较典型，现有的深度学习技术能够完全解决这些问题，则应该选择（　　　）来完成软件开发。

    A. TensorFlow　　　　　　　　　　B. 智能钛机器学习平台

    C. 飞桨开发平台　　　　　　　　　D. PyTorch

6. 以下算法中，属于监督学习的有（　　　）。

    A. 决策树　　　　　　　　　　　　B. 聚类

    C. 朴素贝叶斯分类器　　　　　　　D. 深度神经网络

7. 以下说法中，正确的有（　　　）。

    A. 文本分类是专家系统研究的基本任务之一

    B. 图像分类是智能机器人研究的基本任务之一

    C. 文本分类是自然语言处理研究的基本任务之一

    D. 图像分类是计算机视觉研究的基本任务之一

8. 可以测试模型泛化能力的数据集包括（　　　）。

    A. 验证集　　　　　B. 参数集　　　　　C. 训练集　　　　　D. 测试集

9. 属于机器学习研究范畴的有（　　　）。

    A. 深度学习　　　　B. 人工神经网络　　　C. 人工智能　　　　D. 决策树

10. 训练神经网络应该调整网络的（　　　）。

    A. 权重值　　　　　B. 阈值　　　　　　C. 结构　　　　　　D. 输出值

三、判断题（每题 1 分，共 10 分）

1. 人工智能是研究、开发用于模拟、延伸和扩展人类智能的理论、方法、技术及应用系统的一门技术科学。（　　　）

2. 人工智能是一个影响面极广的关键共性科学问题，也是一个战略前沿技术。（　　　）

3. 1980 年，以深度卷积神经网络为主要标志的人工智能取得新的突破。（　　　）

4. ImageNet 含有 15 万张图片，1000 个类别，每张图片上的物体都做了类别标签。（　　　）

5. PaddlePaddle 是 Microsoft 推出的深度学习开源代码框架。（　　　）

6. 对于人脸识别，深度卷积神经网络超过了人类的识别能力。（　　　）

7. 就目前人工智能实践来说，人工智能本质就是建立在数据基础上的软件程序。（　　　）

8. 人工智能的英文缩写是 AI。（　　　）

9. 目前，人工智能表现出来的智力水平已经远远超过人类的智力水平。（　　　）

10. 弱人工智能又称为通用人工智能。（　　　）

四、简答题（每题10分，共40分）

1. 结合自己的生活、学习经历，谈谈人工智能的社会价值。

2. 通过学习，说说自己看到的人工智能应用实例。

3. 畅想未来人工智能的应用场景。

4. 简述卷积神经网络的基本原理。

模块6
区块链

06

　　区块链是结合了分布式数据存储、点对点传输、共识机制、加密算法等计算机技术的新型应用模式。从本质上说，区块链是一个分布式的共享账本和数据库，具有去中心化、不可篡改、全程留痕、可以追溯、集体维护、公开透明等特点，在金融、供应链、政务、数字版权等领域具有广泛的应用前景。本模块主要介绍区块链的基础知识、区块链的应用领域、区块链的核心技术等内容。

学习目标

◎ 了解区块链的概念、定义、发展历程和特性等。

◎ 了解区块链的分类，包括公有链、联盟链、私有链。

◎ 了解区块链技术在金融、供应链、政务、数字版权等领域的应用。

◎ 了解区块链的核心技术。

◎ 了解分布式账本、非对称加密算法、智能合约、共识机制等技术的原理。

知识图谱

区块链知识图谱如图6-1所示。

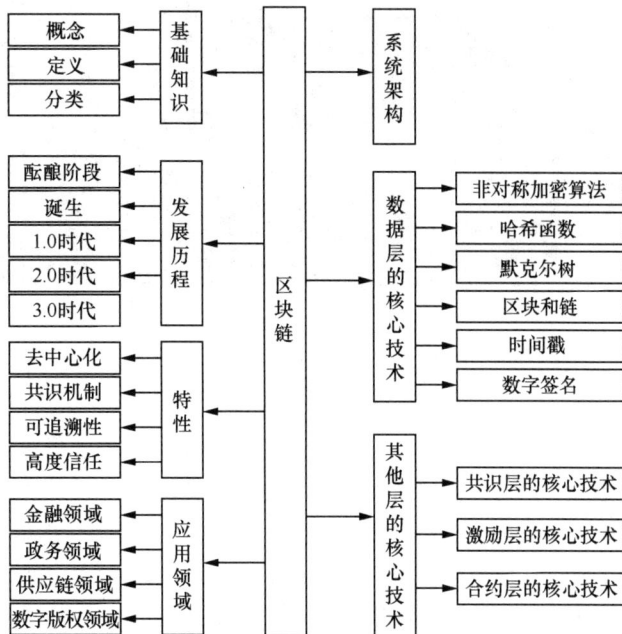

图6-1　区块链知识图谱

6.1 认识区块链

本节介绍区块链的基础知识，包括概念、定义、发展历程、技术特性、分类等内容，帮助读者认识区块链的重要性，并对公有链、联盟链、私有链有初步的了解。

6.1.1 区块链的基础知识

扫码观看
微课视频

1. 区块链的概念

（1）区块链是什么

简单来说，区块链是由现代密码学保护，并以串联方式衔接在一起的交易记录。也可以把它理解成 N 个账本，每个用户手里都有一份，可以随时更新内容，但只能添加信息，不能修改信息。

简单来说，区块链就是一套加密的、分布式的、多方参与的记账技术。

（2）区块链的类比案例——石头货币的故事

原始社会，人们通常用不容易大量获取的物品作为货币，例如牲畜、盐、稀有的贝壳、珍稀鸟类的羽毛、宝石、沙金、石头等。

据 1910 年出版的由威廉·亨利·福内斯（William Henry Furness）编著的《石币之岛》，密克罗尼西亚西部有一个与世隔绝的小岛，叫作雅浦岛，而在这个原始小部落里，有一种非常特殊的货币——石头币，如图 6-2 所示。

图 6-2　石头币常展示在社区中心和房屋外边

岛上居民在其他岛屿的洞穴和岩石掩体中采集石灰石，并在现场将其加工成石头货币后运回雅浦岛。采集者在公共聚会上向全岛居民介绍新采集的石头币，使岛上的居民都知道这些石头币是属于谁的（所有权）。每个石头币都根据尺寸、形状、均匀度、石材质量和旅途中的风险分配了一个值。经过当地首领的检查和核实后，石头币被展示在公共场所。石头币的大小、重量和保存的历史年限，决定了它具体的价值有多少，能换来多少东西。

石头币的所有权可以被转移，例如，可以作为结婚礼物赠送朋友，或者用于交换食物。石头币有各种大小，大的直径能有三五米，小的只有三四厘米。可以想象，移动石头币是一件非常费劲的事情，所以大家在雅浦岛上交易的时候，基本是不用把石头搬来搬去的，需要做的就是——记账。无论谁获得了一个石头币，石头币都保留在原来的位置，只是石头币的所有权发生了改变。

例如，你从我这里拿走了 10 条鱼，需要 5 个小石头币，就记一笔；过一阵我需要你的 20 个椰子，需要 8 个石头币，就再记一笔。等过了一段时间后，大家统一结一次账，发现我欠你 3 个石头币，然后也不用把这些石头币给你，而是做个标记，把我的 3 个石头币记成你的就可以了。

那么这样持续地记下去会发生什么？就是整个雅浦岛的交易活动变成了一个大账本。这个大账本时刻都在记录各种经济活动的发生。在这个过程中，那些石头币其实一直放在那儿，只是所有权不断地被转移，而整个小岛的货币系统运转得非常良好。

更有意思的是，岛上有户人家，祖先曾得到一枚巨大的石头币，但在运回雅浦岛途中遇到了海难，石头沉入了大海。但是由于见证者很多，当地的居民仍然相信，虽然石头币已经找不到了，但是这户人家依然拥有这枚石头币代表的价值，他们还是可以用这枚虚拟的石头币来购买各种物资。具体的买卖依旧记在大家的账本上。

这个例子揭示了货币的一个重要属性：一个经济体的货币系统可以是一个大账本，而货币的流动就是一笔笔的记账。就像你用支付宝花 12 元钱买了个麦当劳鸡肉汉堡的时候，并没有钱真正被转移，只是阿里巴巴公司记了一笔账——你的支付宝账户里减 12 元钱，麦当劳的账户里加 12 元钱，就结束了。

这个案例有许多区块链的特征，有助于我们理解区块链技术。

2. 区块链的定义

区块链（Blockchain）是借由密码学串接并保护内容的串联交易记录（又称区块）。每一个区块都包含了前一个区块的加密散列、相应时间戳及交易数据（通常用默克尔树算法计算的散列值表示），这样的设计使区块内容具有难以篡改的特性。用区块链串接的分布式账本能让双方有效记录交易，且可永久查验此次交易。

（1）狭义

区块链是一种按照时间顺序，将数据区块以顺序相连的方式组合成的一种链式数据结构，并以密码学方式保证不可篡改和不可伪造的分布式账本。

（2）广义

区块链技术是利用块链式数据结构来验证与存储数据、利用分布式节点共识算法来生成和更新数据、利用密码学的方式保证数据传输和访问的安全、利用由自动化脚本代码组成的智能合约来编程和操作数据的一种全新的分布式基础架构与计算方式。

（3）通俗理解

区块链技术是一种整个系统内所有个体都参与记账的方式。系统内所有个体（成员）都有一个在系统内部公开的数据库，我们可以把这个数据库看成整个区块链的账本。在日常生活中，大部分系统都是中心化的。例如我们去银行取钱，记账的是银行；我们使用微信付款，负责记账的是腾讯公司；我们使用支付宝付款，是阿里巴巴公司在记账。在区块链系统中，系统中的每个个体（成员）都有机会参与记账。在一定时间段内，如果有数据变化，系统中每个个体（成员）都可以来进行记账，系统会评判这段时间内记账记得最快、最好的个体（成员），让他把记录的内容写到账本中，并将这段时间内的账本内容对整个系统进行公开，任何个体（成员）都可以随时查看。这样系统中的每个个体（成员）都有了一本完整的账本。就这样，区块链技术解决了中介信用问题，这也是区块链的一个重大突破。

3. 区块链的发展历程

（1）区块链的酝酿阶段

区块链的诞生最早可以追溯到密码学和分布式计算。

1976年，迪菲（Diffie）和赫尔曼（Hellman）发表了一篇开创性论文《密码学的新方向》，首次提出公共密钥加密协议与数字签名概念，这两个概念构成了现代互联网中广泛使用的加密算法体系的基石，这也是密码货币和区块链诞生的技术基础，图6-3所示为赫尔曼和迪菲。

同年，哈耶克（Hayek）出版了《货币的非国家化》，哈耶克从经济自由主义角度出发，提出了非主权货币（货币非国家化）、竞争发行（由私营银行发行竞争性的货币，即自由货币）等概念，从理论层面引导去中心化密码货币技术的发展，图6-4所示为哈耶克。

图6-3　赫尔曼（左）和迪菲（右）　　　　图6-4　哈耶克

1979年，默克尔·拉尔夫（Merkle Ralf）提出了Merkle-Tree（默克尔树）数据结构和相应的算法，现在被广泛应用于校验分布式网络中数据同步的正确性，对密码学和分布式计算的发展有着重要作用。

1982年，莱斯利·兰伯特（Leslie Lamport）提出"拜占庭将军"问题，并证明了在将军总数大于$3f$，背叛者个数小于等于f时，忠诚的将军们可以达成一致，这标志着分布式计算理论和实践正逐渐走向成熟。同年，大卫·乔姆（David Chaum）公布了密码学支付系统ECash，随着密码学的发展，具有远见的密码货币先驱们开始尝试将其运用到货币、支付等相关领域，ECash是密码货币最早的先驱之一。

1991年，区块链技术的概念由计算机科学家斯图尔特·哈伯（Stuart Haber）和W.斯科特·斯托内塔（W. Scott Stornetta）率先提出，如图6-5和图6-6所示。他们介绍了一种方案，用于在数字文档上加盖时间戳，防止文档被篡改。他们开发了一个系统，使用加密的安全区块链来存储有时间戳的文档。

1992年，默克尔树被纳入区块链的设计中，大大提高了区块链的效率。默克尔树被用来创建安全的区块链，它存储了一系列数据记录，每条数据记录都与前一条数据记录相连。这个链中的最新记录包含整个链的历史。

图 6-5　斯图尔特·哈伯

图 6-6　W.斯科特·斯托内塔

1993 年，尼克·萨博（Nick Siabo）就提出了"智能合约"这个概念，如今，"智能合约"是以太坊区块链生态系统的核心部分。

1998 年，华裔工程师戴伟（Wei Dai）和尼克·萨博各自独立提出密码货币的概念，如图 6-7 和图 6-8 所示。

图 6-7　戴伟

图 6-8　尼克·萨博

2004 年，计算机科学家哈尔·芬尼（Hal Finney）推出了一个名为"可复用工作量证明"（RPoW）的系统，作为数字现金的原型。这是加密货币历史上重要的一步。RPoW 系统通过接收不可交换或不可替换的基于 Hashcash 的工作令牌证明来工作，从而创建一个 RSA 签名的令牌，该令牌可以进一步在人与人之间传输。RPoW 系统通过保持在可信服务器上注册令牌的所有权，解决了双重支付的问题。该系统旨在让全世界的用户能实时验证其正确性和完整性。

（2）区块链的诞生

2009 年 1 月 3 日，第一个序号为 0 的创世区块诞生。2009 年 1 月 9 日，出现了序号为 1 的区块，并与序号为 0 的创世区块连接，形成了链，这标志着区块链的诞生。

（3）区块链的发展历程

区块链诞生至今已有十余年，概括起来讲可以将区块链的发展历程分为区块链 1.0 时代、区块链 2.0 时代、区块链 3.0 时代 3 个阶段，如图 6-9 所示。

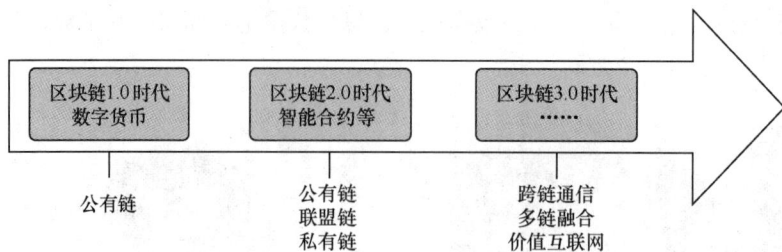

图 6-9　区块链发展的 3 个阶段

① 区块链 1.0 时代。区块链 1.0 时代被称为区块链货币时代，区块链作为所有交易的公共账簿。通过利用点对点网络和分布式时间戳服务器，区块链数据库能够进行自主管理。该时期的区块链技术主要应用在数字货币的兑换、转移和支付方面。

② 区块链 2.0 时代。2013 年，以太坊的出现标志着区块链 2.0 时代的到来，这一时代又被称为区块链合约时代。这一时代以智能合约为代表，更宏观地为整个互联网应用市场去中心化，而不仅是货币的流通。这时可以利用区块链技术实现更多数字资产的转换，从而创造数字资产的价值。所有的金融交易、数字资产都可以被改造后在区块链上使用，包括股票、私募股权、众筹、债券、对冲基金、期货、期权等金融产品，或者数字版权、证明、身份记录、专利等数字记录。

③ 区块链 3.0 时代。2015 年，联盟链的出现标志着区块链 3.0 时代的到来，这一时代又被称为区块链治理时代。该时代是一个信息互联网向价值互联网转变的时代，是区块链技术和实体经济、实体产业相结合的时代，将链式记账、智能合约和实体领域结合起来，实现去中心化的自治，发挥区块链的价值。区块链技术在这一时代的应用将超越金融领域，可以广泛应用于政务、物流、医疗等各个领域。

6.1.2　区块链的特性

区块链中，交易信息以一个个信息块的形式被记录。这些块以链条方式，按时间顺序连接起来，新生成的交易信息记录块不断地被添加到区块链中。

区块链是一个账本，是一个不断增长的文件，每笔交易按时间顺序记录，它是分布式的、去中心化的账本。区块链中的记录是永久的，一旦交易记入区块链，它将永久存在，不会被删除。区块链中的记录是不可修改的，一旦交易记入区块链，就不能修改。区块链使用密码学技术将信息锁定在区块链中，确保记录是安全的。

区块链具有 4 个主要特性：去中心化、共识机制、可追溯性及高度信任。

① 去中心化。区块链是由众多节点组成的点对点网状结构，不依赖第三方中介平台或硬件设施，没有中心管制，通过分布式记录和存储的形式，在各个节点之间实现数据信息的自我验证、传递和管理。数据在每个节点互为备份，各节点地位平等，共同维护系统功能，因此系统不会因为任意节点的损坏或异常而影响正常运行，这使基于区块链的数据存储具有较高的安全性与可靠性。

② 共识机制。共识机制主要指网络中的所有节点间达成共识的认证原则，能共同认定一份交易信息的有效性，保证了信息的真实可靠。有了该机制，区块链应用中便无须依赖中心

机构来鉴定和验证某一数值或交易。共识机制可以减少伪冒交易的发生，只有超过 51% 的节点成员认同，才能达成共识，数据交易才能发生。这有利于保证每份副本信息的一致性，建立适用于不同应用场景的交易验证规则，从而在效率与安全之间取得平衡。

③ 可追溯性。区块链中的数据信息全部存储在带有时间戳的链式区块结构里，具有极强的可追溯性和可验证性。区块链中任意两个区块间都通过密码学方法相互关联，可以追溯到任何一个区块的数据信息。

④ 高度信任。区块链是建立信任关系的新技术，这种信任依赖算法的自我约束，任何恶意欺骗系统的行为都会遭到其他节点的排斥和抑制。区块链技术具有开源、透明的特性，系统参与者能够知晓系统的运作规则和数据内容，任意节点间的数据交换通过数字签名技术进行验证，按照系统既定的规则运行，保证数据信任。

6.1.3 区块链的分类

区块链有 3 种分类方式，根据网络范围可分为公有链（Public Blockchain）、联盟链（Consortium Blockchain）和私有链（Private Blockchain）3 种，根据部署环境可分为主链和测试链，根据对接类型划分可分为单链和多链，如图 6-10 所示。

（1）公有链

公有链是指世界上任何个体或者团体都可以发送交易，且交易能够获得该区块链的有效确认，任何人都可以参与其共识过程。公有链是最早的区块链，也是应用最广泛的区块链。

图 6-10 区块链的分类

公有链有开源和匿名两个特征。开源是指由于整个系统的运作规则公开透明，这个系统是开源系统；匿名是指由于节点之间无须彼此信任，所有节点也无须公开身份，因此系统中每一个节点的隐私都受到保护。

（2）联盟链

联盟链是指由某个群体内部指定多个预选的节点为记账人，每个块的生成由所有的预选节点共同决定（预选节点参与共识过程），其他接入节点可以参与交易，但不过问记账过程（本质上还是托管记账，只是变成分布式记账，预选节点的多少和如何决定每个块的记账者成为该区块链的主要风险），其他任何人可以通过该区块链开放的 API 进行限定查询。

联盟链主要的应用是机构间的交易、结算或清算等 B2B 场景。例如，银行间进行支付、结算、清算的系统就能够采用联盟链的形式，将各家银行的网关节点作为记账节点。

（3）私有链

私有链是指仅使用区块链的总账技术进行记账，记账者可以是一个公司，也可以是个人，记账者独享该区块链的写入权限，而读取权限及对外开放范围等，可以在一定程度上进行限制。本链与其他的分布式存储方案没有太大区别。传统金融都想实验私有链，私有链的应用产品还在摸索当中。

私有链的特点是交易速度快，私密性强，交易成本极低。但是它也有一些缺点，私有链可以被操作价格，也能被修改代码，风险较大。

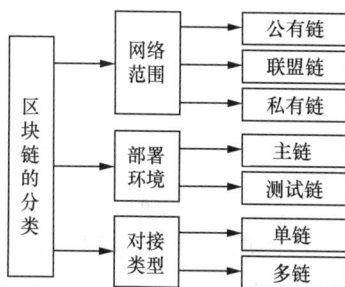

6.2 区块链的应用领域

区块链自诞生以来，其应用领域日趋广泛，目前，区块链的应用已延伸到物联网、智能制造、供应链管理、数字资产交易、企业金融等多个领域，将为云计算、大数据、移动互联网等新一代信息技术的发展带来新的机遇，有能力引发新一轮的技术创新和产业变革。

本节介绍区块链的应用领域，包括金融、供应链、政务和数字版权等。

6.2.1 金融领域

区块链技术天然具有金融属性，它正引发金融领域颠覆式的变革。区块链在国际汇兑、信用证、股权登记和证券交易所等有着潜在的巨大应用价值，区块链技术在我国金融领域应用的部分案例如图 6-11 所示。

➢ 目前我国金融领域主要利用区块链去中介化、交易公开透明、不可篡改和共识机制的特点。
➢ 区块链金融方面的应用包括：区块链数字票据交易平台、区块链ABS、贷款清算、跨境支付等领域。

区块链在金融领域的运用实例

时间	事件	应用领域
2016年9月	▨▨试水区块链技术的跨行积分兑换系统	支付：跨行积分兑换
2017年1月	▨▨在支付宝爱心捐款平台上线区块链公益筹款项目	公益捐款平台
2017年2月	央行区块链数字票据交易平台测试成功	票据
2017年3月	▨▨基于区块链的跨境清算系统正式上线	支付：跨境支付、清算
2017年3月	▨▨金融推出基于区块链技术的资产云工厂底层资产管理系统	资产证券化
2018年6月	联合国发布首个区块链供应链金融服务系统	供应链金融

区块链技术的应用场景和参与机构

应用场景	参与机构
跨境支付	民生银行、招商银行
供应链金融	宜信、点融网、富金通、恒生电子
票据	恒生电子、浙商银行
资产证券化	百度、华能信托、京东金融、中诚信评
公益捐款	蚂蚁金服

图 6-11 区块链技术在我国金融领域应用的部分案例

支付结算方面，在区块链分布式账本体系下，市场多个参与者共同维护并实时同步一份总账，短短几分钟内就可以完成现在两三天才能完成的支付、清算、结算任务，降低了跨行、跨境交易的复杂性和成本。同时，区块链的底层加密技术保证了参与者无法篡改账本，确保交易记录的透明与安全，监管部门可以方便地追踪链上交易，快速定位高风险资金流向。

证券发行交易方面，传统股票发行流程长、成本高、环节复杂，区块链技术能够弱化承销机构的作用，帮助各方建立快速、准确的信息交互共享通道，发行人通过智能合约自行办理发行，监管部门统一审查核对，投资者也可以绕过中介机构直接进行操作。

在数字票据和供应链金融方面，区块链技术可以有效解决中小型企业融资难问题。目前的供应链金融很难惠及产业链上游的中小型企业，因为他们跟核心企业往往没有直接贸易往来，金融机构难以评估其信用资质。基于区块链技术，我们可以建立一种联盟链网络，涵盖核心企业、上下游供应商、金融机构等，核心企业发放应收账款凭证给供应商，票据数字化上链后可在供应商之间流转，每一级供应商均可凭数字票据证明实现对应额度的融资。

6.2.2 供应链领域

当前，物流行业已成为支撑国民经济和社会发展的基础性行业，供应链的创新与应用也上升为国家战略，用技术推进物流的创新发展已成为共识。

物流行业因其链条长、环节多的行业特性，长期以来存在协同难、追溯难、征信难、融资难等痛点。区块链技术作为创造信任的新模式，其分布式、不可篡改、可追溯的技术特性恰好为解决这些痛点提供了技术方案。

我国区块链技术目前在物流行业正聚焦四大应用方向：流程优化、物流征信、物流追踪和物流金融。在流程优化方面，通过区块链和电子签名技术不仅可以实现无纸化签收，还可以依靠智能合约完成自动对账，实现对账过程的高度智能和高度信任；在物流征信方面，通过将服务评分、配送时效、权威机构背书等可信的交易数据上链，可以实现可管控的信用数据共享和验证，为消费者提供可信任的物流服务；在物流追踪方面，包括跨境物流、商品追溯、危化品运输等方面，实现产品从生产、加工、运输、销售等全流程的透明化；在物流金融方面，通过征信评级、账款查询、资产评估等，帮助金融机构完善中小型企业画像，解决融资难问题，还可以让监管机构参与到链中，规避金融风险。区块链技术在物流行业的典型应用有京东物链平台方案，如图 6-12 所示。

图 6-12　京东物链平台方案

目前，包括京东物流、中国邮政、中远海运、中外运、福佑卡车、中储发展、G7、微软加速器（北京）等企业在内的"物流＋区块链技术应用联盟"成员均在区块链技术应用方面进行了大量探索。例如中远海运使用区块链解决跨境物流问题，中外运将区块链技术融入智慧物流建设，京东物流则联合福佑卡车打造快运对账区块链解决方案，成为用技术解决物流对账业务的典型案例。

区块链和供应链的创新结合，将助力物流行业朝着更高效、协同、智能的方向发展。此外，区块链还在和物联网、大数据、人工智能等技术深入结合，推动建立多方信任的智能物流生态系统，促进整个物流行业的转型升级。

6.2.3　政务领域

区块链可以让数据"跑"起来，大大精简办事流程。区块链的分布式技术可以让政府部门集中到一个链上，所有办事流程交付给智能合约，办事人只要在一个部门提供身份认证及电子签章，智能合约就可以自动处理并流转，按顺序完成后续所有审批和签章。区块链发票是国内区块链技术最早落地的应用之一。税务部门推出区块链电子发票"税链"平台，税务部门、开票方、受票方通过独一无二的数字身份加入"税链"网络，真正实现"交易即开票""开票即报销"——秒级开票、分钟级报销入账，大幅降低了税收征管成本，有效解决数据篡改、一票多报、偷税漏税等问题。扶贫是区块链技术的另一个落地应用。利用区块链技术的公开透明、可溯源、不可篡改等特性，实现扶贫资金的透明使用、精准投放和高效管理，区块链在政务领域的应用如图 6-13 所示。

政政场景	政银场景	政企场景
电子证照	企业、个人征信	企业信用报告
信息共享	反洗线	工程审批
行政审批	防诈骗	税务、社保

图 6-13　区块链在政务领域的应用

6.2.4　数字版权领域

区块链技术可实现对数字内容的全生命周期管理，解决数字内容的确权、用权、维权、交易等环节存在的问题，其应用受到越来越多的关注。国家版权保护中心及多省市政府积极推进区块链技术在数字版权领域的应用，互联网科技巨头、区块链技术创业企业、专业内容生产平台积极布局"区块链＋数字版权"，业内已有多个代表性应用。

1. 什么是数字版权

关于数字版权，目前学界、业界尚无统一的定义。从现有的对数字版权的讨论中，我们可以将数字版权理解为数字作品的创作者享有的对数字作品进行保存、复制、发行并以此获得相应利益的权利。

数字版权所对应的的数字作品主要有两类：一类是传统作品的数字化，如将纸质版书籍转化成电子版；另一类是原生数字作品，即图文、影音、软件、游戏等以数字化的方式在互联网上存在、传播的产品。

当前，我国已经基本形成以《中华人民共和国著作权法》为核心的数字版权保护法律体系。我国与数字版权保护相关的法律法规主要包括《中华人民共和国著作权法》《互联网著作权行政保护办法》《信息网络传播权保护条例》等。

2. 原有数字版权领域存在的问题

数字作品天然具有可复制、易篡改、非独占等特点，加上现阶段消费者版权意识还比较薄弱，数字作品被盗用、滥用的现象非常普遍。同时，在线信息流转速度加快、传播网络日益复杂，导致维权举证困难、维权成本过高，相关权益往往难以得到有效保障。尤其在短视频和自媒体盛行的当下，人人都是创作者，由此引发的洗稿、剽窃等行为更是屡禁不止。

3. 区块链技术在数字版权领域的应用

区块链技术在数字版权领域的应用，主要体现在对数字内容的全生命周期管理，解决数字内容的版权确权、版权评估、版权增值、版权保值、版权产品等环节存在的问题，实现数字版权登记、智能交易和侵权监测等功能，如图 6-14 所示。

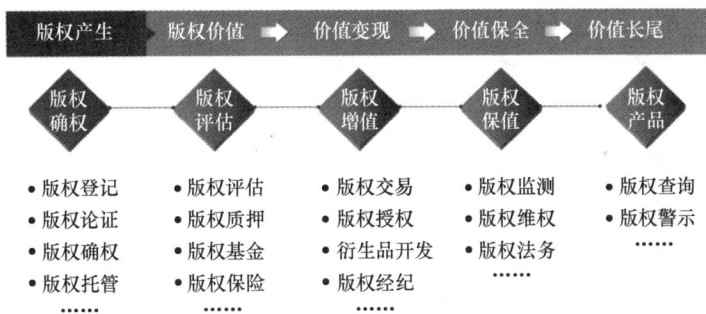

图 6-14　区块链技术在数字版权领域的应用

6.3　区块链的核心技术

区块链的核心技术有分布式的数据库、密码学的公私钥体系、P2P 网络和共识机制。

6.3.1　区块链的系统架构

区块链系统由数据层、网络层、共识层、激励层、合约层和应用层组成，每层分别完成一项核心功能，各层之间相互配合，实现去中心化的信任机制，如图 6-15 所示。

（1）数据层：描述区块链技术的物理形式

区块链网络本质上是一个 P2P（点对点）网络。每一个节点既接收信息，也产生信息。所有节点通过维护一个共同的区块，数据

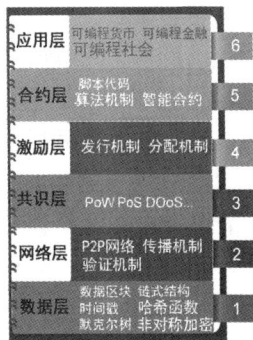

图 6-15　区块链的系统架构

层封装底层数据区块及相关的数据加密和时间戳等基础数据和基本算法。

（2）网络层：实现区块链网络中节点之间的信息交流

网络层包括分布式组网机制、数据传播机制和数据验证机制等。

（3）共识层：让高度分散的节点在去中心化的系统中高效地针对区块数据的有效性达成共识

共识层主要封装网络节点的各类共识算法，主要有工作量证明、权益证明和股份授权证明算法，还有投注共识、瑞波共识机制、Pool 验证池、实用拜占庭容错、授权拜占庭容错、帕克索斯算法等。

（4）激励层：提供一定的激励措施，鼓励节点参与区块链的安全验证工作

激励层将经济因素集成到区块链技术体系中，主要包括经济激励的发行机制和分配机制等。

（5）合约层：主要指各种脚本代码、算法机制及智能合约等

合约层主要封装各类脚本、算法和智能合约，是区块链可编程特性的基础。

（6）应用层：封装了区块链的各种应用场景和案例

应用层封装了区块链的各种应用场景和案例，类似于计算机操作系统上的应用程序、互联网浏览器上的门户网站、搜索引擎或是手机端上的应用程序。

6.3.2 数据层的核心技术

1. 非对称加密算法

（1）互联网传输数据时的问题

在 P2P 网络系统中，节点之间的数据传输采用广播的形式，例如 A 节点向 B 节点传输数据，A 节点首先向相邻节点扩散数据，以此类推，直到将数据传输至 B 节点。但在此过程中存在图 6-16 所示的 4 个问题。

图 6-16 互联网传输数据时的问题

① 窃听。A 节点向 B 节点发送数据时可能在传输过程中被 C 节点窃听。

② 假冒。A 节点以为向 B 节点发送了数据，而 B 节点有可能是 C 节点假冒的。反过来，B 节点以为从 A 节点那里收到了数据，而 A 节点也有可能是 C 节点假冒的。

③ 篡改。即使 B 节点确实收到了 A 节点发送的数据，但是也有可能该数据在传输过程中被 C 节点恶意更改了。

④ 事后否认。B 节点从 A 节点那里收到了数据，但是作为数据发送者的 A 节点可能对 B 节点抱有恶意，并在事后声称"这数据不是我发送的"。

解决上述 4 个问题所用到的安全技术如表 6-1 所示。

表6-1　常用安全技术

序号	互联网传输数据时的问题	解决方法
1	窃听	加密
2	假冒	消息认证或数字签名
3	篡改	
4	事后否认	数字签名

（2）加密的基础知识

在现代互联网社会中，为了防止数据在传输过程中被窃听，加密技术是必须要使用的，下面简单介绍加密技术的基本原理。

首先，计算机用 0 和 1 这两个数字表示二进制数据，文本、图像、音频、视频等数据都是用计算机中的二进制数来表示的，如图 6-17 所示。在此基础上介绍如何加密数据。

对计算机来说，数据就是一串有意义的数字排列，加密就是数据经过某种运算后，变成计算机无法理解的数据的过程。密文也是数字排列，只不过它是计算机无法理解的无规律的数字排列，如图 6-18 所示。

图 6-17　计算机只能理解二进制数

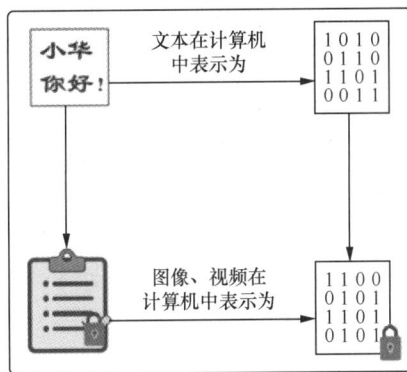

图 6-18　加密数据

加密就是用密钥对数据进行数值运算，把数据变成第三者无法理解的形式的过程，加密后的数据称为密文，如图 6-19 所示。反过来，解密就是通过密钥进行运算，把密文恢复成原本数据的过程，如图 6-20 所示。

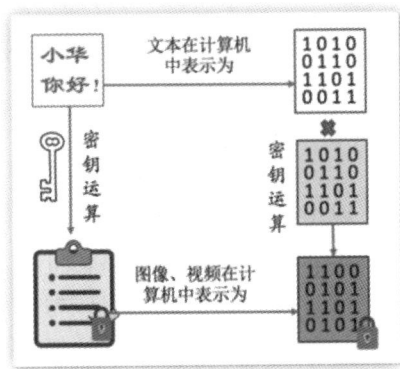

图 6-19　加密运算生成密文

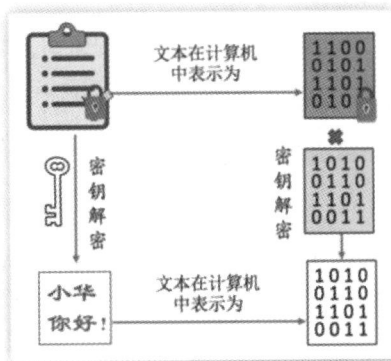

图 6-20　解密运算得到原本数据

上述将数据变成第三者计算机无法理解的形式传输，再将收到的加密数据恢复成原本数据的一系列操作就是加密技术。

A 节点要通过互联网向 B 节点发送数据。首先，A 节点要把要传输的数据加密为密文，再把密文发送给 B 节点；B 节点收到密文后，需要进行解密，才能得到原本的数据，如图 6-21 所示。

（3）非对称加密

非对称加密又称公钥加密，是加密和解密使用不同密钥的一种加密方法。加密用的密钥叫公开密钥（简称公钥），解密用的密钥叫私有密钥（简称私钥）。公钥和私钥是一对，如果用公钥对数据进行加密，只有用对应的私钥才能解密；如果用私钥加密，只有用对应的公钥才能解密。

图 6-21　加密传输过程示意图

下面以图 6-22 所示的 A 节点准备通过互联网向 B 节点发送数据的案例，介绍非对称加密的处理流程。

首先，需要由接收方 B 节点来生成公钥和私钥，并将公钥发送给 A 节点；然后 A 节点使用 B 节点发过来的公钥加密要发送的数据，生成密文并发送给 B 节点；最后 B 节点收到密文，使用私钥对密文进行解密，得到原本的数据。

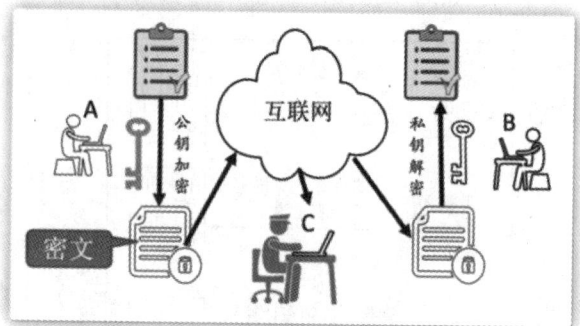

图 6-22　非对称加密的处理流程

非对称加密技术可以用于身份验证。发送者在发送数据时用私钥将数据加密，接收者收到数据后，用公钥进行解密，即可确认发送者的身份。

非对称加密算法包括 DH 算法、RSA 算法、DSA 算法和椭圆曲线算法（EC）。DH 算法一般用于密钥交换；RSA 算法既可以用于密钥交换，也可以用于数字签名；DSA 算法则一般只用于数字签名。

如果加密和解密都使用相同的密钥，即只有一个密钥（该密钥可以加密也可以解密），则称为对称加密，也叫作共享密钥加密。

2. 哈希函数

哈希函数是一种求哈希值的加密算法，哈希函数是现代密码体系中的一个重要组成部分，哈希函数常用于验证信息是否被篡改。通过哈希函数 $y=Hash(x)$ 可以将任意长度的数据（输入值 x）转化成固定长度（如 64byte）的二进制字符串（输出值 y），该输出值称为哈希值，又称摘要、散列、杂凑、指纹等。

哈希函数本质是一种数学函数，输入的长度可以是任意的，但输出的长度是固定的，相同的数据输入将得到相同的输出结果。哈希函数可以简单理解为搅碎机，把文件搅碎为固定长度的哈希值，如图 6-23 所示。常用的哈希算法有 MD5、SHA-1、SHA-256、SHA-3 等。我国也自主研发了商用密码算法 SM3，由国家密码管理局于 2010 年发布，主要用于数字签名及验证、消息认证码生成及验证、随机数生成等，其算法是公开的，其安全性及效率与 SHA-256 相当。

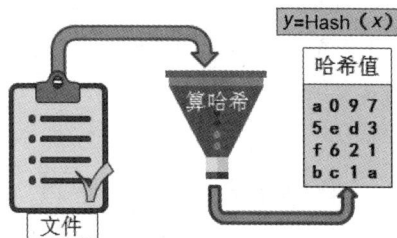

图 6-23　哈希函数原理示意图

哈希函数有以下适合存储区块链数据的优点。

① 哈希函数处理过的数据是单向性的，正向计算（由数据计算其对应的哈希值）十分容易，逆向计算（俗称"破解"，即由哈希值计算出其对应的数据）极其困难。

② 哈希函数处理不同长度的数据所耗费的时间是一致的，输出值也是定长的。

③ 哈希函数的输入值即使只相差一个字节，也将得到千差万别的结果，且结果无法事先预知。

3. 默克尔（Merkle）树

默克尔树是数据结构中的一种树，可以是二叉树，也可以是多叉树，它具有树形结构的所有特点，使用它可以快速校验大规模数据的完整性。

默克尔二叉树的工作原理是将非叶子节点的所有子节点进行组合，对组合结果进行哈希计算得到哈希值，向上不断递归运算产生新的哈希节点，最终只剩下一个默克尔根存入区块头中，每个哈希节点总是包含两个相邻的数据块的哈希值，如图 6-24 所示。

使用默克尔树可以极大地提高区块链的运行效率和可扩展性，使得区块头只需包含根哈希值而不必封装所有底层数据，这使得哈希运算可以高效地运行在智能手机甚至物联网设备上。

4. 区块和链

（1）区块链的结构

区块链以区块为单位组织数据。全网所有的交易记录都以交易单的形式存储在全网唯一的区块链中，区块链的结构如图 6-25 所示。

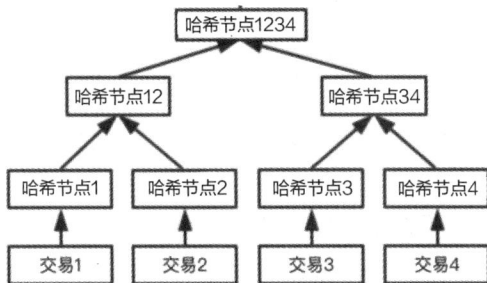

图 6-24　默克尔二叉树的工作原理

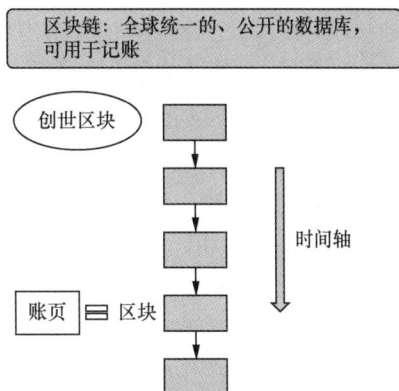

图 6-25　区块链的结构

区块是一种记录交易的数据结构。每个区块由区块头和区块主体组成，区块主体只负责记录前一段时间内的所有交易信息，区块链的大部分功能都由区块头实现，区块的结构如图 6-26 所示。

图 6-26　区块的结构

（2）区块的形成过程

在当前区块中加入区块链后，下一个区块的生成过程如下。

① 把在本地内存中的交易信息记录到区块主体中。

② 在区块主体中生成此区块中所有交易信息的默克尔树，并把默克尔树根的值保存在区块头中。

③ 把上一个刚刚生成的区块的区块头的数据通过 SHA-256 算法生成一个哈希值填入当前区块的哈希值中。

④ 把当前时间保存在时间戳字段中。

⑤ 难度值字段会根据之前一段时间区块的平均生成时间进行调整，以应对整个网络不断变化的整体计算总量。如果计算总量增长了，则系统会调高数学题的难度值，使得预期完成下一个区块的时间依然在一定时间范围内。

（3）区块链的分叉

在区块链中，由矿工挖出区块并将其链接到主链上。一般来讲，同一时间内只产生一个区块，如果发生同一时间内有两个区块同时被生成的情况，就会在全网中出现两个长度相同、区块里的交易信息相同，但矿工签名不同或者交易排序不同的区块链，这样的情况叫作分叉。

同一时间段内，全网不止一个节点能计算出随机数，即会有多个节点在网络中广播它们各自打包好的临时区块（都是合法的）。

① 不同高（长）度的分支，总是先接受最高（最长）的那条分支。

② 相同高度的，接受难度最大的。

③ 高度相同且难度一致的，接受时间最早的。

④ 若所有条件均相同，则按照从网络接收的顺序等待区块链的高度增加一，再重新选择最优分支。

某一节点若收到多个面对同一前续区块的后续临时区块，则该节点会在本地区块链上建立分支，多个临时区块对应多个分支。要打破该僵局，需要等到下一个工作量证明被发现。若其中的一条链条被证实为较长的一条，那么在另一条分支链条上工作的节点将转换阵营，开始在较长的链条上工作。其他分支将会被彻底抛弃，如图 6-27 所示。

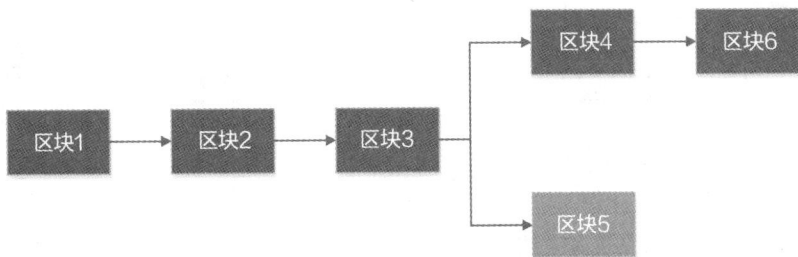

图 6-27 区块链分叉

5. 时间戳

时间戳是指从格林尼治时间 1970 年 01 月 01 日 00 时 00 分 00 秒（北京时间 1970 年 01 月 01 日 08 时 00 分 00 秒）起至现在的总秒数，通常是一个字符序列，能唯一标识某一刻的时间，时间戳的工作原理示意图如图 6-28 所示。

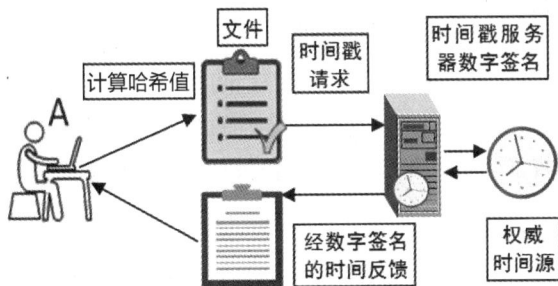

图 6-28 时间戳的工作原理示意图

时间戳技术本身并没有多复杂，但在区块链技术中应用时间戳却是一个重大创新。时间戳为未来基于区块链的互联网和大数据增加了一个时间维度，使数据更容易被追溯，重现历史也成为可能。同时，时间戳可以作为存在性证明的重要参数，它能够证实特定数据必然在某特定时刻是存在的，这保证了区块链数据库的不可篡改和不可伪造等特性。

6. 数字签名

数字签名涉及哈希函数、发送者的公钥、发送者的私钥。数字签名有两个作用：一是能确定信息确实是由发送方签名并发出来的，二是数字签名能确定消息的完整性。

数字签名就是在发送数据后面再加上一段内容，作为发送者的证明并且证明数据没有被篡改。例如，发送者 A 将要发送的数据用哈希算法处理得出一个哈希值，再用私钥对该哈希值进行加密，得出一个签名。然后发送者 A 再将数据和签名一起发送给接收者 B。接收者 B 使用发送者的公钥对签名进行解密，还原哈希值，再通过哈希算法来验证数据的哈希值和解密签名还原出来的哈希值是否一致。如果这两个摘要相同，则接收方就能确认该数字签名是发送方的，并且数据没有被篡改。数字签名的原理如图 6-29 所示。

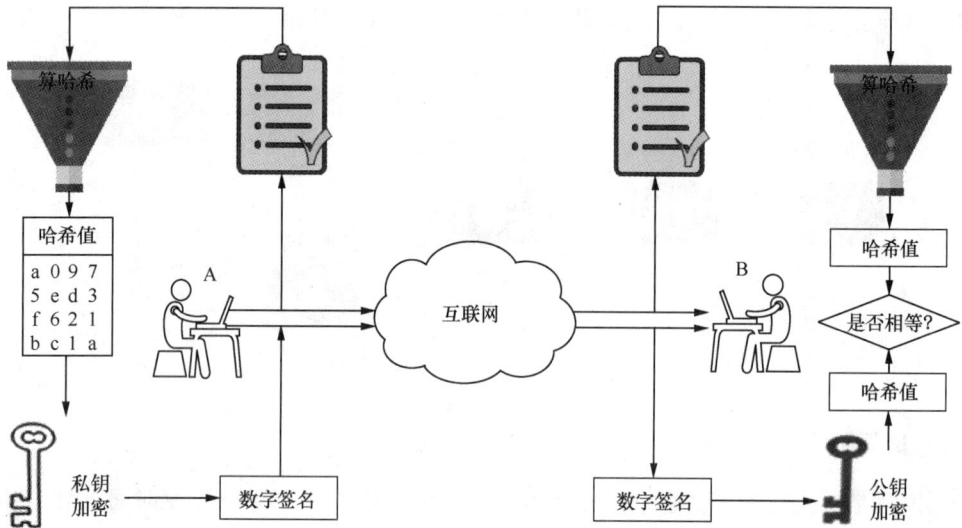

图 6-29　数字签名的原理

6.3.3　共识层的核心技术

共识层的核心是共识机制，即所有记账节点之间如何达成共识，去认定一个记录（区块）的有效性。它既是共识认定的方法，也是防止篡改的手段。目前，主要的共识机制有工作量证明（PoW）算法、股权证明（PoS）算法和股份授权证明（DPoS）算法等。

1. 工作量证明算法

工作量证明可以简单理解为一份证明，用来确认做过一定量的工作。

工作量证明（Proof of Work，PoW）算法，只需保证恶意节点不超过 51% 即可达成共识，是目前区块链最经典、也是最久经考验的共识机制。PoW 共识机制有下列 3 个缺点。

① 51% 攻击。当攻击者掌握了全网 51% 的算力时，其攻击就能成功，因为他总可以让自己的链成为最长的链。因此，全网节点越多，抗攻击能力越强，安全性越好。

② 高延迟。区块出现时间的间隔不能太短，否则，会导致频繁分叉，出块慢意味着确认时间长、高延迟。

③ 资源浪费。计算机计算密码谜题需要大量的算力，需要高性能的计算机设备、消耗大量电力等资源。

2. 股权证明算法

股权证明（Proof of Stake，PoS）算法是对 PoW 算法的改进。与节点需要做计算工作证明不同，PoS 算法按照各节点拥有的密码货币的数量和时间竞争记账权，这种模式下持有密码货币的数量越多、时间越长，率先"挖出"区块的概率就越高。

这种算法类似于利息制度，PoS 算法中有一个名词叫作"币天"，是货币数量与持有天数的乘积（例如若持有 60 个密码货币 20 天，则币天为 1200）。各节点每发现一个区块，拥有的币天就会被清零，每清空 365 个币天，可获得一定数量的新币奖励（相当于持币利息）。如获得 0.05 个币的利息，可以理解为年利率 5%）。

PoS 算法作为 PoW 算法的一种升级共识机制，成功地改进了 PoW 算法的一些缺陷：一是低延迟，根据每个节点所持有代币的数量和时间，等比例地降低挖矿难度，在一定程度上缩短了共识达成的时间；二是资源消耗少，不再需要消耗大量资源进行计算。

PoS 算法的缺点是破坏者对网络攻击的成本较低，网络的安全性有待验证。另外，拥有代币数量大的节点获得记账权的概率更大，会使网络的共识受少数富裕账户支配，从而失去公正性。

3. 股份授权证明算法

股份授权证明（Delegated Proof of Stake, DPoS）算法是让每一个持有 BTS（比特股的货币）的人对整个资源系统中当代表的人进行投票。获得票数最多的 101 个代表将进行交易打包计算。对此，可以理解为有 101 个矿池，彼此权利完全对等。那些握着 BTS 选票的人可以随时通过投票更换这些代表，如果他们提供的算力不稳定，或者利用手中的权力作恶，那些愤怒的选民们就会立刻把他踢出整个系统，让后备代表随时顶上去。DPos 算法的优点和缺点如下。

① 优点：大幅减少参与验证和记账节点的数量，可以达到秒级的共识验证。

② 缺点：选举固定数量的见证人作为记账候选人有可能不适合于完全去中心化的场景；另外，在网络节点数少的场景中，选举的见证人的代表性也不强。

6.3.4 激励层的核心技术

激励层的核心是发行机制和激励机制，区块链开始运行后，每记录一个新区块，将获得一定数量的奖励，该奖励大约每 4 年减半。这个奖励不会无限增加下去。

另外一个激励的来源则是交易费。新创建区块没有系统的奖励时，矿工的收益会由系统奖励变为收取交易手续费。例如，转账时可以指定其中 1% 作为手续费，支付给记录区块的矿工。如果某笔交易的输出值小于输入值，那么差额就是交易费，该交易费将被增加到该区块的激励中。只要既定数量的电子货币已经进入流通，那么激励机制就可以逐渐转换为完全依靠交易费，就不必再发行新的货币。

6.3.5 合约层的核心技术

智能合约概念最早在 1994 年由计算机科学家尼克·萨博（Nick Szabo）提出。他根据自动售货机的灵感，提出了智能合约的概念。在他看来，购买者往售货机里塞一定数量的货币，选择要购买的商品，就在两者间形成一种强制执行的合约。购买者塞货币并选择商品，通过售货机内置的逻辑购买商品和找零钱。自动售货机可以被认为是现实生活中智能合约最贴近的应用案例，如图 6-30 所示。

合约层封装区块链系统包括各类脚本代码、算法及由此生成的更复杂的智能合约。合约层是建立在区块链虚拟机之上的商业逻辑和算法，是实现区块链系统灵活编程和操作数据的基础。

图6-30 自动售货机

　　智能合约是由事件驱动的、具有状态的、获得多方承认的、运行在一个可信且共享的区块链账本之上的、能够根据预设条件自动处理账本上资产的程序。

　　智能合约是一个可以自动执行的计算机程序，它用计算机语言取代法律语言记录条款的合约。它自己就是一个系统参与者，对接收到的信息进行回应，可以接收和储存价值，也可以向外发送信息和价值。这个程序就像一个可以被信任的人，可以临时保管资产，总是按照事先的规则执行操作。智能合约的优势是利用程序算法代替人进行仲裁和执行合同，智能合约模型如图6-31所示。

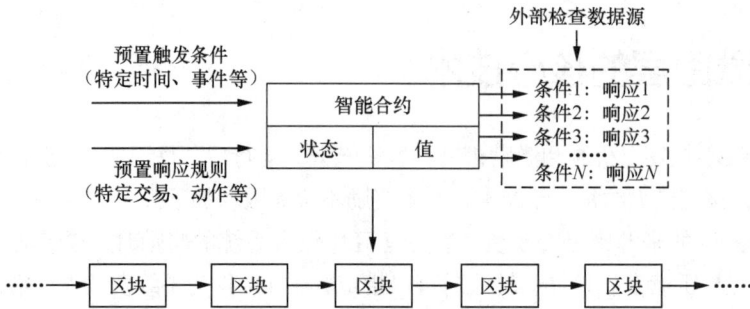

图6-31 智能合约模型

【学习笔记】

区块链知识与应用学习笔记	基础知识	概念 定义
	发展历程	酝酿阶段 诞生 1.0 时代 2.0 时代 3.0 时代
	特性	去中心化 共识机制 可追溯性 高度信任
	分类	公有链 联盟链 私有链
	应用领域	金融领域 供应链领域 政务领域 数字版权领域
问题与反思		

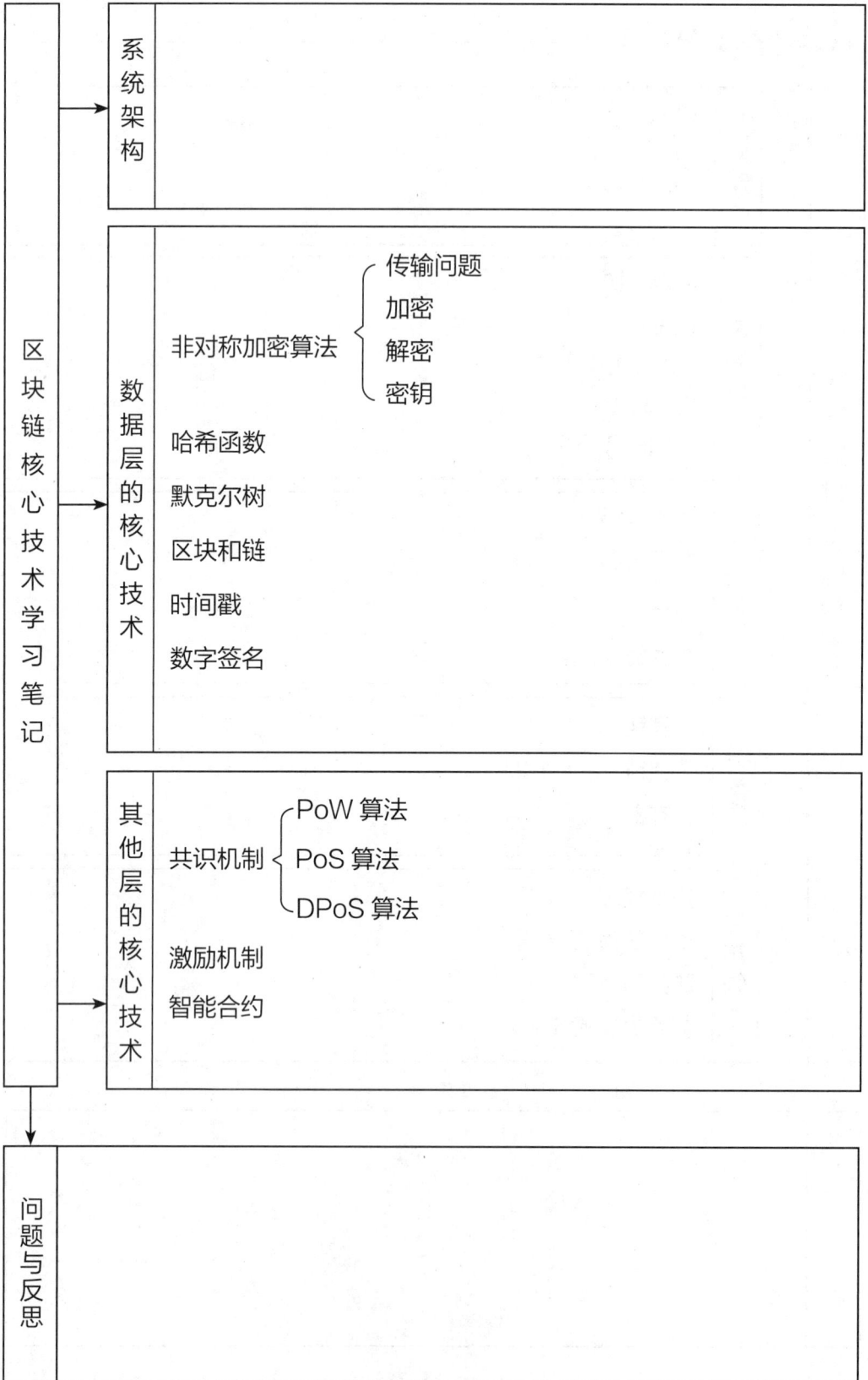

区块链核心技术学习笔记	系统架构	
	数据层的核心技术	非对称加密算法 ⎰ 传输问题 加密 解密 密钥 哈希函数 默克尔树 区块和链 时间戳 数字签名
	其他层的核心技术	共识机制 ⎰ PoW 算法 PoS 算法 DPoS 算法 激励机制 智能合约
问题与反思		

考核评价

姓名：_____ 专业：_____ 班级：_____ 学号：_____ 成绩：_____

一、单选题（每题 2 分，共 26 分）

1. 区块链第一个序号为 0 的创世区块诞生的时间是（　　）年。
   A. 2008　　　　　B. 2009　　　　　C. 2010　　　　　D. 2011

2. 以下不是区块链的特性的是（　　）。
   A. 融合性　　　　B. 去中心化　　　C. 开放性　　　　D. 匿名性

3. 区块链的本质是（　　）。
   A. 去中心化分布式账本数据库　　　　B. 货币
   C. 金融产品　　　　　　　　　　　　D. 计算机技术

4. 关于区块链在数据共享方面的优势，下列表述中不正确的是（　　）。
   A. 去中心化　　　　　　　　　　　　B. 可自由篡改
   C. 访问控制权　　　　　　　　　　　D. 不可篡改性

5. （　　）不是区块链的种类。
   A. 对称链　　　　B. 公有链　　　　C. 私有链　　　　D. 联盟链

6. 以太坊的创始人是（　　）。
   A. 维塔利克·布特林　　　　　　　　B. 比尔·盖茨
   C. 沃伦·巴菲特　　　　　　　　　　D. 中本聪

7. 以下不属于区块链的核心技术的是（　　）。
   A. 分布式账本　　B. 人工智能　　　C. 共识机制　　　D. 智能合约

8. （　　）是区块链最核心的内容。
   A. 合约层　　　　B. 应用层　　　　C. 共识层　　　　D. 网络层

9. 区块链挖矿是（　　）。
   A. 计算与获取虚拟币的过程　　　　　B. 挖金矿
   C. 挖煤矿　　　　　　　　　　　　　D. 探索宇宙

10. （　　）能够为金融行业和企业提供技术解决方案。
    A. 以太坊　　　　B. 联盟链　　　　C. 数字货币　　　D. Rscoin

11. 区块链在资产证券化发行方面的应用属于（　　）。
    A. 数字资产类　　B. 网络身份服务　C. 电子存证类　　D. 业务协同类

12. 以下不属于新技术基础设施的是（　　）。
    A. 人工智能　　　B. 区块链　　　　C. 云计算　　　　D. 5G

13. 区块链的应用领域不包括（　　）。
    A. 教育　　　　　B. 供应链　　　　C. 金融　　　　　D. 政务

二、多选题（每题 3 分，共 24 分）

1. 习近平在中共中央政治局第十八次集体学习上指明了区块链技术的发展方向，主要包括（　　）。

  A．要强化基础研究

  B．要推动协同攻关，加快推进核心技术突破

  C．要加快产业发展

  D．要加强人才队伍建设

2．区块链技术中的 3 个关键点包括（　　）。

  A．采用非对称加密来做数据签名

  B．任何人都可以参与

  C．共识算法

  D．以链式区块的方式来存储

3．区块链的类型包括（　　）。

  A．公有链　　　　　B．专有链　　　　　C．私有链　　　　　D．联盟链

4．区块链的特性包括（　　）。

  A．去中心化　　　B．不可篡改　　　C．共识验证　　　D．匿名性

5．区块链赋能的信任机器，可实现的方面包括（　　）。

  A．身份认证　　　B．隐私保护　　　C．数据溯源　　　D．态势感知

6．区块链的应用领域包括（　　）。

  A．金融　　　　　　　　　　　B．征信和权属管理

  C．数据共享　　　　　　　　　D．物联网

7．区块链作为信任工具，着力解决"数据"这个核心生产要素的（　　）等痛点问题。

  A．可信认证　　　　　　　　　B．可靠存储

  C．安全共享　　　　　　　　　D．隐私计算

8．区块链与 5G、物联网、工业互联网、人工智能、云计算等结合，推动新的（　　）等产生。

  A．生产模式　　　B．消费模式　　　C．商业模式　　　D．投融资模式

三、判断题（每题 2 分，共 20 分）

1．全世界任何人都可以参与到公有链中。（　　）

2．从广义上讲，区块链是指一种去中心化的基础架构与分布式计算范式。（　　）

3．从狭义上讲，区块链是指一种按照时间顺序将数据组合成特定数据结构，并以密码学方式保证不可篡改和不可伪造的去中心化共享总账。（　　）

4．私有链是非公开链，它比公有链的隐私性更好，安全性更高。（　　）

5．2013 年，区块链进入 3.0 时代。（　　）

6．区块链未来的突破重点包括隐私保护技术及链下、链上数据的协同等。（　　）

7．区块链被视为信任机器，推动着"信息互联网"向"价值互联网"的转变。（　　）

8．智能合约允许在没有可信第三方的情况下进行可信交易执行，可逆转。（　　）

9．对于传统数据库，每个节点都存储完整的账本数据。（　　）

10．区块链的特性包括中心化。（　　）

四、简答题（每题 6 分，共 30 分）

1. 区块链本身就是一项技术，请简述区块链究竟是什么，以及它在我们日常生活中可以解决什么问题。

2. 简述区块链的应用领域。

3. 简述非对称加密的原理。

4. 简述什么是共识机制。

5. 简述什么是智能合约。

模块7
数字媒体

数字媒体是指以二进制数的形式记录、处理、传播和获取信息的媒体，这些媒体包括感觉媒体、表示媒体和实物媒体。网络是数字媒体传播过程中最重要的载体，也是主要表现方式。随着信息科学技术的快速发展，数字媒体正以一种全新的形式影响着人们的生活。数字媒体技术主要通过现代计算和通信手段，综合处理文字、声音、图形、图像等信息，使抽象的信息变成可感知、可管理、可交互的信息。本模块主要介绍数字媒体的基础知识，数字文本、数字图像、数字声音、数字视频的处理方法等内容。

学习目标

◎ 了解数字媒体的概念、分类等。

◎ 了解数字媒体技术的概念和发展趋势。

◎ 了解数字文本处理的技术过程，以及数字文本的编辑、存储、传输及展示。

◎ 了解数字图像处理的概念、数字图像处理的主要技术。

◎ 了解数字声音处理的技术过程、数字声音的存储和传输。

◎ 了解数字视频处理的技术过程，以及数字视频的制作、剪辑与发布。

◎ 了解开发简单的HTML5应用项目的方法。

知识图谱

数字媒体知识图谱如图7-1所示。

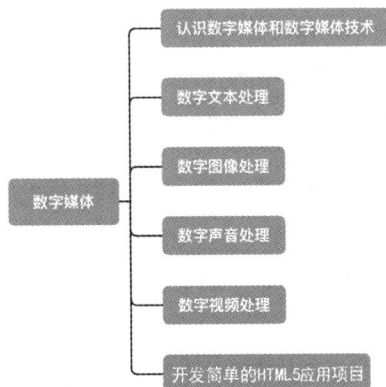

图 7-1　数字媒体知识图谱

7.1 认识数字媒体和数字媒体技术

本节介绍数字媒体和数字媒体技术的基础知识，包括概念、分类和发展趋势，使读者对数字媒体技术的属性和基本特征有初步的了解。

7.1.1 数字媒体的基础知识

1. 数字媒体的概念

随着信息科学技术的发展，数字媒体这一概念开始广泛地出现在专业领域中，以一种全新的形式影响着人们的生活。目前，数字媒体概念没有明确的定义，但是业界对其内容的认定基本一致，综合数字媒体的定义可得：数字媒体是指以二进制数的形式获取、记录、处理、传播信息的媒体，这些媒体包括感觉媒体、表示媒体、存储媒体、传输媒体等。《2005 年中国数字媒体技术发展白皮书》将数字媒体定义为：数字媒体是将数字化内容的作品，以现代网络为主要传播载体，通过完善的服务体系，分发到终端和用户进行消费的重要桥梁。这一定义将网络在数字媒体传播过程中的重要作用予以体现。数字信息需要通过网络发布到终端设备和用户，这是数字媒体的未来发展趋势。从内容上看，数字媒体具有数字化特征和媒体特征，内容的数字化为数字媒体的基本特征。

2. 数字媒体的分类

随着科学技术的发展，数字媒体的形态和属性越来越丰富。根据不同的分类标准，可以将其分成不同的种类，主要的分类方法有以下几种。

① 根据来源，数字媒体可分为自然媒体和合成媒体。自然媒体是指客观世界存在的景物、声音等，经过专门的设备进行数字化和编码处理之后得到的数字媒体。例如数字摄像机拍的影像、MP3 中的数字音乐等。合成媒体则是指以计算机为工具，采用特定符号、语言或者算法表示的，由计算机生成（合成）的文本、音乐、语言、图像和动画等，如用 3D 制作软件制作出来的角色动画。

② 根据时间，数字媒体可分为静止媒体和连续媒体。静止媒体是指内容不会随着时间变化而变化的数字媒体，例如文本和图片。连续媒体是指内容随着时间变化而变化的数字媒体，例如音频、视频、虚拟图像。

③ 根据组成元素，数字媒体可分为单一媒体和多媒体。单一媒体就是指单一信息载体组成的媒体。而多媒体则是指多种信息载体，如数字、文字、声音、图形、图像和视频等的组合。

数字媒体作为多媒体的集成，内容特征、出版方式、媒体展现平台等分类依据也随着时代的发展，被赋予了更加充分的类别和新业态。国家 863 信息技术领域专家组对数字媒体从产业角度进行了分类，以内容特征为分类依据，将数字媒体划分为数字动漫、网络游戏、数字影音、数字出版、数字学习和数字展示 6 个基础类型。

7.1.2 数字媒体技术的基础知识

数字媒体技术是一项应用广泛的综合技术，是主要研究文字、图像、图形、音频、视频及动画等数字媒体的捕获、加工、存储、传播、再现及其相关技术。文化创意产业的快速壮大，数字媒体产业的迅猛发展，得益于数字媒体技术不断突破而产生的引领和支撑。数字媒体技术融合了数字信息处理技术、计算机技术、数字通信和网络技术等。同时，数字媒体技术是通过现代计算和通信手段，综合处理文字、图像、图形、音频和视频等信息，使这些抽象的信息转化成为可感知、可管理和可交互的信息的一种技术，主要技术范畴包括以下 9 个方面。

① 数字声音处理。数字声音处理技术包括音频及其传统技术（记录、编辑技术）、音频的数字化技术（采样、量化、编码）、数字音频的编辑技术、语音编码技术（如 PCM、DA、ADM）。数字声音处理技术可应用于个人娱乐、专业制作和数字广播等。

② 数字图像处理。数字图像处理技术包括数字图像的计算机表示方法（位图、矢量图等）、数字图像的获取技术、图像的编辑与创意设计。常用的图像处理软件有 Photoshop 等。数字图像处理技术可应用于家庭娱乐、数字排版、工业设计、企业徽标设计、漫画创作、动画原形设计和数字绘画创作等。

③ 数字视频处理。数字视频处理技术包括数字视频及其基本编辑技术和后期特效处理技术。常用的视频处理软件有 Premiere 等。数字视频处理技术可应用于个人视频制作、家庭影像记录、电视节目制作和网络新闻制作等。

④ 数字动画设计。数字动画设计技术包括动画的基本原理、动画设计基础（包括构思、剧本、情节链图片、模板与角色、背景、配乐）、数字二维动画技术、数字三维动画技术、数字动画的设计与创意。常用的动画设计软件有 3ds Max、Flash 等。数字动画可应用于少儿电视节目的制作、动画电影的制作、电视节目后期特效包装、建筑和装潢设计、工业计算机辅助设计和教学课件的制作等。

⑤ 数字游戏设计。数字游戏设计技术包括游戏设计相关软件技术（如 DirectX、OpenGL、Director 等）、游戏设计与创意等。

⑥ 数字媒体压缩。数字媒体压缩技术包括数字媒体压缩分类、通用的数据压缩技术（行程编码、字典编码、熵编码等）、数字媒体压缩标准（如用于声音的 MP3 和 MP4 格式、用于图像的 JPEG 格式、用于运动图像的 MPEG 格式等）。

⑦ 数字媒体存储。数字媒体存储技术包括内存存储技术、外存存储技术等。

⑧ 数字媒体管理与保护。数字媒体管理与保护技术包括数字媒体的数据管理、媒体存储模型及应用、数字媒体版权保护概念与框架、数字版权保护技术，如加密技术、数字水印技术和权利描述语言等。

⑨ 数字媒体传输。数字媒体传输技术包括流媒体传输技术、P2P 技术、IPTV 技术等。

7.1.3 数字媒体技术的发展趋势

数字媒体产业是迅速发展起来的现代服务业，它以视频、音频和动画内容和信息服务为主体，研究数字内容处理的关键技术，实现数字内容的集成与分发，支持具有版权保护的、基于各类消费终端的多种消费模式，为公众提供综合、互动的数字内容服务。目前的数字媒体技术发展趋势包括但不限于基于产业发展而产生的高清晰度电视和数字电影、计算机动画、网络游戏、网络出版、移动应用与 HTML5 等。

7.2 数字文本处理

　　本节介绍数字文本处理，包括数字文本处理的技术过程、编辑文本、存储和传输文本、展示文本等内容，使读者对数字文本处理有初步的了解。

7.2.1 数字文本处理的技术过程

1. 数字文本处理的概念

　　数字文本处理通常是指对已有的数字文本（由纸质文本转换的计算机能识别的二进制文件）进行加工或识别。随着计算机时代的发展，文本从传统的纸张发展到电子化的形态。数字文本往往是以电子杂志、电子书的形式呈现。对于电子杂志的制作，可用的软件也逐渐增多，如 ZineMaker、iebook、PocoMaker。通过制作能够将数字文本更加生动、清晰、直观地表现出来。此外，对于数字文本的美化，也可以运用各种软件来完成，如 Word、PowerPoint 等。

2. 数字文本处理的技术过程

　　数字文本处理的技术过程，实际上是用固定的数码将文字本身或者文字中的字母对应起来。这类数码统称为代码，在计算机内部处理文字信息时，会将文字信息先转换为代码，处理完毕后，再将替代的代码还原成对应的字母或文字。这是文本编码角度上的数字文本处理过程，在文本表现上，数字文本处理过程是指使用计算机对文本中的字、词、短语、句子、篇章进行识别、转换、分析、压缩和存储等处理。这其中包含了数字文本的编辑、数字文本的存储和传输、数字文本的展现等过程。传统的文本处理过程如图 7-2 所示，数字文本处理即将传统的文本处理过程利用计算机处理的方式进行数字化加工的过程。

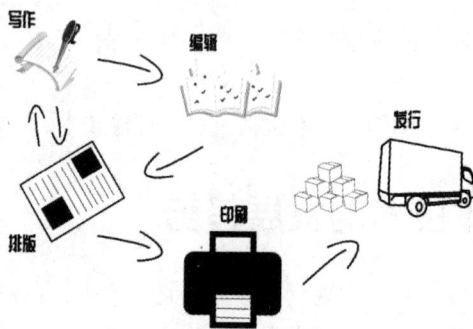

图 7-2　传统的文本处理过程

从总体上看，数字文本处理的技术过程包含如下 4 部分。

① 文本准备。将文字符号输入计算机中，包括人工输入和自动识别输入。人工输入包括键盘输入、联机手写输入、语音输入；自动识别输入包括印刷体识别输入和手写体识别输入。

② 文本编辑与排版。通过文本编辑器对若干字、整个句子或整段文字进行增、删、改操作，以及对文字进行配色、装饰，排版上对文本进行版面设计及美化。

③ 文本存储与传输。文本编辑完之后，可将文本存储为简单文本、线性文本或超文本，可存储的文件的扩展名包括 .txt、.doc、.pdf、.htm、.html、.rtf、.xls 等。将文本存储为以上类型的文件后，可形成能进行网络传输的格式文件，利用网络平台进行文本的传输。

④ 文本展示。通过将数字文本传输到文字阅读器、传送到显示器和打印机输出、生成文字和图标。

数字文本处理的技术过程如图 7-3 所示。

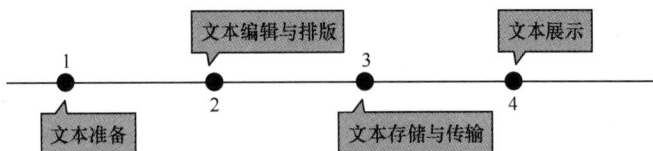

图 7-3　数字文本处理的技术过程

7.2.2　编辑文本

1. 编辑文本内容

编辑文本内容的目的是确保文本内容正确无误。文本内容的编辑主要是指对文本中的字、词、句和段落进行添加、删除、修改等操作，如图 7-4 所示。在 Word、PowerPoint 等软件中都可以完成这些操作。如在文本任何位置插入新的文字、删除不需要的文字、复制文字、移动文字、用新的词语自动替换文本中指定的词语等。

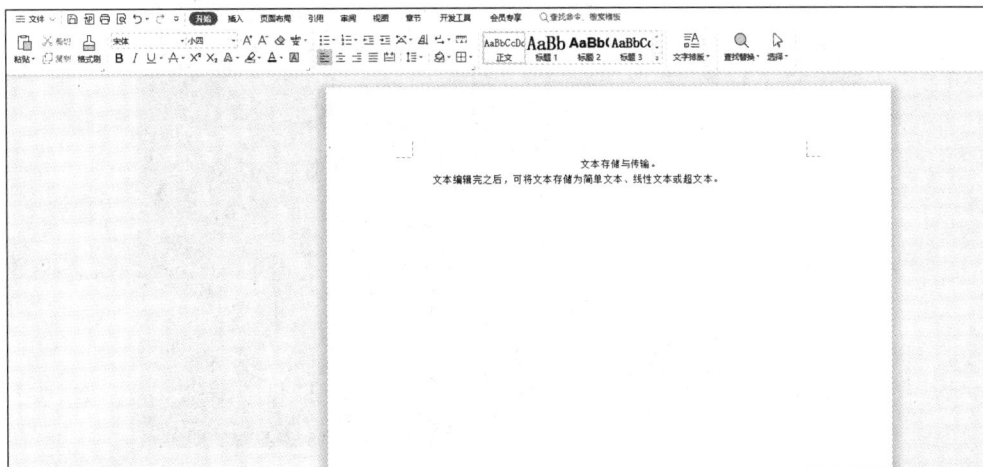

图 7-4　编辑文本内容

2. 编辑文本样式

编辑文本样式的目的是通过处理和美化，使文字美观、合理地呈现在画面中，如图 7-5 所示。如对文字进行配色和添加文本效果、对文本版面进行设计和美化时，常常会进行字体的选择、颜色的调整、格式刷的运用、图片与图形的插入、段落首行缩进、页眉与页脚的设置等。

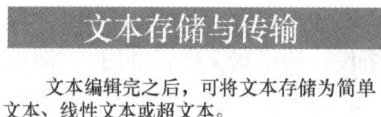

图 7-5　编辑文本样式

7.2.3　存储和传输文本

1. 存储文本

存储文本的目的是将文本存储为适合各类场景使用的文本形式。如可将文本转化为可进行网页运用的联机文档、可以阅读并欣赏的电子书文件，以及可以用来办公的公文等格式。常见的文件扩展名有 .doc、.ppt、.pdf、.html 等，如图 7-6 所示。

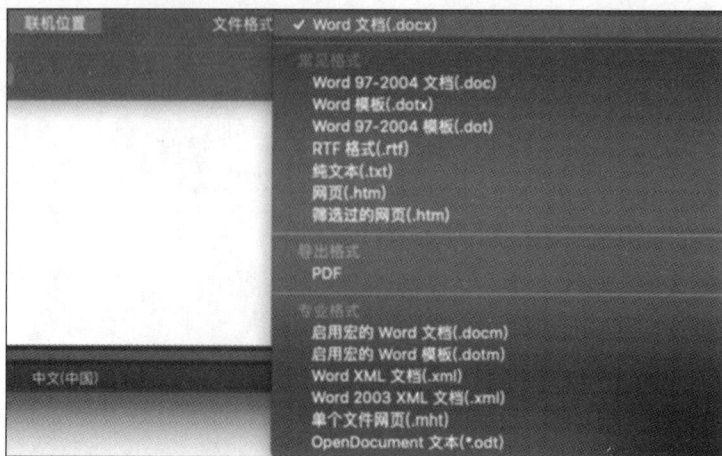

图 7-6　Word 中可存储文件格式

2. 传输文本

传输文本的目的是根据移动和存储、打印和展示等需求，将文本传输到纸质输出载体打印机上，或传输到媒体展示载体投影上，或传输到网络共享平台电子书上。将文本格式转换为可以被不同载体及平台支持的格式，这样易于文本的有效表达。

7.2.4 展示文本

文本是传递信息最常用的载体。在当前这个信息爆炸的时代，人们接收信息的速度已经小于信息产生的速度，尤其是文本信息。当大段的文本摆在人们面前，人们很少有耐心去认真把它读完，经常会先看文本中的图片。这一方面说明人们对图片的接受程度比文本要高很多，另一方面说明人们急需一种更高效的信息接收方式，因而如何展示文本是文本处理中极为重要的内容。

1. 文本可视化

文本可视化的目的主要在于文本信息的提取和文本形式的设计，从而帮助人们更加直观、迅速地获取信息。文本可视化操作往往运用图表、超链接、图像等表现形式，加强文本信息的传达效果，以及文本与读者之间的互动。可视化文本信息呈现如图 7-7 所示。

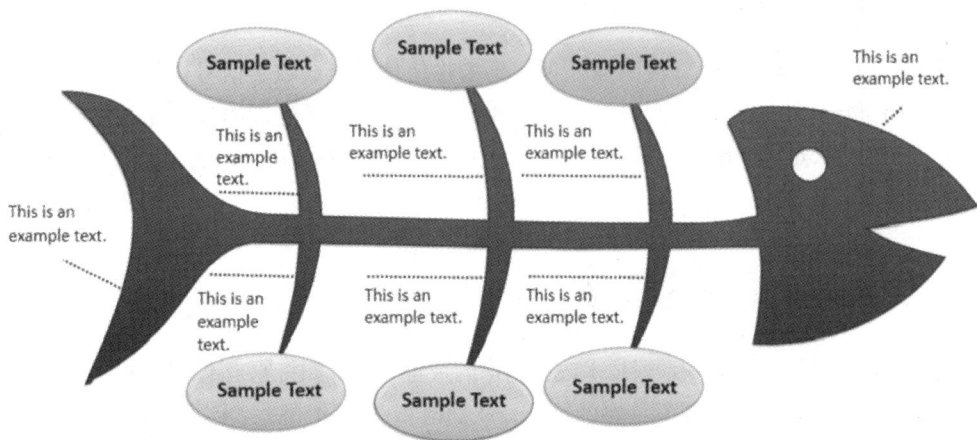

图 7-7 可视化文本信息呈现

2. 数字文本的呈现——电子杂志的制作

电子杂志又称网络杂志、互动杂志，可以呈现出丰富的多媒体影音互动效果。作为文本非常好的媒体表现形式，电子杂志兼具平面与互联网两者的特点，融入图像、文字、声音、视频等元素，以动静结合的形式呈现给读者。iebook 超级精灵是全球第一家互联网终端、手机移动终端和数字电视终端三维整合的专业电子杂志推广系统，如图 7-8 所示，它能够对文本进行重新编排，形成可重复使用、高效率合成的标准化的电子杂志。

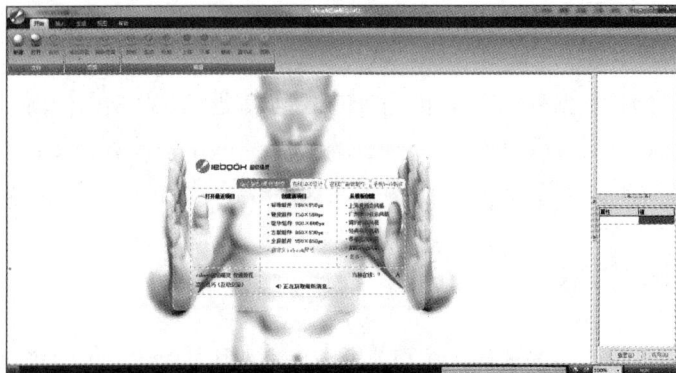

图 7-8　iebook 超级精灵

7.3　数字图像处理

本节介绍数字图像常见的处理技术及图像检索的应用，帮助读者了解数字图像处理。

7.3.1　数字图像处理的概念

数字图像处理也称作计算机图像处理，是指将信息转换成数字信号，并利用计算机对其进行处理的过程，用于提高图像所包含信息的价值。数字图像处理的技术比较复杂，分为低级处理（如降噪、对比度增强、图像锐化等）、中级处理（涉及分割、识别等）和高级处理（识别物体、识别函数等）。

7.3.2　数字图像的增强

图像增强的目的是采用一系列技术改善图像的视觉效果。如将原来不清晰的图像变得清晰，或突出某些重要的特征，抑制不重要的特征，从而改善图像的质量，丰富信息量；或者将图像转换成一种更适合人或机器进行分析、处理的形式，提升图像的判断和识别效果。

图像增强的方法可分为两大类：空间域法和频率域法。

1. 空间域法

空间域法在处理时直接对图像的灰度级做运算。基于空间域的算法分为点运算算法和邻域去噪算法。点运算算法包括灰度校正、灰度变换和直方图修正等，其目的是使图像成像均匀或扩大图像的动态范围、扩展对比度。邻域增强算法分为图像平滑和锐化两种。平滑一般用于消除图像噪声，但是也容易引起边缘的模糊，其常用算法有均值滤波、中值滤波。锐化的目的在于突出物体的边缘轮廓，便于目标识别，其常用算法有梯度法、算子、高通滤波、掩模匹配法、统计差值法等。

2. 频率域法

频率域法把图像看成一种二维信号，并对其进行基于二维傅立叶变换的信号增强。若采用低通滤波法（即只让低频信号通过），可去掉图中的噪声，如图 7-9 所示；采用高通滤波法，则可增强边缘等高频信号，使模糊的图片变得清晰。图像增强的频率域法是通过一定手段在原图像中附加一些信息或变换数据，有选择地突出图像中重要的特征或者抑制（掩盖）图像中某些不重要的特征，使图像与视觉响应特性相匹配。这种算法是在图像的某种变换域内对图像的变换系数值进行某种修正，是一种间接增强的算法。

降噪对比如图 7-9 所示。

图 7-9　降噪对比

7.3.3　数字图像的复制、分割和特征提取

1. 复制

图像数字化的先进性在于，可以使用计算机处理很多以前靠人工不能完成或者不能快速完成的工作，而且数字化的复制快速、准确。以前的图像复制是靠临摹，取决于临摹人员的技术和意志，而数字化的图像复制是先将图像量化为一对一的信息，对信息进行一比一生产，再将新的信息翻译为图像。

2. 分割

图像分割是提取图像特征的关键技术。人的视觉系统可以方便地对图像进行分析并识别每个物体，但对于计算机来说，这是个难题。识别图像的前提是将图像中的无关因素剥离，目前常用的方法是根据灰度、颜色、纹理和形状等，把图像分成若干互不相交的区域。还有一种方式是直接对图像进行平均分割，再逐一分析每一块的图像特征。目前图像分割应用较为成熟的领域包括文字自动识别、指纹识别等。

3. 特征提取

图像的特征提取是图像识别的前提，其目的是让计算机"更聪明"，让其拥有认识和识别图像的能力。这其中最关键的是从众多特征中找出最具有代表性和辨识度的特征。常见的特征分为颜色特征、纹理特征和形状特征。

图像的分割和特征提取如图 7-10 所示。

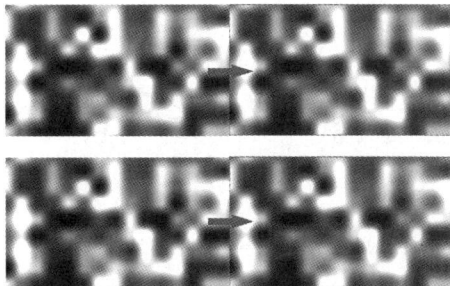

图 7-10　图像的分割和特征提取

7.3.4　数字图像的压缩和存储

　　图像的压缩和存储是数据压缩技术在数字图像上的应用，主要研究数据的表示、传输、变换和编码保存的方法，目的是减少存储数据所需的空间和传输所用的时间。编码是实现图像压缩的重要手段。压缩比很大程度上取决于对图像质量的要求。

　　根据解压后数据能否完全复原，图像压缩可以分为有损压缩和无损压缩。

　　对于绘制的技术图、图表和漫画，应优先使用无损压缩，对于医疗图像或者用于存档的扫描图像等有价值的内容，也应尽量选择无损压缩。常用的无损压缩方法有游程编码法、熵编码法等。

　　常见的无损压缩图像文件格式有 GIF 和 TIFF。有损压缩方法适用于压缩自然的图像，如 JPEG 格式的文件就是有损压缩，通过离散余弦变换后选择性丢掉人眼不敏感的信号分量，实现高压缩比率。

7.3.5　数字图像的检索

　　数字图像的检索是对以上数字图像处理技术的综合应用。数字图像检索的技术基础在于图像分割、特征提取与归类识别，其思路是将图像进行颜色、形状等数据的量化，然后在数据库中进行对比，最终提取相似结果。图像检索在目前生活中常见的应用有 OCR、识图购物、百度图片检索等，如图 7-11 所示。

图 7-11　百度图片检索

7.4　数字声音处理

扫码观看
微课视频

　　本节介绍数字声音处理技术，包括数字声音的基础知识、数字声音处理的技术过程、数字声音的存储与传输等内容，帮助读者了解数字声音处理过程。

7.4.1　数字声音的基础知识

数字声音是以二进制数 0 和 1 的形式进行存取的，数字声音的处理方式是将音频文件化为电平信号，再将电平信号以二进制数保存，播放的时候再把这些二进制数转换为模拟信号并送到喇叭播出。其实，数字声音的处理过程就是模拟信号转换为数字信号再转换为模拟信号的过程。如果需要对声音进行处理，则一般是在数字信号阶段进行数字化编辑。

7.4.2　数字声音处理的技术过程

1. 采样

为实现模拟信号与数字信号的转换，需要把模拟声音信号波形进行分割，以转换成数字信号，这种方法称为采样。

采样的过程是每隔一段时间在模拟声音信号的波形上取一个幅度值，把时间上的连续信号变成时间上的离散信号。该时间间隔为采样周期，其倒数为采样频率。

采样频率是指计算机每秒采集多少个声音样本。采样频率越高，则采样的间隔时间越短，在单位时间内计算机得到的声音样本数据就越多，对声音波形的还原度也越精确。

当采样频率高于声音信号最高频率的两倍时，才能把数字信号表示的声音较好地还原为原来的声音。最常用的采样频率有 11.025kHz、22.05kHz、44.1kHz 等。

2. 量化

采样得到的幅度值，即某一瞬间声波幅度的电压值，它影响音量的高低，需要用某种数字化的方法来表示。通常把声波波形幅度的数字化表示称为量化。

量化的过程是先将采样后的信号按整个声波的幅度划分成有限个区段的集合，把落入某个区段内的采样值归为一类，并赋予相同的量化值。采样信号的量化值采用二进制表示，表示采样信号的幅度的二进制数的位数称量化位数。

在相同的采样频率之下，量化位数越高，声音的质量越好。同样，在相同量化位数的情况下，采样频率越高，声音效果也就越好。这就好比量一个人的身高，若是以毫米为单位来测量，其结果会比以厘米为单位来测量更加准确。

3. 编码

模拟信号经过采样和量化以后，形成一系列的离散信号——脉冲数字信号。这种脉冲数字信号可以用一定的方式进行编码，形成计算机内部运行的数据。所谓编码，就是按照一定的格式把经过采样和量化得到的离散数据记录下来，并在有效的数据中加入一些用于控制的数据。在回放数据时，可以根据所记录的纠错数据判别声音数据是否有错，如果有错，可加以纠正。

4. 编辑

随着音频技术的发展，各种功能强大、各具特色的数字音频编辑软件不断涌现。现在音频编辑软件的功能已经非常强大，几乎涵盖了传统录音棚的所有功能，只要输入的音频素材质量足够好，软件制作出来的成品就完全可以满足专业录音制作的要求。

目前可使用的音频编辑软件有很多，常见的且较为典型的有 Adobe Audition、Sonar、Vegas 等。这些软件可分为单轨和多轨两大类，单轨音频编辑软件主要用于对单个音频文件的处理，如调节音量均衡、声音降噪和添加各种效果等，甚至可以直接对音频文件进行编辑。使用多轨音频编辑软件可以把多个音频文件剪辑合并为一个音频文件，创作出丰富多彩的音效作品。声音采样过程和 Adobe Audition 界面分别如图 7-12 和图 7-13 所示。

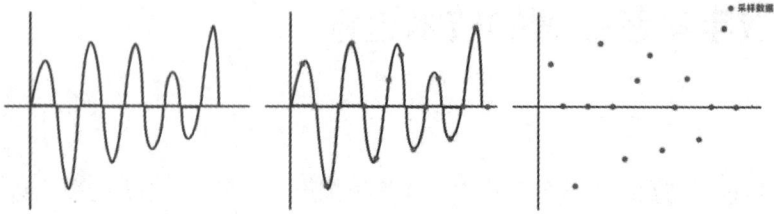

图 7-12　声音采样过程

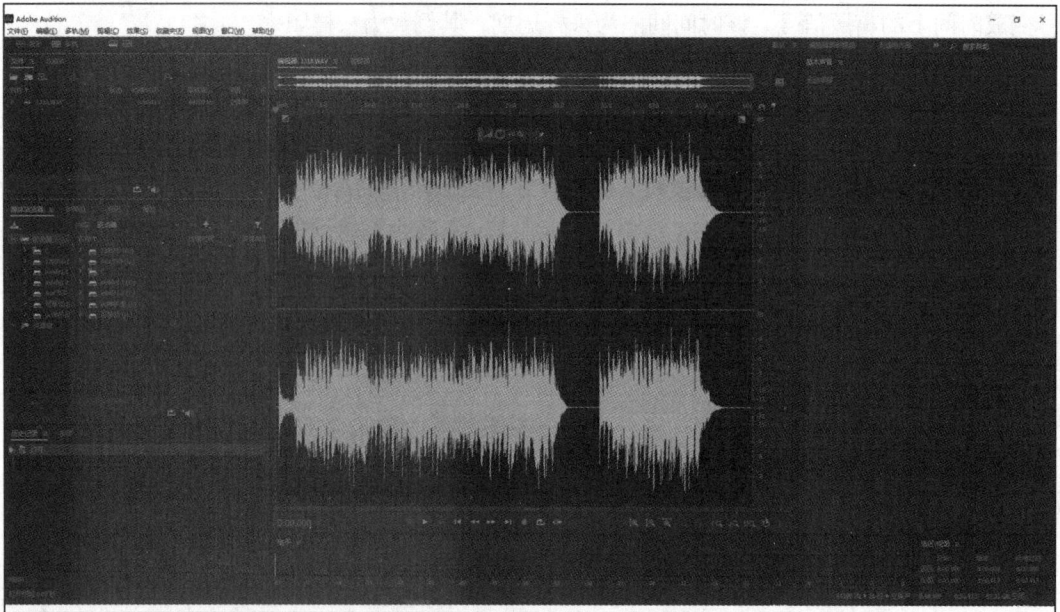

图 7-13　Adobe Audition 界面

7.4.3　数字声音的存储和传输

数字声音以音频文件的形式进行数字化存储，常见的音频文件格式有 WAV、MIDI、MP3、WMA 等。以 MP3 格式为例，MP3 是一种高保真的高效压缩技术，压缩率为 10:1 ～ 12:1。用 MP3 格式来存储，文件大小一般只有 WAV 格式文件的 1/10，而音质要次于 WAV 格式的文件。MP3 格式采用高压缩率的编码方式，文件较小，所以 MP3 成为目前最流行的一种音频文件格式。

数字声音传输对时间的敏感度很强，对实时性的要求很高，如果不采用特别的网络传输协议，是很难满足要求的。所以，实现数字声音传输的一般做法是：在源端先将数字视频和声音信息进行压缩，然后经由 ATM 这样的有服务质量保证的网络传输到目的地，再在目的地将之解压后显示或回放出来。如果需要在诸如 IP 网络这样的没有服务质量保证的网络上传输，那么至少也得采用实时传输协议进行传输。

7.5 数字视频处理

扫码观看
微课视频

本节介绍数字视频处理，包括数字视频的基础知识，数字视频处理的技术过程，以及数字视频的制作、剪辑与发布，使读者对数字视频处理技术有初步的了解。

7.5.1 数字视频的基础知识

视频就是内容随时间变化的一组动态图像，又称为运动图像或活动图像。根据视觉暂留特性，连续的图像变化每秒超过 24 帧画面时，人眼无法辨别单幅的静态画面，看上去是平滑且连续的视觉效果。

一种获取数字视频的方法是把来自电视机、摄像机、录像机、影碟机等视频源的模拟视频信号进行数字化，形成数字视频信号；另一种获取数字视频的方法是使用数码摄像机拍摄视频。视频的数字化过程要经过采样、量化和编码 3 个步骤。数码摄像机如图 7-14 所示。

图 7-14　数码摄像机

7.5.2 数字视频处理的技术过程

1. 采样

常见采样格式有 4:2:0、4:2:2 和 4:4:4 这 3 种。由于人的眼睛对颜色的敏感程度远不如对亮度信号灵敏，所以色度信号的采样频率可以比亮度信号的采样频率低，以减少数字视频的数据量。其中，4:2:0 采样格式是指在采样时每 4 个连续的采样点中取 4 个亮度 Y、一个色差 U 和一个色差 V，共 6 个样本值。这样两个色度信号的采样频率分别是亮度信号采样频率的

1/4，使采样得到的数据量可以比 4:4:4 采样格式少一半。3 种常见格式的采样过程示意图如图 7-15 所示。

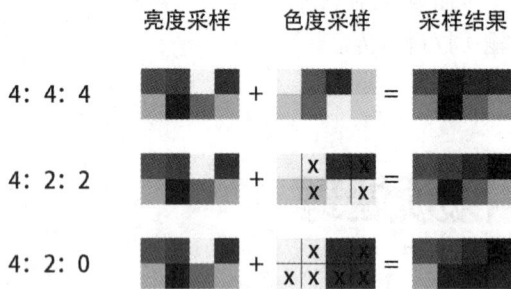

图 7-15　3 种常见格式的采样过程示意图

2. 量化

采样是把模拟信号变成时间上离散的脉冲信号，而量化则是进行幅度上的离散化处理。在时间轴的任意一点上，量化后的信号电平与原模拟信号电平之间在大多数情况下存在一定的误差，通常把量化误差称为量化噪波。量化位数越多，层次就分得越细，量化误差就越小，视频效果就越好，但视频的数据量也就越大。所以在选择量化位数时要综合考虑各方面的因素，现在的视频信号一般采用 8 位、10 位，在信号质量要求较高的情况下可采用 12 位量化。

3. 编码

经过采样和量化后得到的数字视频的数据量将非常大，所以在编码时要进行压缩。其方法是从时间域、空间域两方面去除冗余信息，减少数据量。编码技术主要分成帧内编码和帧间编码，前者用于去除图像的空间冗余信息，后者用于去除图像的时间冗余信息。

4. 编辑

数字视频的特点在于可以使用非线性编辑，非线性编辑是相对于传统的以时间顺序进行的线性编辑而言的。非线性编辑进行数字化制作时，几乎所有的工作都在计算机中完成，不依靠外部设备，打破了传统的按时间顺序进行编辑的限制，可根据制作需求自由排列组合，具有快捷、简便、随机的特性。

7.5.3　数字视频的制作、剪辑与发布

随着科技的发展，人们对视频的需求增加，原本需要在计算机上进行的操作，如今在移动端也能进行，使人们可以更加自由地进行视频剪辑操作。

Premiere 是主流的视频编辑软件，Premiere Rush 用于移动端，项目工程文件可以互相兼容，功能非常强大。除了 Premiere Rush，常见的移动端视频编辑软件还有剪映、威力导演等。

剪映具有体积小巧、操作简单、兼容性强的优点。用它不仅可以对手机上的视频进行编辑，还可以进行录屏或者现场拍摄后进行编辑，更有一键成片的功能，对制作要求不高、需要快速出片的使用者非常友好。剪映拥有很多 PC 端没有的功能，更符合移动端创作者的使用需求。

在视频剪辑上，剪映针对竖屏屏幕做了界面布局优化，更符合手机等移动端的屏幕布局。帧率和分辨率可以设置为自动适配视频素材，剪辑工具多样，裁剪、变速、字幕、画中画等功能一应俱全。剪辑的后期流程，如配音、配乐、调色等功能也是应有尽有。编辑完毕后，单击"导出"按钮，一键发布为 MP4 格式，并会弹出立即分享到视频平台的选项。目前的移动端视频剪辑软件更像是短视频平台的插件，短视频软件与编辑软件共同形成了短视频生态。

7.6 开发简单的 HTML5 应用项目

本节以一个简单的 HTML5 应用项目为例，介绍 HTML5 的基本概念，HTML5 技术的优势，使用 HTML 标签编写网页结构，使用浮动、定位、Flex 精确控制网页布局，装饰美化网页内容，使用转换、过渡、动画等高级特性，以及发布 HTML5 应用等内容，使读者对 HTML5 有初步的了解。

扫码观看
微课视频

7.6.1 认识 HTML5

1. HTML5 的基本概念

HTML5（H5）是构建 Web 内容的一种语言描述方式，是互联网的下一代标准，是构建及呈现互联网内容的一种语言方式，被认为是互联网的核心技术之一。HTML 诞生于 1990 年。1997 年，HTML4 成为互联网标准，并广泛应用于互联网应用的开发。作为 Web 中的核心语言，用户使用任何手段进行网页浏览时看到的内容都是 HTML 格式的，在浏览器中通过一些技术处理可将其转换成为可识别的信息。HTML5 在 HTML4.01 的基础上进行了一定的改进，是新时代、新背景下的一种新型互联网传播模式。

2. HTML5 技术的优势

随着新一代互联网技术的发展，使用 HTML5 技术能够在多媒体终端灵活地实现跨模式输出，输出模式也从传统的单向模式变成了双向互动模式，使用户的互联网体验大大提升。用户获取的信息载体以多元化方式发展，HTML5 以其简约化的图像、个性化的交互方式成为热门的互联网传播模式。它具有设计方法灵活、方便修改、可内嵌丰富多彩的交互技术、维护成本较低等优势。

7.6.2 使用 HTML5 标签编写网页结构

对 HTML5 来说，让网页结构上标签的定义与使用更加语义化，可帮助搜索引擎及工程师更迅速地理解当前网页的整个重心所在，传统的 HTML 页面布局和 HTML5 页面布局如图 7-16 所示。

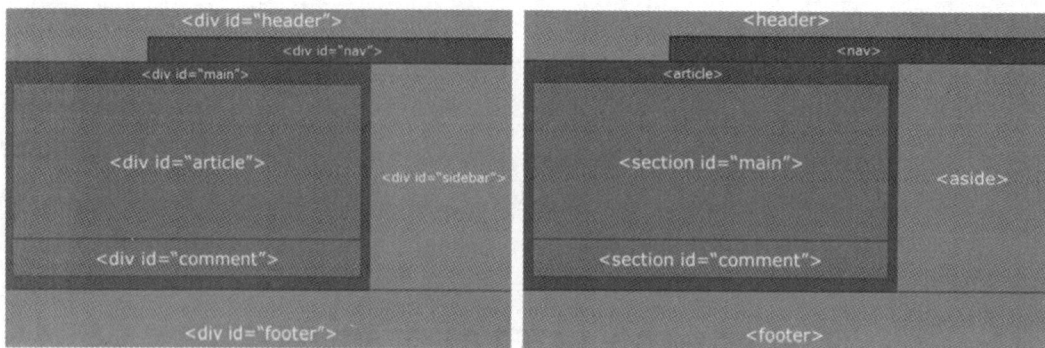

图 7-16　传统的 HTML 页面布局（左）和 HTML5 页面布局（右）

HTML5 中新增的主体结构元素有 article 元素、section 元素、aside 元素、nav 元素、time 元素、pubdate 元素。这些元素让 HTML5 在结构标签、多媒体标签、Web 应用标签、注释标签等方面有了新的补充和变化，具有更加丰富多元的媒体表现，增强了浏览器的原生功能，减少了浏览器插件的应用，提高了用户体验的满意度，让开发变得更加方便。

7.6.3　使用浮动、定位、Flex 精确控制网页布局

1. 浮动和定位

浮动和定位在网页设计中应用得很广泛，是两种主要布局方式的实现方法。一般在网页中，块标签是自上而下的一块块堆叠，行内标签则在一行内从左到右依次并排，较为单调。使用浮动能够让标签内容脱离这种文档流，通过 left、right 浮动值向左、向右浮动，可以把元素移到浏览器的左边、右边，呈现粘贴在边沿的效果，它下边的文本则会集中在它的一边或者下面，如图 7-17 所示。

```
<! DOCTYPE html >    <html>    <head>    <title> float test </title>    <style  type ="text/css" >/* reset */
body, div, p, a, ul, li, h1, h2, h3, h4, h5, h6, pre, img {margin : 0 ; padding : 0 ; }    .wrap {width : 300px ;    margin : 0 auto ;
border : 2px solid #30c13a ;    }    .wrap .fl {    width : 100px ; float : left ;    background-color : #8cceff ;    } </style
>  </head>    <body>    <div    class ="wrap">    <p class ="fl">    The Macintosh Classic is a personal </p>    <p>
It was the first Apple Macintosh sold under US$1, 000. Production of the Classic was prompted by the success of the
Macintosh Plus and the SE. </p>  </div>  </body>  </html>    View Code
```

图 7-17　浮动效果

定位主要用于控制网页中元素的位置，将元素放置到合适的地方。例如浏览网页时可以让顶部导航栏总是悬浮在顶部，即便向下滚动网页也不会移动，这就是定位的体现。将 position 属性设置为 fixed（固定），再规定 left、right 和 top 的属性（设置离网页左边、右边和顶部的距离），即可完成定位操作。

2. Flex 布局

Flex 布局是移动端目前较为流行的布局方式，Flex 布局也称弹性盒布局，往往是通过给父集增加子集来实现效果。

7.6.4 装饰美化网页内容

网页文件本身是一种文本文件，通过在文本文件中添加标记符，可以告诉浏览器如何显示其中的内容。那么如何用处处流露着细腻和创意的动效细节打动人？在 HTML5 中可以通过 CSS 达到装饰美化网页的效果，其中的各种滤镜和特效，都可以运用到 Web 项目中，CSS 代码如图 7-18 所示。

```
1    .grid-img {
2      display: inline-block;
3      width: 220px;
4      height: 220px;
5      &:only-child {
6        width: 320px;
7        height: 320px;
8      }
9      &:nth-child(3n + 1):nth-last-child(2),
10     &:nth-child(3n + 2):last-child {
11       width: 332px;
12       height: 332px;
13     }
```

图 7-18　CSS 代码

7.6.5 使用转换、过渡、动画等高级特性

1. 转换

CSS 动画提供了 2D、3D 及常规的动画属性接口，它可以更改页面中任何一个元素的任意一个属性。CSS 的动画是利用 C 语言编写的，它是系统层面的动画。在 2D 画面中，通过 CSS 转换可以对元素进行移动、缩放、转动、拉长或拉伸。transform 属性适用于 2D 或 3D 转换的元素，如图 7-19 所示。

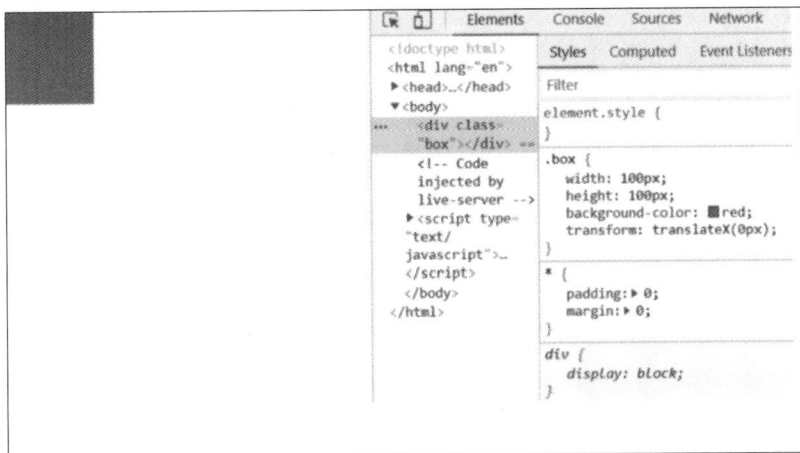

图 7-19　transform 属性

2. 过渡

CSS 中含有用于设置过渡特效的属性 transition，该属性允许 CSS 的属性值在一定的时间

区间内平滑过渡。依靠 CSS 对 JavaScript 和 Flash 的支持，可使页面的性能大大提升。这种效果可以在鼠标指针悬浮、单击、表单元素获得焦点、对元素进行任何改变及在 JavaScript 中执行某些事件时触发，并平滑地以动画效果改变 CSS 的属性值。

3. 动画

HTML5 动画效果的实现依赖 Canvas、CSS 和 JavaScript 来完成，用户可以通过合理的选择实现最优效果，HTML5/CSS 菜单图标动画如图 7-20 所示。

图 7-20　HTML5/CSS 菜单图标动画

7.6.6　发布 HTML5 应用

当前，HTML5 应用程序为企业提供了对本地应用程序开发的简单替代，尤其是随着更多 HTML5 开发框架的出现。任何组织在任何平台上实现移动应用程序都会优先考虑通过 HTML5 来发布。HTML5 应用程序作为专门移动设备优化的网页集合，为流视频和音频数据、图形处理和动画，以及离线支持提供了高级功能，并且语义元素、表单控件和多媒体组件、地理定位服务、拖放操作、本地应用程序缓存等也为应用程序的开发提供了多元支持。

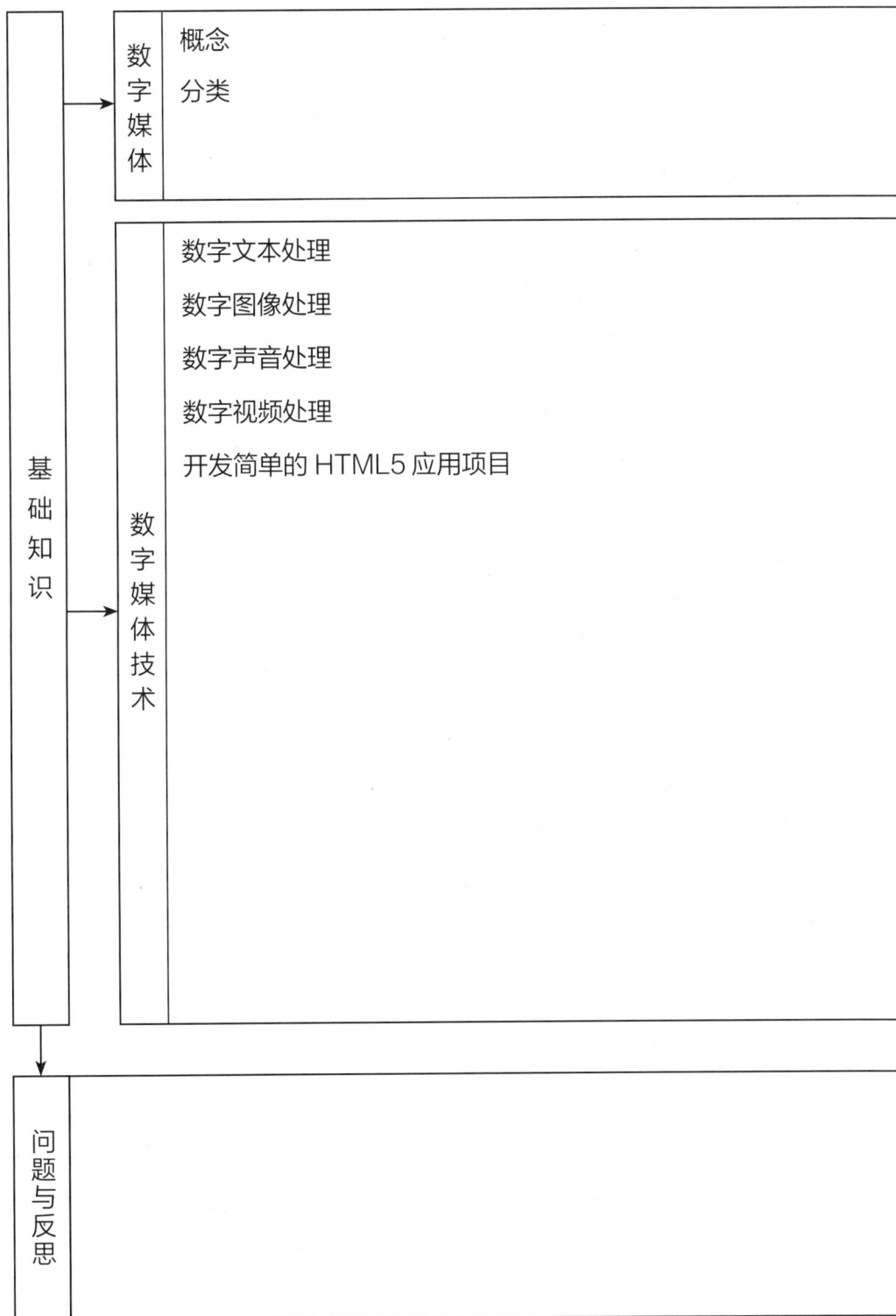

【学习笔记】

基础知识	数字媒体	概念 分类
	数字媒体技术	数字文本处理 数字图像处理 数字声音处理 数字视频处理 开发简单的 HTML5 应用项目
问题与反思		

考核评价

姓名：_____ 专业：_____ 班级：_____ 学号：_____ 成绩：_____

一、单选题（每题 2 分，共 22 分）

1. 要制作电子杂志，以下软件中不可使用的是（ ）。
   A. ZineMaker　　B. PowerPoint　　C. iebook　　D. PocoMaker
2. 文本数字化处理过程基于（ ）文件进行加工。
   A. 二进制　　B. 代码　　C. 多文本　　D. 单一文本
3. 数字图像增强方法是（ ）。
   A. 空间域法和频率域法　　B. 空间域法和时间域法
   C. 时空域法和像素域法　　D. 频率域法和像素域法
4. 以下图片格式为无损压缩格式的是（ ）。
   A. JPG　　B. JPEG　　C. PNG　　D. TIFF
5. 数字音视频的处理过程不包括（ ）。
   A. 采样　　B. 合成　　C. 量化　　D. 编码
6. 以下不是音频文件格式的是（ ）。
   A. WAV　　B. MP3　　C. WMA　　D. MOV
7. 以下不是常用的音频采样频率的是（ ）。
   A. 11.025kHz　　B. 22.05kHz　　C. 44.1kHz　　D. 1.5kHz
8. 以下不是数字视频采样格式的是（ ）。
   A. 4:2:2　　B. 4:4:6　　C. 4:2:0　　D. 4:4:4
9. 以下视频编辑软件中只能在 PC 端使用的是（ ）。
   A. Premiere　　B. 爱剪辑　　C. 剪映　　D. 威力导演
10. HTML5 是构建（ ）内容的一种语言描述方式。
    A. Web　　B. Java　　C. script　　D. HTML
11. HTML 诞生于（ ）年。
    A. 1989　　B. 1990　　C. 1993　　D. 1997

二、多选题（每题 3 分，共 24 分）

1. 数字文本处理的技术过程包含（ ）。
   A. 文本准备　　B. 文本编辑与排版
   C. 文本的存储与传输　　D. 文本展示
2. 文本存储常见的格式有（ ）。
   A. DOC　　B. PSD　　C. PPT　　D. HTML
3. 数字图像处理技术包括（ ）。
   A. 降噪　　B. 识别　　C. 分割　　D. 特征提取

228

4. 以下属于视频格式的有（　　　）。

    A. MOV   B. MP4   C. PNG   D. WAV

5. 目前可见的视频量化位数有（　　　）。

    A. 5 位   B. 8 位   C. 10 位   D. 16 位

6. 以下属于视频编辑软件操作的有（　　　）。

    A. 视频裁剪   B. 变速   C. 添加字幕   D. 声音裁剪

7. HTML5 中新增的主体结构元素有（　　　）。

    A. article 元素   B. section 元素   C. aside 元素   D. pubdate 元素

8. HTML5 技术的优势有（　　　）。

    A. 节约化的图像   B. 个性化交互的方式

    C. 设计方法高效   D. 较低的维护成本

三、判断题（每题 2 分，共 18 分）

1. 数字文本处理过程中的一切都在为文字的展示服务。（　　　）

2. 文本可视化能够加强文本和读者的互动。（　　　）

3. 数字视频只能靠数字摄像机获取。（　　　）

4. 为得到高质量的数字音频，应优先使用 MP3 格式。（　　　）

5. 数字图像的检索技术要依靠分割和特征提取技术。（　　　）

6. 移动端数字视频剪辑软件的功能比 PC 端数字视频剪辑软件少。（　　　）

7. 移动端数字视频剪辑软件只能编辑视频，不能编辑音频。（　　　）

8. CSS 动画只提供了 2D 常规动画属性接口。（　　　）

9. Flex 布局也称弹性盒布局。（　　　）

四、简答题（每题 6 分，共 36 分）

1. 除了语音识别，还有什么方式可以对文字进行识别？

2. 简述数字文本处理的技术过程。

3. 简述音频从录制到编辑再到播放的数字化处理技术过程。

4. 列举几个数字视频编辑软件，并挑选其中一个重点介绍。

5. 简述 HTML5 开发应用的优势。

6. 简述 HTML5 动画的高级特性。

模块8
信息安全

08

信息安全是指信息在产生、制作、传播、收集、处理、选取等过程中的安全。建立信息安全意识，了解信息安全相关技术，掌握常用的信息安全应用，是现代信息社会对高素质技术技能人才的基本要求。本模块主要介绍信息安全的基础知识、相关技术、等级保护，以及信息安全保障和信息安全工具等内容。

学习目标

◎ 建立信息安全意识，能识别常见的网络欺诈行为。
◎ 了解信息安全的基本概念、信息安全的基本要素、信息安全等级保护等内容。
◎ 了解信息安全面临的常见威胁和常用的安全防御技术。
◎ 了解网络信息安全保障的思路。
◎ 了解常用网络安全设备的功能和部署方式。
◎ 掌握利用系统安全中心配置防火墙的方法。
◎ 掌握常用病毒防护软件的配置方法。
◎ 掌握常用第三方信息安全工具的使用方法，并能解决常见的安全问题。

扫码观看
微课视频

知识图谱

信息安全知识图谱如图8-1所示。

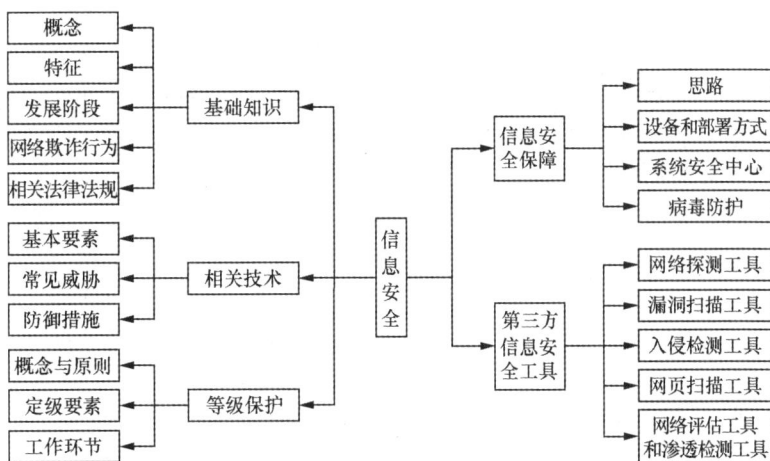

图 8-1　信息安全知识图谱

8.1 认识信息安全

扫码观看
微课视频

本节介绍信息安全的概念、特征、发展阶段，常见的网络欺诈行为，以及信息安全相关的法律法规等内容，帮助读者培养信息安全意识。

8.1.1 信息安全的基础知识

随着信息技术的飞速发展和广泛应用，当今世界已经进入信息化时代，基于信息技术的应用层出不穷、内容丰富，以云计算、大数据、物联网、人工智能为代表的新一代信息技术产业逐渐成为主导世界经济发展的重要推动力量。信息化浪潮在激发传统产业活力的同时，也更加深入地影响着各个国家的政治、军事、教育等诸多领域。基于网络和数据的服务与应用呈爆发式增长，信息资源也日益成为人类社会发展的重要生产要素和战略资源。但由于互联网的开放性、共享性、国际化等特征，黑客入侵、病毒攻击、网络欺诈等信息安全问题日益严峻，并在全球范围内产生广泛而深远的影响。没有安全保障的信息资源无法实现其应有的价值，因此构建信息的安全保障机制已成为世界各国信息化建设的重要任务，也是国家综合实力和国际竞争力的重要体现。

1. 信息安全的概念

（1）信息

信息是对客观世界中各种事物的内部属性、状态、结构、相互联系，以及与外部环境的互动关系和运动状态的反映，具有普遍性、共享性、增值性、可处理性和多效用性，通常表现为文字、数据、图像和声音等多种形式，人们可以根据需要使用工具对信息进行加工、存储、传播和重现。

（2）信息安全

信息安全本身的范围很广，涉及计算机科学、网络技术、通信技术、密码技术、应用数学等众多学科，因此目前没有关于信息安全的统一的定义。

国际标准化组织（International Organization for Standardization，ISO）对信息安全的定义为：为数据处理系统建立和采取的技术与管理的安全保护，保护计算机硬件、软件、数据不因偶然的或恶意的原因而被破坏、更改、泄露。

国家标准《信息安全技术 术语》（GB/T 25069—2010）中将信息安全定义为：保护、维持信息的保密性、完整性和可用性，也可包括真实性、可核查性、抗抵赖性、可靠性等性质。

简而言之，信息安全是指信息在产生、制作、传播、收集、处理、选取等过程中的安全。

2. 信息安全的特征

信息安全通常具有以下3个特征。

（1）复杂性

信息安全面对的是一个涉及设备、网络、人员等众多因素和运转环节的复杂系统，其中任何一个因素或环节的安全问题都会引发全局性的系统危机。信息安全问题不是一个单纯的技术或管理问题，而是相对复杂的综合问题。因此不能孤立地从单一维度或单个安全因素来看待信息安全，而要系统地从技术、管理、工程和标准法规等层面提供综合保障。

（2）动态性

随着信息技术的不断发展，新漏洞不断出现，攻击手段不断更新，信息安全的需求和面临的问题也是动态变化的。同时，云计算、大数据等新技术的不断应用，也带来更多新的安全风险和威胁，因此不能用固化的视角看待信息安全问题，而要根据风险问题的实际变化采取相应的安全措施进行防控。

（3）无边界性

全球信息化的重要特点是开放性和互通性，当前信息的重要传输通道之一是互联网，因此信息传输具有传播速度快、覆盖面广、隐蔽性强、无边界等特点，这使得信息安全威胁超越了设备和地域的限制，对安全保障提出了更高的要求。

3. 信息安全的发展阶段

到本书成稿时，信息安全的发展经历了通信安全、信息安全、信息保障和网络空间安全这 4 个阶段，如图 8-2 所示。

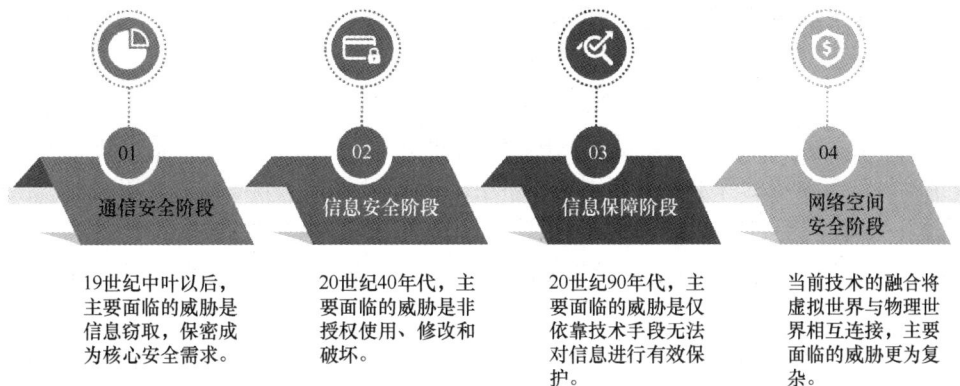

01 通信安全阶段	02 信息安全阶段	03 信息保障阶段	04 网络空间安全阶段
19世纪中叶以后，主要面临的威胁是信息窃取，保密成为核心安全需求。	20世纪40年代，主要面临的威胁是非授权使用、修改和破坏。	20世纪90年代，主要面临的威胁是仅依靠技术手段无法对信息进行有效保护。	当前技术的融合将虚拟世界与物理世界相互连接，主要面临的威胁更为复杂。

图 8-2　信息安全的发展阶段

（1）通信安全阶段

19 世纪中叶以后，人类进入通信新时代，信息安全在这一阶段主要面临的威胁是攻击者对通信内容的窃取，保密成为通信安全阶段的核心需求。

（2）信息安全阶段

20 世纪 40 年代发明的计算机，以及随后出现的计算机网络，极大地改变了信息处理的方式和效率。信息安全在这一阶段主要面临的威胁来自非授权用户对资源的非法使用、对信息的修改和破坏。

（3）信息保障阶段

20 世纪 90 年代，信息系统成为工作和生活不可或缺的一部分，信息安全在这一阶段主要面临的威胁来自个人、犯罪组织等，仅依靠技术手段已经无法对信息进行有效保护。

（4）网络空间安全阶段

随着互联网的不断发展，信息安全进入网络空间安全阶段。信息安全在这一阶段主要面临的威胁更为复杂，技术的融合将虚拟世界与物理世界相互连接，网络空间作为新兴的"第五空间"，已经成为世界各国新的竞争领域。

8.1.2　常见的网络欺诈行为

信息安全涉及的范围很广，不仅涉及国家政治、军事等机密安全，以及商业企业的机密泄露等方面，也与我们每一个人有密切联系，例如近年来持续高发的网络欺诈就是一种典型的针对个人信息安全的攻击手段。

网络欺诈是指不法分子通过电话、网络或手机短信，编造虚假信息，利用人们趋利避害、友情救助等心理设置骗局，对受害人实施远程的、非接触式的欺骗或直接威胁，从而骗取受害人的信任以谋求利益。网络欺诈通常具有隐蔽性、多样性、产业化、跨地域这 4 个突出特点。常见的网络欺诈行为主要可以归纳为以下 10 种：虚假中奖欺诈，冒充亲友欺诈，征婚交友欺诈，网络购物欺诈，就业招聘欺诈，网游装备欺诈，彩票预测欺诈，炒股暴富欺诈，私募基金欺诈，网络钓鱼欺诈。欺诈的方法和手段在不断升级，我们要时刻保持高度警惕，加强防范意识。

8.1.3　信息安全相关的法律法规

网络空间作为"第五空间"，如何在其中实施安全治理、保障信息安全已成为世界各国关注的焦点。美国的信息技术具有国际领先水平，其信息安全法律体系也较完善，其在 2000 年就将信息系统的保护提高到国家战略层面；俄罗斯也于 2000 年首次明确指出在信息安全领域的利益、受到的威胁，以及为保障信息安全应采取的相关措施；欧盟各成员国也陆续制定并颁布了有关信息安全的法律……信息安全立法已经成为世界各国网络空间安全治理的基础工作。

我国非常重视信息安全方面的立法工作，1994 年发布的《中华人民共和国计算机信息系统安全保护条例》中首次使用"信息系统安全"的表述，我国现在已初步形成信息安全的法律体系。其中最重要的是 2017 年实施的《中华人民共和国网络安全法》，这是我国网络安全领域的基本大法，下面简单介绍几部比较重要的信息安全相关法律。

（1）《中华人民共和国网络安全法》

2017 年 6 月 1 日起实施的《中华人民共和国网络安全法》是我国网络安全领域的基本大法，是我国第一部网络安全领域的法律，也是我国第一部保障网络安全的基本法，对于确立国家网络安全基本管理制度具有里程碑式的重要意义。

（2）《中华人民共和国密码法》

2020 年 1 月 1 日实施的《中华人民共和国密码法》是我国密码领域的第一部法律，旨在规范密码应用和管理，促进密码事业发展，保障网络与信息安全。

（3）《中华人民共和国数据安全法》

2021 年 9 月 1 日起实施的《中华人民共和国数据安全法》规范了数据处理活动，保障了数据安全，作为数据领域的基础性法律，具有独特的价值与意义。

（4）《中华人民共和国个人信息保护法》

2021 年 11 月 1 日起实施的《中华人民共和国个人信息保护法》进一步细化、完善了个人信息保护应遵循的原则和个人信息处理规则，明确了个人信息处理活动中的权利与义务边界，健全了个人信息保护工作体制机制，标志着我国个人信息保护立法体系进入新的阶段。

"没有网络安全就没有国家安全，没有信息化就没有现代化。"信息安全相关法律法规的颁布与实施使我们的网络更加安全、更加开放、更加便利，也更加充满活力，它们也是我国成为网络强国的战略基石和战略支撑。

8.2 信息安全的相关技术

扫码观看
微课视频

本节介绍信息安全相关技术，包括信息安全的基本要素、信息安全的常见威胁、信息安全的防御措施及网络安全的等级保护等内容。

8.2.1 信息安全的基本要素

信息安全的最终目标是通过各种技术与管理手段实现网络信息资源的保密性、完整性、可用性、真实性、可控性和不可抵赖性。这 6 点即信息安全的基本要素，其中保密性、完整性和可用性又被称为信息安全的三大基本要素。如果一个网络信息资源系统能够满足保密性、完整性和可用性，那么它通常可被认为是安全的。

（1）保密性

保密性又称机密性，是指防止信息被非法泄露的特性，即保证信息只能被授权实体（包括用户和进程等）使用，非授权实体即使得到信息也无法理解信息的内容。

（2）完整性

完整性是指维护信息的一致性、防止信息被人为或非人为地非授权篡改的特性，即保证信息在生成、传输、存储和使用过程中只能被具有修改权限的实体修改，如果信息被偶然或者蓄意地删除、修改、伪造、插入，授权使用信息的实体可以判断出信息是否真实、完整。

（3）可用性

可用性是指保障信息资源可以被授权实体随时根据需要访问的特性，即保证信息随时可提供服务，不能拒绝授权实体的访问要求。

（4）真实性

真实性是指要求系统在交互运行中确保信息的各个要素真实且齐全的特性，即保证信息来源及信息交互双方身份的真实、可信。

（5）可控性

可控性是指控制授权范围内的信息内容、流向和行为方式的特性，即保证对信息的内容、使用者、使用位置和使用方法等进行监测与控制，对出现的安全问题提供信息调查和追踪手段。

（6）不可抵赖性

不可抵赖性也称可审查性，是指信息交互过程中，所有参与者不能否认曾经完成的操作或承诺的特性，即保证信息发送和接收的双方无法否认曾经完成的操作。

8.2.2　信息安全的常见威胁

信息安全威胁是指某个实体（用户或进程）对某一信息资源的保密性、完整性、可用性、真实性、可控性和不可抵赖性可能造成的危害。

1. 信息安全威胁的分类

信息安全威胁可以分为故意威胁和偶然威胁。故意威胁通常是人为原因造成的；偶然威胁通常是自然因素（包括自然灾害和软硬件故障等）或人为失误等原因造成的，具有偶发的特点。

故意威胁可以分为外部威胁和内部威胁。外部威胁来自信息网络边界外部，通常是外部黑客等人员造成的；内部威胁来自信息网络边界内部，通常是内部人员造成的。

外部威胁可以分为被动威胁和主动威胁。被动威胁又称为被动攻击，指以窃取信息为目的，只对信息进行监听，而不进行修改和破坏；其他涉及对信息进行故意篡改或产生一个虚假的信息资源，使合法用户无法有效使用信息的威胁统称为主动威胁，也称主动攻击。信息安全威胁的分类如图 8-3 所示。

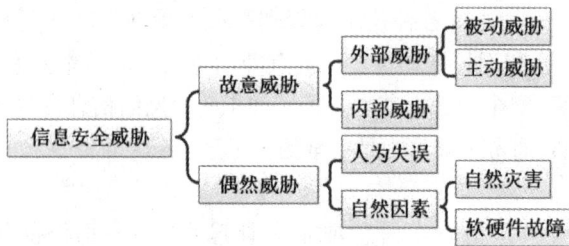

图 8-3　信息安全威胁的分类

2. 信息安全的常见威胁举例

① 自然因素：包括各种自然灾害、环境或场地条件不良造成的威胁，主要破坏信息资源的完整性和可用性。

② 内部人员的不良行为：包括内部人员的误操作，以及内部人员有意或无意地泄密、更改信息资源，恶意破坏信息网络系统等，主要破坏信息资源的保密性、完整性、可用性、真实性和可控性。

③ 窃听、业务流分析和重放：包括通过搭线或使用电磁波接收装置等方式截获信息资源，或通过对系统进行长期监听从而发现有价值的信息和规律，截获的信息录制后可以在必要的时候重发或反复发送，主要破坏信息资源的保密性、完整性、真实性和可控性。

④ 有害程序的攻击：包括利用计算机病毒、网络蠕虫、特洛伊木马、僵尸网络、网页内嵌恶意代码等有害程序窃取、篡改、破坏或恶意捏造信息资源，主要破坏信息资源的保密性、完整性、真实性和可控性。

⑤ 外部人员的恶意攻击：包括拒绝服务攻击，使合法用户不能正常访问网络资源，使有严格时间要求的服务不能及时得到响应，利用信息系统的脆弱性或安全缺陷实施旁路控制、漏洞攻击以获得信息资源访问权限进行非法访问或篡改，使授权实体无法使用正确信息，主要破坏信息资源的保密性、完整性、可用性和可控性。

⑥ 假冒和业务欺骗：包括通过伪系统或系统部件冒充合法地址或身份欺骗网络中的其他主机及用户，冒充网络控制程序越权使用网络设备和资源，主要破坏信息资源的保密性、完整性、可用性、真实性和可控性。

⑦ 物理入侵：物理入侵造成的信息安全威胁包括入侵者绕过物理设备的控制，访问或修改信息资源，主要破坏信息资源的保密性、完整性、可用性和可控性。

⑧ 抵赖：抵赖造成的信息安全威胁包括信息发送者和接收者否认曾经发送过或接收过的某条消息，主要破坏信息资源的不可抵赖性。

8.2.3　信息安全的防御措施

计算机信息安全涉及国家、社会和个人的经济利益，因此人人都需要增强信息安全防护意识，同时必须采取相应的信息安全防御措施来保证信息不受侵犯，确保计算机运行的安全。

1. 物理防御措施

信息系统、网络服务、通信链路等物理设备和线路应避免遭受物理环境因素的破坏和影响，重要设备所在的物理环境应具备防盗、防火、防雷、防水、防毁等物理安全设施，同时在温度、湿度、洁净、供电等方面要保障设备的正常运行。对于机密性较高的通信链路，要采用电磁泄露防护技术，保障通信链路的安全。目前物理防御措施主要包括对传导发射的保护和对辐射的防护两个方面。

2. 技术防御措施

信息安全防御涉及的方面比较广泛，从技术层面上讲主要包括防火墙技术、入侵检测技术、病毒防护技术、加密技术和认证技术等。

（1）防火墙技术

防火墙技术是由软件和硬件共同组成的安全策略的集合，是最基本的信息安全防御措施，目前防火墙主要包括数据包过滤和代理防火墙两大类。该技术通过在防火墙设备上设置安全策略来限制进出网络系统的数据，减少恶意入侵等对计算机系统的威胁，进而保障内部网络的安全。

（2）入侵检测技术

入侵检测技术是对计算机和网络资源进行实时监控，并针对恶意使用行为进行识别和相应处理的技术。它是一种积极主动的安全防护技术，作为对防火墙极其有力的补充，入侵检测技术能够帮助网络系统快速发现恶意攻击。入侵检测技术从检测方法方面可分为异常检测和误用检测，从检测信息来源方面可分为基于主机的入侵检测和基于网络的入侵检测。

（3）病毒防护技术

病毒防护技术的主要手段是在计算机系统中安装杀毒软件，对计算机进行检测，在发现病毒后，利用杀毒软件进行杀毒。

（4）加密技术

信息加密的目的是保护系统内的数据、文件、口令和控制信息，保护网上传输的数据。加密技术分为对称加密和非对称加密两大类。对称加密技术加密和解密使用的密钥相同。非对称加密技术也称为公开密钥加密体制，加密密钥和解密密钥不同，公钥可以公开而私钥需要保密。

（5）认证技术

认证技术通过检验消息传输过程中的某些参数来防止伪造、篡改、冒名顶替等攻击，主要包括身份认证和信息认证。

3. 管理防御措施

在网络安全中，除了采用上述物理与技术防御措施之外，还要与行政管理结合，加强信息安全意识，完善信息安全管理制度，确保网络系统安全、可靠地运行。

（1）加强信息安全意识

随着计算机技术的发展，各种网络攻击技术也在不断更新，计算机使用者要增强安全防护意识，了解计算机信息安全保密知识，例如不随意打开从网络上下载的各种来路不明的文件、图片和电子邮件，不随意单击不可靠链接等。

（2）完善信息安全管理制度

保证网络安全需要靠一些安全技术，但最重要的还是要有详细的安全策略和良好的内部管理。网络的安全管理制度主要包括：确定安全管理等级和安全管理范围；制定有关网络操作使用规程和人员出入机房的管理制度；制定网络系统的维护制度和应急措施等。

8.2.4 信息安全等级保护

2007年，《信息安全等级保护管理办法》（公通字〔2007〕43号）的正式发布，标志着信息安全等级保护1.0标准的正式实施。随着信息技术的发展，等级保护对象已经从狭义的信息系统，扩展到网络基础设施、云计算平台、大数据平台/系统、物联网、工业控制系统及采用移动互联技术的系统等，基于新技术、新手段提出新的等级技术保护机制和完善的管理手段是信息安全等级保护2.0标准必须考虑的内容。2017年，《中华人民共和国网络安全法》的正式发布，标志着信息安全等级保护2.0标准的正式实施，信息安全等级保护架构如图8-4所示。

1. 基本概念

信息安全等级保护是指对国家秘密信息、法人和其他组织及公民的专有信息及公开信息，以及存储、传输、处理这些信息的信息系统分等级实施安全保护，对信息系统中使用的信息安全产品按等级实施管理，对信息系统中发生的信息安全事件分等级响应、处置。

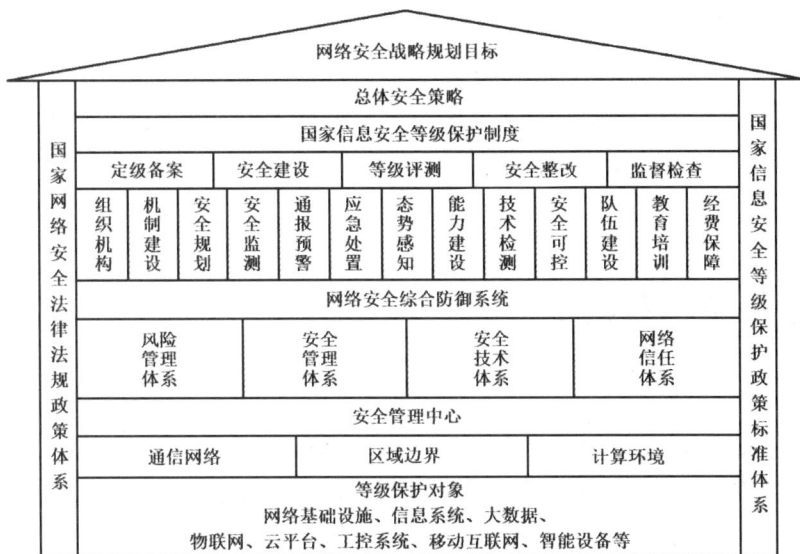

图 8-4 信息安全等级保护架构

2. 基本原则

信息安全等级保护的基本原则是对信息安全分等级、按标准进行建设、管理和监督,包括:明确责任,共同保护;依照标准,自行保护;同步建设,动态调整;指导监督,重点保护 4 项原则。

3. 等级保护的级别与定级要素

根据《信息安全技术 网络安全等级保护定级指南》(GB/T 22240—2020)的要求,根据等级保护对象在国家安全、经济建设、社会生活中的重要程度,以及一旦遭到破坏、丧失功能或者数据被篡改、泄露、丢失、损毁后,对国家安全,社会秩序,公共利益及公民、法人和其他组织的合法权益的侵害程度等因素,等级保护可分为 5 个安全等级,第一级至第五级分别为自主保护、指导保护、监督保护、强制保护和专控保护,保护等级逐级升高。

信息安全保护等级由两个定级要素决定:等级保护对象受到破坏时所侵害的客体和对客体造成侵害的程度。其中,等级保护对象受侵害客体包括 3 个方面:公民、法人和其他组织的合法权益;社会秩序、公共利益;国家安全。等级保护对象受到破坏时对客体造成侵害的程度可分为以下 3 种:一般损害;严重损害;特别严重损害。定级要素与网络安全等级保护的关系如表 8-1 所示。

表8-1 定级要素与网络安全等级保护的关系

受侵害的客体	对客体的侵害程度		
	一般损害	严重损害	特别严重损害
公民、法人和其他组织的合法权益	第一级	第二级	第二级
社会秩序、公共利益	第二级	第三级	第四级
国家安全	第三级	第四级	第五级

4. 等级保护的工作环节

根据信息安全等级保护相关标准，等级保护工作总共分 5 个环节，分别为：信息系统定级、信息系统备案、系统安全建设、信息系统开始等级测评和主管单位定期开展监督检查。其中，信息系统定级是信息安全等级保护的首要环节和关键环节。

8.3 应用信息安全

本节介绍应用信息安全知识，包括网络信息安全保障的思路、常用网络安全设备的功能和部署方式，以及系统安全中心和第三方信息安全工具的基本使用方法等内容，帮助读者解决信息安全常见问题，学会信息的安全应用。

8.3.1 网络信息安全保障的思路

扫码观看
微课视频

1. 基本概念

网络信息安全保障是在信息系统的整个生命周期中，通过对信息系统的风险分析，制定并执行相应的安全保障策略，从技术、管理、工程和人员等方面提出安全保障要求，确保信息系统的保密性、完整性和可用性，使安全风险降低到可接受的程度，从而保障系统实现组织机构的使命。

2. 基本原则

一个完整的网络信息安全保障方案所考虑的问题应该是非常全面的。保证网络信息安全需要依靠有效的安全技术、细致的安全策略和良好的内部管理。在确立网络信息安全的目标和策略后，还要确定实施成本，选择切实可靠的技术方案，方案实施完成之后更要加强管理，制定网络安全管理措施。制定网络信息安全保障体系的基本原则包括：综合平衡原则、整体分析与分级授权原则、方便用户原则、灵活适应性原则和可评估性原则。

3. 基本思路

面对网络系统的各种威胁和风险，以往针对单方面的具体的安全隐患所提出的具体解决方案具有一定的局限性，应对措施也难免顾此失彼。面对新的网络环境和威胁，需要建立一个以深度防御为特点的网络信息安全保障体系，主要包括 5 个部分：网络安全策略、网络安全政策与准则、网络安全运作、网络安全管理和网络安全技术。

8.3.2 常用网络安全设备的功能和部署方式

安全设备的工作模式通常可以分为串联模式和旁路模式两大类。在串联模式下，安全设备串联在链路中，所有数据流量需经过网络设备，串联模式又分为路由模式和透明模式。在旁路模式下，安全设备在网络结构中处于旁路状态，旁路模式又分旁路监听模式和旁路代理模式。下面简单介绍目前市场中主流网络安全设备的功能和部署方式。

（1）防火墙

防火墙（Firewall，FW）的主要功能是通过限制 IP 地址和端口的组合来允许或拒绝某些访问，常见部署方式是串联在外联出口或者区域性出口位置，对内外流量进行安全隔离，如图 8-5 所示。

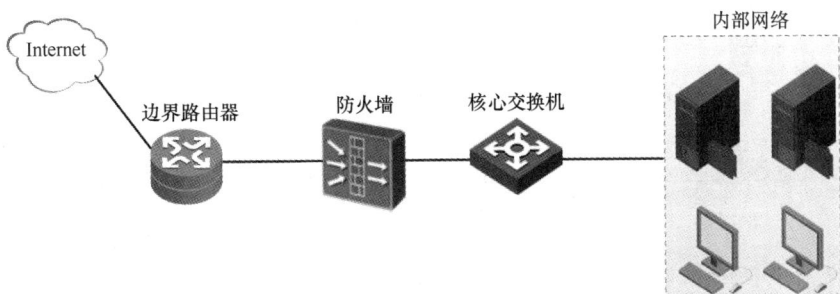

图 8-5　防火墙的常见部署方式

（2）入侵检测系统

入侵检测系统（Intrusion Detection System，IDS）是一种对网络传输进行实时监视，在发现可疑传输时发出警报或者采取主动反应措施的网络安全设备，常见部署方式是旁路模式，该部署方式可以不阻断任何网络访问并提供报告和事后监督，如图 8-6 所示。

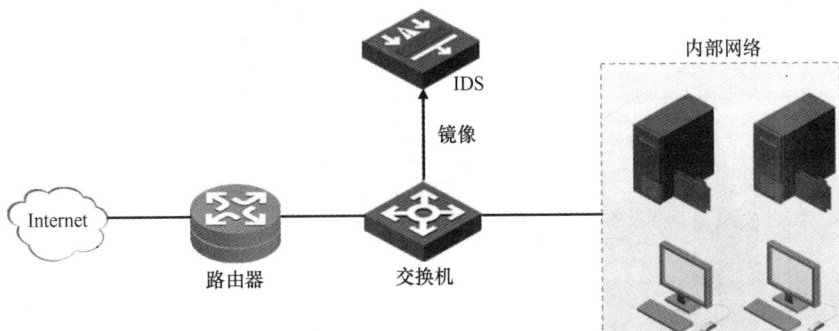

图 8-6　入侵检测系统的常见部署方式

（3）入侵防御系统

入侵防御系统（Intrusion Prevention System，IPS）是一种能够监视网络或网络设备的网络资料传输行为的网络安全设备，能够及时中断、调整或隔离一些异常的网络传输行为。IPS 类设备常见部署方式是串接在主干路上，对内外网异常流量进行监控处理，如图 8-7 所示。

（4）统一威胁管理系统

统一威胁管理（Unified Threat Management，UTM）系统又称安全网关，是将网络防火墙、网络入侵检测与防御和网关防病毒功能集成在一个设备上集中管理的新型安全设备，它将多种安全特性集成在一个硬件里，构成一个标准的统一管理平台。UTM 类安全设备主要是以串联方式部署在网络边界，常见部署方式如图 8-8 所示。

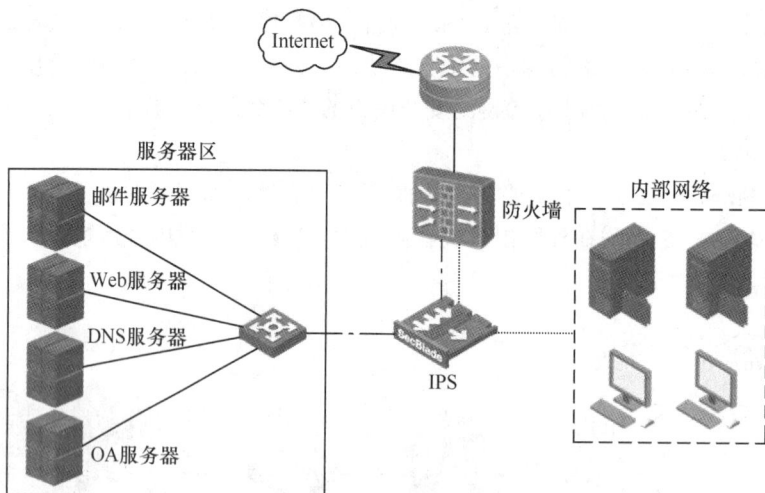

图 8-7　入侵防御系统的常见部署方式

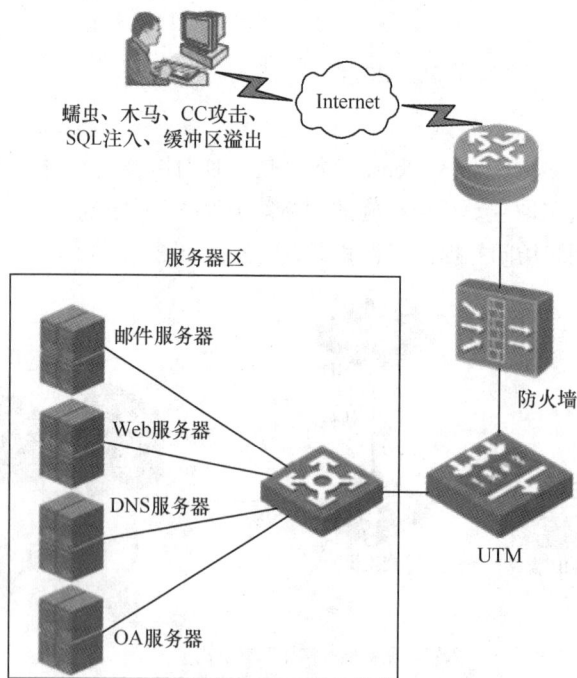

图 8-8　统一威胁管理系统的常见部署方式

（5）主动安全类产品

主动安全类产品的特点是协议针对性非常强，例如 Web 应用防护系统（Web Application Firewall，WAF）是一种新型信息安全技术，专门负责超文本传输协议（Hyper Text Transfer Protocol，HTTP）的安全处理。通常情况下，WAF 的部署可以通过旁路的方式放在企业对外提供网站服务的非军事区（Demilitarized Zone，DMZ）或者放在数据中心服务区域，如图 8-9 所示，也可以通过串联模式与防火墙或 IPS 等网关设备连在一起，如图 8-10 所示。

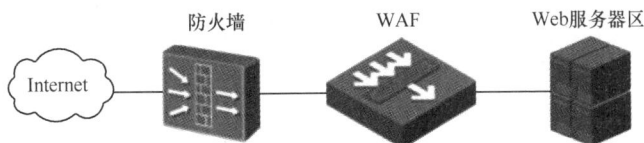

图 8-9　Web 应用防护系统的旁路部署方式

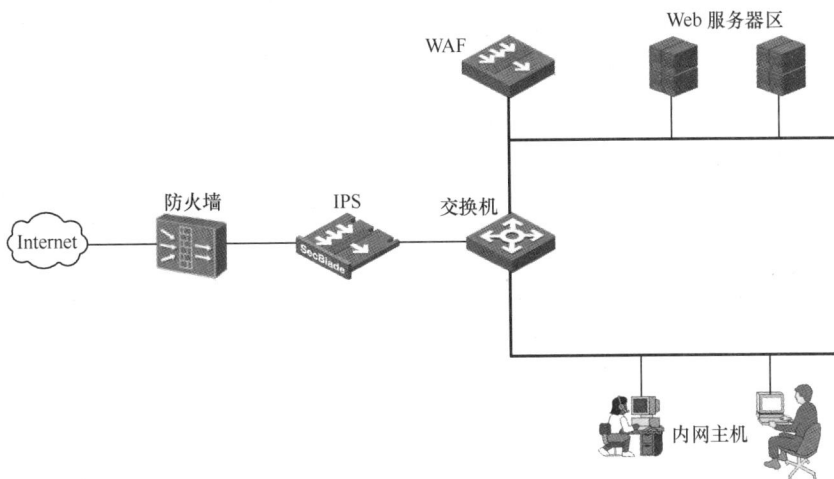

图 8-10　Web 应用防护系统的串联部署方式

8.3.3　使用系统安全中心

1. 配置用户账户及权限

（1）用户账户的概念

用户账户是操作系统的基本安全组件，记录系统使用者的用户名、口令等信息。通常操作系统都是通过用户账户来识别使用者，并赋予访问计算机资源或从网络中访问这台计算机的共享资源的相关权限。我们日常使用的 Windows 10 包含以下 4 种类型的用户账户。

- 管理员账户：对计算机有最高控制权，可进行任何操作，该账户也是黑客常攻击的账户。
- 标准账户：日常使用的基本账户，可运行应用程序，能对系统进行常规设置，但这些设置只对当前标准账户生效，不影响其他账户，标准账户一般用于别人需要长期使用自己的计算机时。
- 来宾账户：暂时使用计算机时，可用来宾账户直接登录到系统，不需要输入密码，其权限比标准账户低，无法对系统进行任何设置，该账户默认被禁用。
- Microsoft 账户：使用 Microsoft 账户登录，则进行的任何个性化设置都会同步到登录了该账户的其他设备或计算机端口。

（2）权限的概念

权限是针对资源而言的，是操作系统中不同用户账户对文件、文件夹、硬件等资源的访问能力。Windows 10 中针对资源的权限可以分为新技术文件系统（New Technology File

System，NTFS）权限与共享权限两种，NTFS 权限针对所有在 NTFS 分区中的资源，是用户直接从本地登录计算机时对资源的访问能力。NTFS 权限包括标准权限和特别权限，其中标准权限包括完全控制、修改、读取和执行、列出文件夹内容、读取、写入 6 种。共享权限针对共享到网络上的资源，是用户从网络远程连接计算机使用共享资源的访问能力。共享权限包括完全控制、更改、读取 3 种。如果用户远程使用的共享资源位于 NTFS 分区，则对该资源的访问能力同时受 NTFS 权限和共享权限作用，以两种权限中较严格的权限为准。

（3）添加用户账户

在 Windows 10 家庭版中，如果需要添加账户可以按照以下步骤进行操作。

① 单击"开始"菜单中的"设置"按钮◎，如图 8-11 所示，打开"Windows 设置"窗口，如图 8-12 所示，单击"账户"按钮，打开"账户信息"窗口。

图 8-11 单击"设置"按钮

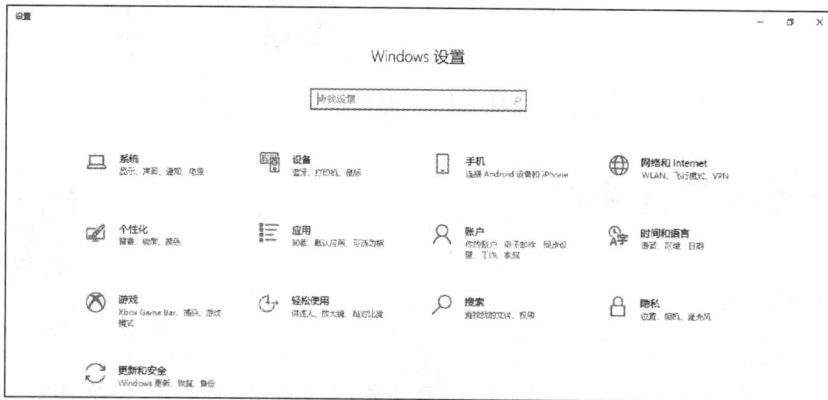

图 8-12 "Windows 设置"窗口

② 在"账户信息"窗口中单击"家庭和其他用户"按钮，如图 8-13 所示，打开"家庭和其他用户"窗口，单击"将其他人添加到这台电脑"按钮，打开"为这台电脑创建用户"对话框，如图 8-14 所示。若计算机连接到了互联网则会出现"此人将如何登录"提示页面，单击"我没有这个人的登录信息"按钮，在下一个页面中单击"添加一个没有 Microsoft 账户的用户"按钮，进入"为这台电脑创建用户"对话框。

图 8-13 "账户信息"窗口

③ 在"为这台电脑创建用户"对话框中按照提示输入"用户名""密码"并设置 3 个安全

问题和答案，单击"下一步"按钮，即可完成新用户的创建，如图 8-15 所示。注意账户名可以是中文或英文，长度不能超过 20 个字符，不能使用 [、]、/、\、"、:、;、|、=、,、+、*、?、<、>这些字符，并且账户名在本地计算机中必须唯一，不能重复。

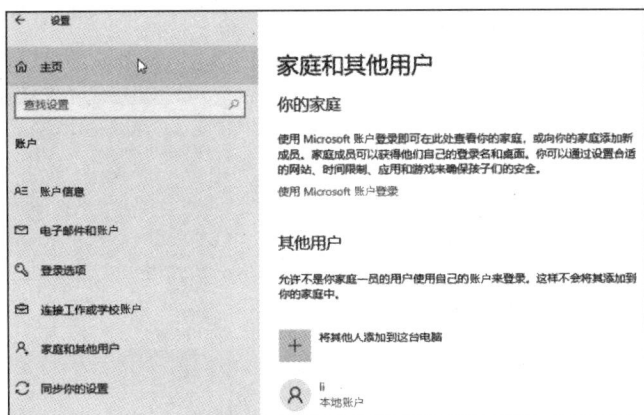

图 8-14　"家庭和其他用户"窗口

④ 新创建的用户默认为系统的标准账户，若需要将其设置为管理员账户，可以单击该账户页面，在"家庭和其他用户"下，选择账户所有者名称，然后选择"更改账户类型"类型，在弹出的对话框中更改该账户的类型为"管理员"，如图 8-16 所示。

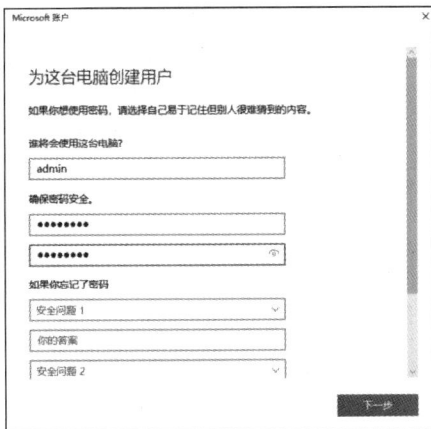

图 8-15　设置账户

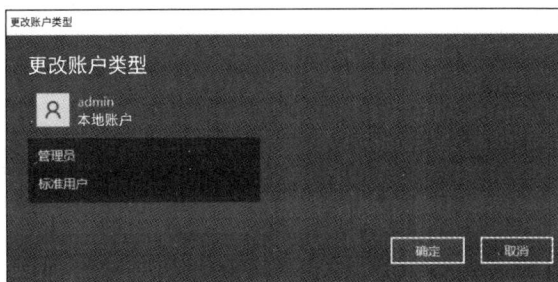

图 8-16　更改账户类型

（4）设置 NTFS 权限

Windows 系统中会为每一个 NTFS 分区自动设置默认的 NTFS 权限，并且这些权限会被该分区的所有文件夹和文件所继承。能够设置权限的用户可以是管理员账户、该资源（文件或文件夹等）的拥有者或对该资源具有完全权限的用户，设置过程可以参考以下步骤。

扫码观看
微课视频

① 右击需要设置的权限的资源，在右键菜单中选择"属性"命令，在打开的对话框中选择"安全"选项卡，可以看到已经默认设置的不同用户或用户组对该资源的权限，如图 8-17 所示。

② 单击"编辑"按钮，弹出该资源的权限设置对话框，如图 8-18 所示。单击"添加"按钮，打开"选择用户或组"对话框，如图 8-19 所示，单击"高级"按钮，在打开的对话框中单击"立

即查找"按钮，在"搜索结果"列表框中选择相关的用户，单击"确定"按钮，该用户就会被添加到该资源"属性"对话框"安全"选项卡的"组或用户名"列表框中。

图 8-17　文件夹属性

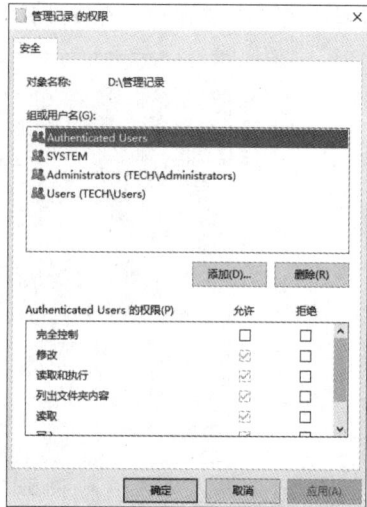

图 8-18　文件夹权限

③ 在"安全"选项卡中选择刚添加的用户，在该用户的权限列表框中选择相关权限。如果明确需赋予该用户某个权限，则在"允许"列勾选对应的复选框；如果明确不赋予该用户某个权限，则在"拒绝"列勾选对应的复选框，如图 8-20 所示。设置完毕后单击"确定"按钮，返回该资源的"属性"对话框，单击"设置"按钮⚙，完成对该资源的权限设置。

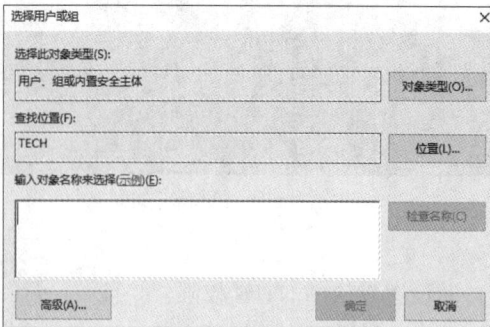

图 8-19　选择用户或组

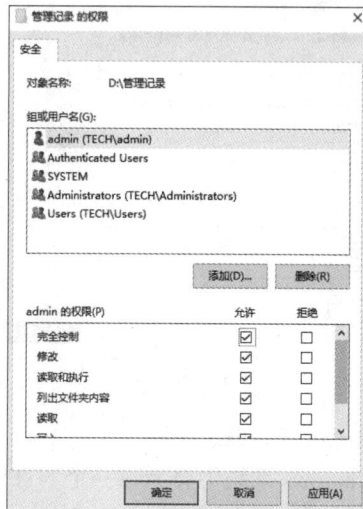

图 8-20　设置文件夹权限

2. 配置防火墙

防火墙是建立在现代通信网络技术和信息安全技术基础上的应用性安全隔离技术，是一种位于两个（或多个）网络间的重要网络防护设备，可以分为硬件防火墙和软件防火墙，通常用于将内部网和公众网（如 Internet）进行隔离。相对来说，硬件防火墙的安全性更高、兼容性更好，但价格相对更贵。软件防火墙部署在系统主机上，会占用系统资源，在一定程度上会影响系统性能，安全性较硬件防火墙稍差，一般用于个人计算机系统。防火墙基本都是依据需要进行配置并应用规则策略，Windows Defender 防火墙是 Windows 操作系统集成的软件防火墙，如图 8-21 所示。它是一种有状态的主机防火墙，也是分层安全模型的重要部分，允许用户创建网络流量流入或流出的相关规则，为设备提供基于主机的双向网络流量筛选，阻止未经授权的网络流量流入或流出本地设备，从而保护网络安全。下面以 Windows Defender 防火墙为例，简单介绍防火墙的配置。

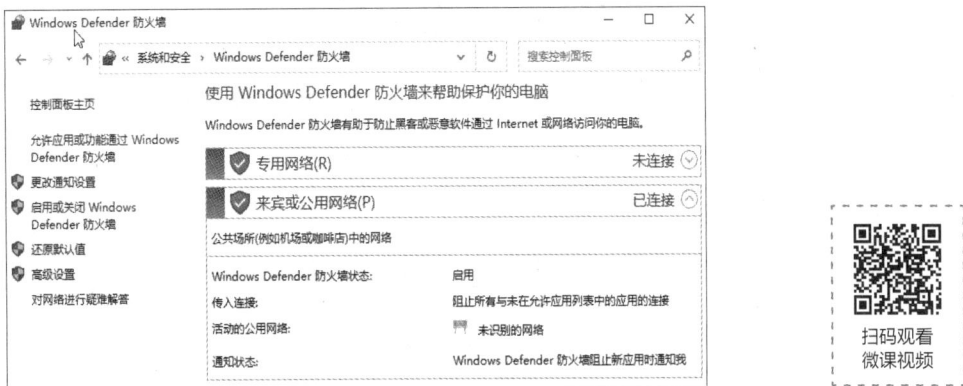

图 8-21　Windows Defender 防火墙

① 右击"开始"菜单，选择"运行（R）"命令，在"运行"对话框中输入"wf.msc"，如图 8-22 所示，单击"确定"按钮打开"高级安全 Windows Defender 防火墙"窗口。

② 在"高级安全 Windows Defender 防火墙"窗口"概述"面板中可以看到显示设备可连接到的每种类型网络的默认安全规则设置，如图 8-23 所示。右击左侧窗格中的"本地计算机上的高级安全 Windows

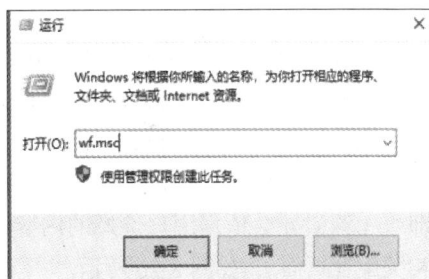

图 8-22　输入"wf.msc"

Defender 防火墙"选项，选择"属性"命令，打开属性对话框，可以查看每个配置文件的详细设置，如图 8-24 所示。其中"域配置文件"选项卡用于设置域控制器（Domain Controller，DC）的账户身份验证系统的网络；"专用配置文件"选项卡用于设置专用网络（如家庭网络）；"公共配置文件"选项卡用于设置 Wi-Fi 热点、机场或商店等公共网络，具有更高的安全性。

图 8-23　"概述"面板

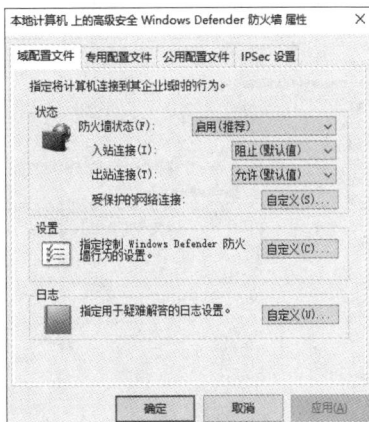

图 8-24　防火墙属性

247

③ 单击左侧窗格中的"入站规则""出站规则""连接安全规则"选项，可以看到当前相应规则的具体设置，如图 8-25 所示，同时可以在右侧"操作"窗格中依据需要新建规则。

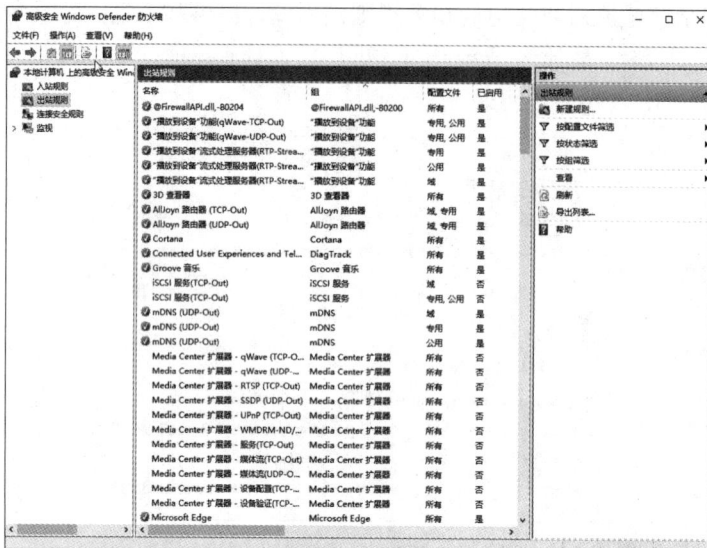

图 8-25　Windows Defender 防火墙规则具体设置

④ 若需要一个"阻止 360 浏览器访问公网"的出站规则，则单击"出站规则"按钮，再单击"操作"窗格中的"新建规则"按钮，打开"新建出站规则向导"对话框，根据提示设置即可（该向导会依据用户选择的内容自动适配相关配置页面），如图 8-26 所示。

⑤ 在"规则类型"页面中选中"程序"单选按钮，单击"下一步"按钮，进入"程序"页面。选中"此程序路径"单选按钮，通过单击"浏览"按钮设置程序路径，如图 8-27 所示。

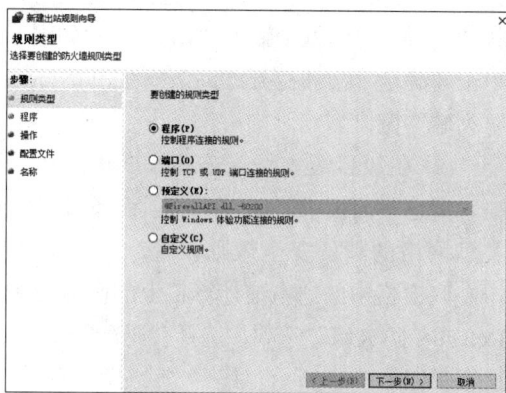

图 8-26　出站规则向导

单击"下一步"按钮，进入"操作"页面，选中"阻止连接"单选按钮，如图 8-28 所示，单击"下一步"按钮，进入"配置文件"页面。

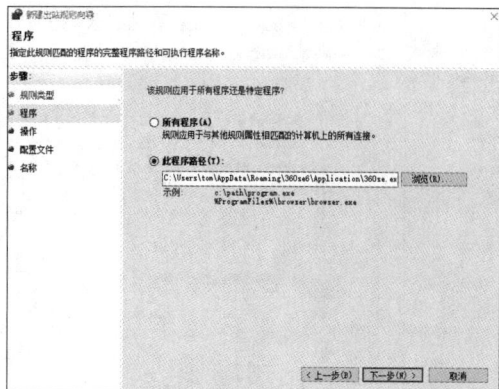

图 8-27　设置程序路径

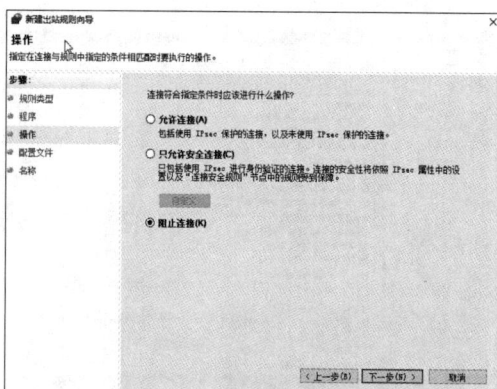

图 8-28　设置操作规则

⑥ 根据需要勾选在哪些网络类型中应用哪些规则，例如勾选"公用"复选框，如图 8-29 所示。单击"下一步"按钮，进入"名称"页面，为该规则指定一个名称和简单描述，方便以后管理，如图 8-30 所示。单击"完成"按钮，完成规则的创建。

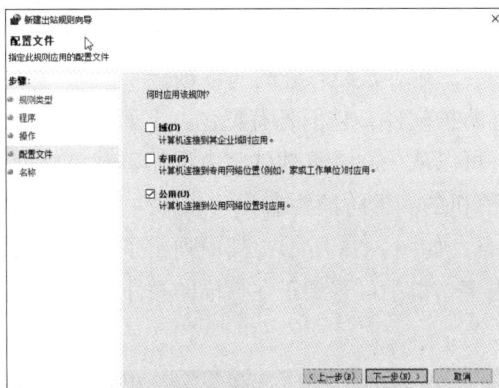

图 8-29 设置规则应用的网络类型

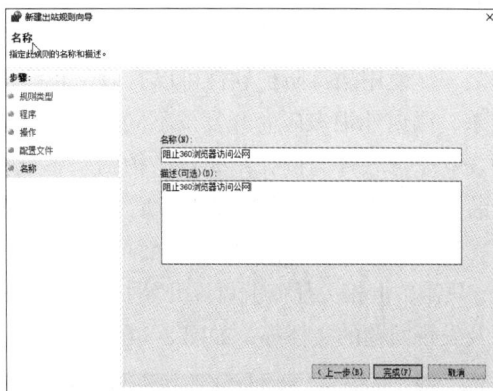

图 8-30 设置规则名称

规则创建完成后，可以在"出站规则"列表框中看到该规则，前面有⊗按钮则代表该规则已生效，并阻止连接，如图 8-31 所示。规则生效前后使用 360 浏览器访问网站的对比，如图 8-32 所示。

图 8-31 规则生效

图 8-32 规则生效对比

3. 配置病毒防护软件

计算机病毒是人为制造的对计算机信息或系统具有破坏作用的程序，其具有破坏性、隐秘性、传染性和寄生性等特点，计算机中病毒后轻则影响机器运行速度，重则使系统被破坏、造成宕机，所以计算机病毒是信息安全的重要威胁之一。使用病毒防护软件可以有效防止病毒入侵，并对已经感染的病毒进行查杀。国内外很多厂商开发了不同的计算机病毒防护软件，它们各有特色。下面以比较常用的 360 杀毒软件为例介绍病毒防护的基本配置，可以从 360 杀毒软件官方网站下载该软件并安装，该软件的默认配置基本满足大部分个人计算机的病毒防护要求。

① 打开 360 杀毒软件主界面可查看相关信息，如图 8-33 所示。其中列出了扫描快捷任务，只需单击相关任务就可以开始扫描，在扫描进度窗口中可看到正在扫描的文件、总体进度，以及发现问题的文件等，如图 8-34 所示。

图 8-33　360 杀毒软件主界面

图 8-34　360 杀毒软件扫描进度窗口

② 如果需要依据个人计算机的具体情况进行查毒、杀毒操作，可以单击 360 杀毒软件主界面右上角的"设置"按钮，进入"设置"对话框，进行个性化设置。

③ 在"常规设置"选项卡中可以设置相关功能，在复选框前方将其勾选即可，一般可以勾选"登录 Windows 后自动启动""将'360 杀毒'添加到右键菜单""自动上传发现的可疑程序文件"复选框，并勾选"自我保护已开启"单选按钮，如图 8-35 所示。

④ 在"多引擎设置"选项卡中可以根据计算机的配置及实际需求勾选 360 杀毒软件内置的多个查杀引擎，如图 8-36 所示。

图 8-35　常规设置

图 8-36　多引擎设置

⑤ 在"病毒扫描设置"选项卡中可以根据需要设置扫描的文件类型，发现病毒的处理方式及其他扫描选项，如图 8-37 所示。若需要进行较为完整的查杀，则建议选中"扫描所有文件"单选按钮；若需要较快速地查杀病毒，则建议选中"仅扫描程序及文档文件"单选按钮。"发现病毒时的处理方式"选项组是比较重要的一项，若查杀位置有较为重要的文件，需要避免杀毒软件误查杀，则建议选中"由用户选择处理"单选按钮，否则可以选中"由 360 杀毒自动处理"单选按钮，这样杀毒软件在扫描出病毒后会自动清理病毒。在"其他扫描选项"选项组中可以选择是否勾选"扫描磁盘引导扇区""扫描 Rootkit 病毒"等复选框。查杀越深层，病毒就越无处可藏，但查杀的时间也会有所延长。如果需要让系统按计划自动实施查杀病毒，则可以勾选"启用定时查毒"复选框，并指定扫描类型和扫描时间。

⑥ 在"实时防护设置"选项卡中，可以设置实时防护的相关参数，如图 8-38 所示。可以在"防护级别设置"选项组中设置实时防护的安全等级，级别越高计算机就越安全。但高度防护意味着需要对每个运行的程序都进行防护监控，因此会影响系统性能，一般选择中度防护即可。在"监控的文件类型"选项组中可以选择监控哪些文件，监控越全面，系统就越安全，但运行速度也就随之变慢。在"其他防护选项"选项组中可以勾选"实时监控间谍文件"复选框和"拦截局域网病毒"复选框以提高系统的病毒防护能力。

图 8-37 病毒扫描设置

图 8-38 实时防护设置

除了上述的主要设置外，还可以依据具体需要在"升级设置""文件白名单""免打扰设置""异常提醒""系统白名单"等选项卡中进行设置，从而达到更好的病毒防护和系统性能提升效果。

8.3.4 使用第三方信息安全工具

在信息安全行业中，在进行信息收集、漏洞扫描和渗透测试等工作任务时，必不可少地需要使用相关工具，信息安全工具的使用促进了信息安全技术的进一步发展，下面以网络探测工具、漏洞扫描工具、入侵检测工具、网页扫描工具、网络评估工具和渗透检测工具为例进行介绍。

1. 网络探测工具

网络探测指对计算机网络或服务器进行扫描，以获取有效的地址、活动端口号、主机操作系统类型和安全弱点的攻击方式。端口扫描是获取主机信息的一种重要方法，通过对目标系统的端口进行扫描，可以获取主机的服务开放、系统配置等情况。其中开放扫描的实现最为直接，即与目标主机的指定端口建立 TCP 连接。如果建立成功，则目标主机的指定端口开放；如果建立不成功，则目标主机的指定端口关闭。下面以开放扫描为例，对 Nmap（Network Mapper）工具的使用进行简单介绍。

Nmap 是实现端口扫描、主机探测的通用工具之一，是一款开源、免费的网络发现（Network Discovery）和安全审计（Security Auditing）工具，官方提供的图形界面版本 Zenmap 通常随 Nmap 的安装包发布，Nmap 包含 4 项基本功能。

- 主机发现（Host Discovery）。
- 端口扫描（Port Scanning）。
- 版本侦测（Version Detection）。
- 操作系统侦测（Operating System Detection）。

这 4 项基本功能之间，通常存在大致的顺序关系：首先需要进行主机发现，其次需要确定端口状况，再次需要确定端口上运行的具体应用程序与版本信息，最后需要进行操作系统的侦测。而在 4 项基本功能的基础上，Nmap 提供防火墙与入侵检测系统的规避技巧，可以综合应用到 4 个基本功能的各个阶段。另外，Nmap 提供强大的 NSE（Nmap Scripting Engine）脚本引擎功能，用户可以通过自己编写的脚本对基本功能进行补充和扩展。

下面以 Nmap 的图形化界面版本 Zenmap 为例进行主机和端口探测的演示。在 Windows 10 的主机中安装 Nmap 工具，在"命令提示符"窗口中输入"nmap"即可查看本机是否安装 Nmap 及 Nmap 的版本及使用参数，如图 8-39 所示。

图 8-39　在"命令提示符"窗口中查看 Nmap 版本

（1）使用 Nmap 进行主机扫描

输入命令"nmap -sn 192.168.1.1-10"，其中"-sn"参数表示当前进行无端口扫描，扫描目标为 IP 地址为 192.168.1.1—10 的主机，扫描结果如图 8-40 所示，可见当前 IP 地址为 192.168.1.1—10 的 10 台主机中有 5 台存活，存活主机 IP 地址分别为 192.168.1.1、192.168.1.2、192.168.1.3、192.168.1.6、192.168.1.9。

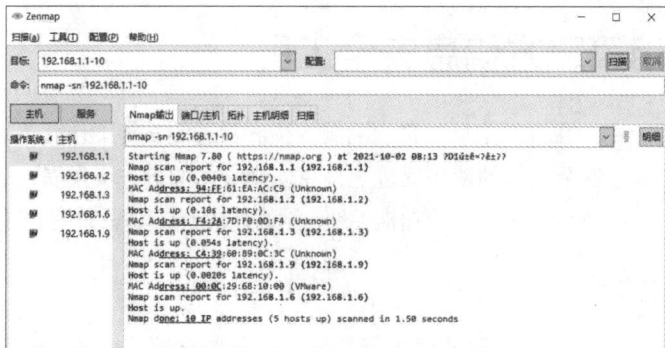

图 8-40　使用 Nmap 进行主机扫描

（2）使用 Nmap 进行端口扫描

输入命令"nmap -sT 192.168.1.9"，其中"-sT"参数表示端口扫描方法为 TCP connect 方法，扫描目标为 IP 地址为 192.168.1.9 的主机，进行 TCP connect 扫描。从扫描结果可见，当前主机打开的端口 135、139、445 等，如图 8-41 所示。

（3）使用 Nmap 进行网络服务探测

输入命令"nmap-sV 192.168.1.9"，其中"-sV"参数表示进行服务版本检测，扫描目标为 IP 地址为 192.168.1.9 的主机，扫描结果如

图 8-41　使用 Nmap 进行端口扫描

图 8-42 所示，可以看到开放端口对应的协议、状态、服务及版本。

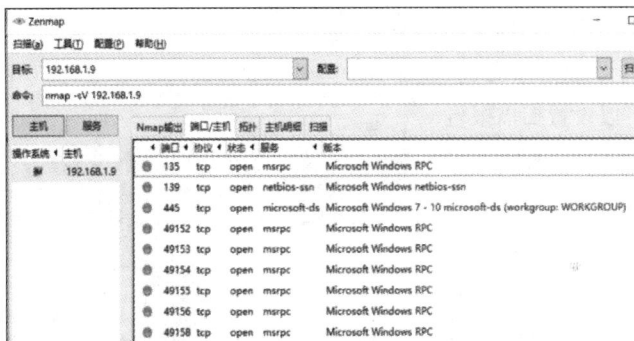

图 8-42　使用 Nmap 进行网络服务探测

（4）使用 Nmap 进行操作系统探测

输入命令"nmap -O 192.168.1.9"，其中"-O"参数表示进行操作系统侦测扫描，扫描目标为 IP 地址为 192.168.1.9 的主机，扫描结果如图 8-43 所示。

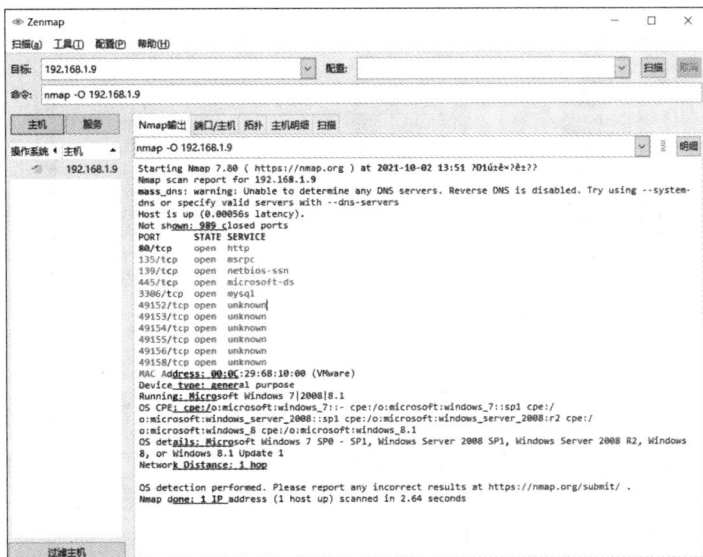

图 8-43　使用 Nmap 进行操作系统探测

2．漏洞扫描工具

安全漏洞指信息系统在生命周期的设计（硬件、软件、协议）、具体实现、运维（安全策略配置）等各个阶段产生的缺陷和不足，这些问题会对系统的安全（机密性、完整性、可用性）产生影响。无论是操作系统还是应用系统中，不可避免地存在安全漏洞。这些安全漏洞一旦被不法分子利用，就可能会导致重大安全隐患。

X-Scan 是最常用的综合扫描器之一，它是免费而且免安装的绿色软件，界面支持中文和英文两种语言，包括图形界面和命令行方式。X-Scan 把扫描报告和安全焦点网站相互连接，对扫描到的每个漏洞进行"风险等级"评估，并提供漏洞描述等信息，方便网络管理员测试、修补漏洞，扫描结果可以设置为 HTML、TXT、XML 3 种格式。下面以 X-Scan 为例进行漏洞扫描演示。

① 打开 X-Scan 工具，其主界面如图 8-44 所示。在"文件"菜单中可以设置开始、暂停与终止扫描，在"设置"菜单中可以设置扫描参数，在"查看"菜单中可以设置扫描报告的格式与存储位置，在"工具"菜单中可以使用 X-Scan 工具提供的物理地址查询等功能，在"Language"菜单中可以设置中文或英文显示，"帮助"菜单提供使用说明及在线升级等功能。

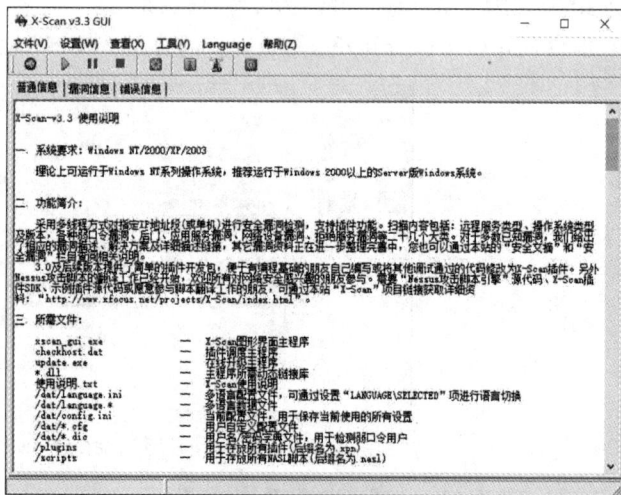

图 8-44　X-Scan 工具的主界面

② 打开"设置"菜单，对扫描范围、扫描参数进行设置。在"指定 IP 范围"文本框中设置扫描范围为"192.168.1.1-192.168.1.10"，如图 8-45 所示。

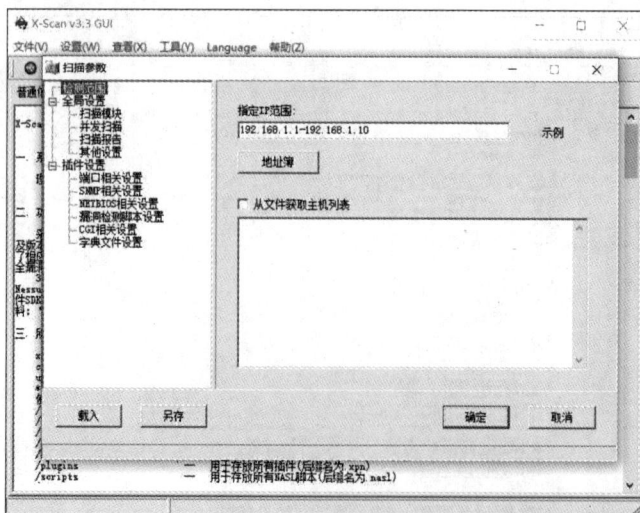

图 8-45　设置扫描范围

③ 在"全局设置"和"插件设置"选项组中可以对扫描的模块、端口等内容进行设置，

在"全局设置"的"扫描模块"选项中,可以勾选"开放服务"与"远程操作系统"等复选框,如图 8-46 所示。

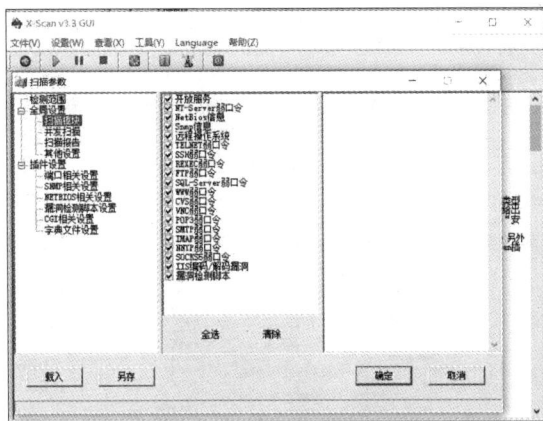

图 8-46　设置扫描模块

④ 在"插件设置"的"端口相关设置"选项中,可以设置需要检测的端口,如 139、445 等常用端口,如图 8-47 所示。

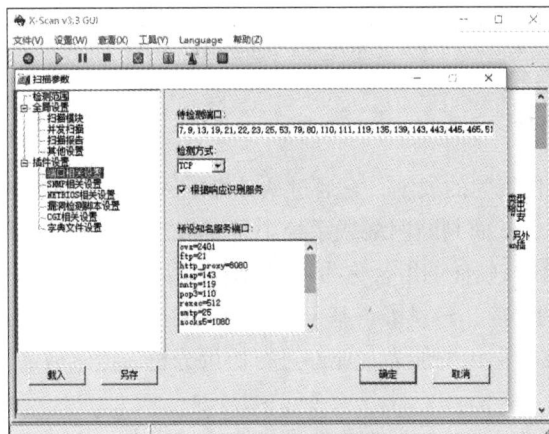

图 8-47　端口相关设置

⑤ 参数设置完成后,单击"开始扫描"按钮,或者执行"文件"菜单中的"开始扫描"命令,开始扫描,如图 8-48 所示,可以看到 X-Scan 正按照设置的扫描范围和扫描模块进行扫描。

⑥ 扫描完成后,可以通过"查看"菜单查看本次扫描报告,如图 8-49 所示。可以看到"检测结果"中显示存活主机、漏洞数量、警告数量和提示数量,"主机列表"中显示扫描范围内的存活主机,"主机分析"中显示具体的开放端口和服务漏洞情况,最后显示对应主机的安全漏洞及提供解决方案。

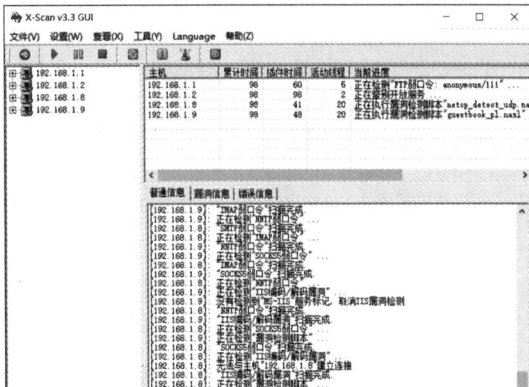

图 8-48　扫描过程

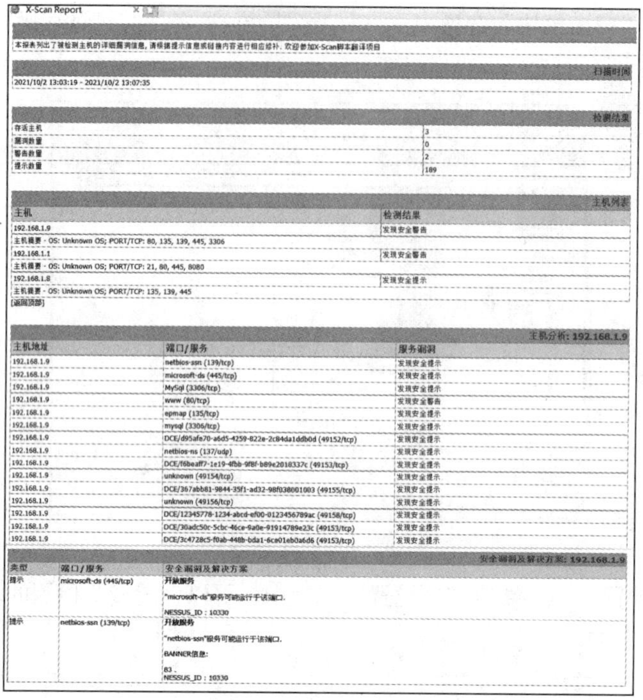

图 8-49　扫描报告

3. 入侵检测工具

入侵检测是指对入侵行为的发觉，它通过从计算机网络或系统中的若干关键点收集信息，并对这些信息进行分析，从而判断网络或系统中是否有违反安全策略的行为和遭到袭击的迹象。进行入侵检测的软件与硬件的组合称为入侵检测工具。

Snort 是一个强大的开源、轻量级、基于特征检测的网络入侵检测工具，它具有实时分析数据流量和日志 IP 网络数据包的能力，能够进行协议分析，搜索或者匹配内容，并为用户生成警报。

Snort 有 3 种工作模式：嗅探器、数据包记录器、网络入侵检测。嗅探器模式仅仅是从网络上读取数据包并将其作为连续不断的流显示在终端上；数据包记录器模式把数据包记录到硬盘上；网络入侵检测模式通过设置规则文件和配置文件，并通过 Snort 分析网络数据流以匹配用户定义的一些规则，并根据检测结果采取一定的动作，从而达到入侵检测目的。可以从官方网址下载软件安装包、说明文档及规则集等文件。下面以 Snort 为例，简单介绍入侵检测工具的应用。

① 验证本机是否安装 Snort 可以通过在命令行输入"snort -W"命令，"-W"表示查看本机网络适配器信息，结果如图 8-50 所示。可以看到查询结果中显示本机有两个网卡，Interface 项下显示的 1、2 表示对应网卡的编号。

② 使用嗅探器模式时，如果需要监听第 2 块网卡的数据并显示到屏幕上，可输入命令"snort -v -i2"。该命令使 Snort 只将 IP 和 TCP/UDP/ICMP 的报头信息输出到屏幕上。其中参数"-v"表示将数据包信息采用详细模式显示到终端，"-i2"表示当前嗅探的网卡是 Interface 下编号为 2 的网卡，当该网卡监测到数据包时，直接通过命令行显示，如图 8-51 所示。

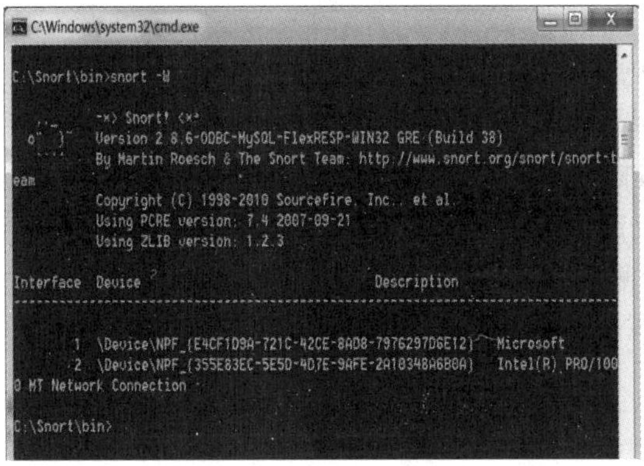

图 8-50　查看本机网卡

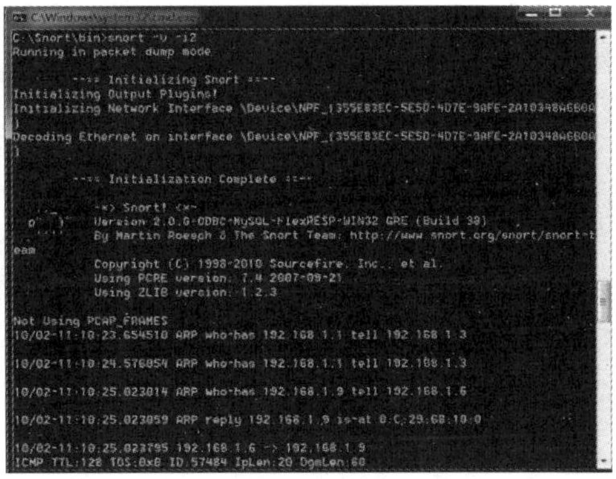

图 8-51　嗅探器模式

③ 使用数据包记录器模式时，如果需要将第 2 块网卡进入网络 192.168.1 的所有包数据进行记录，可使用命令"snort -dve -i2 -h 192.168.1.0/24 -l c:\Snort\log -K ascii"。其中，"-dve"表示详细嗅探模式；"-i2"表示选择监听网卡；"-h"表示指定目标主机，这里指定检测的对象是局域网段内的所有主机，若不指定"-h"，则默认检测本机；"-l"指定存放日志的文件夹；"-K"指定记录的格式，默认是 Tcpdump 格式，此处使用 ASCII。当监听网卡监测到数据包时，在已设置的存放路径下生成对应文件夹，如图 8-52 所示。

④ 查看数据包记录器模式生成的文件夹，可以看到具体的日志文件，可以发现记录数据包为 ICMP 数据包，包含源 IP、目标 IP 及数据内容等信息，如图 8-53 所示。

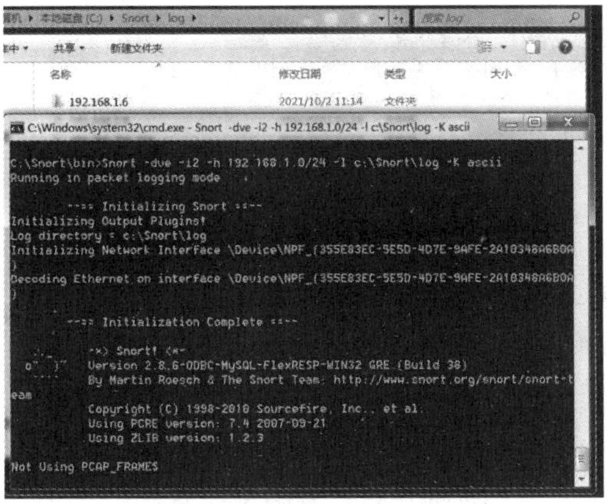

图 8-52　数据包记录器模式

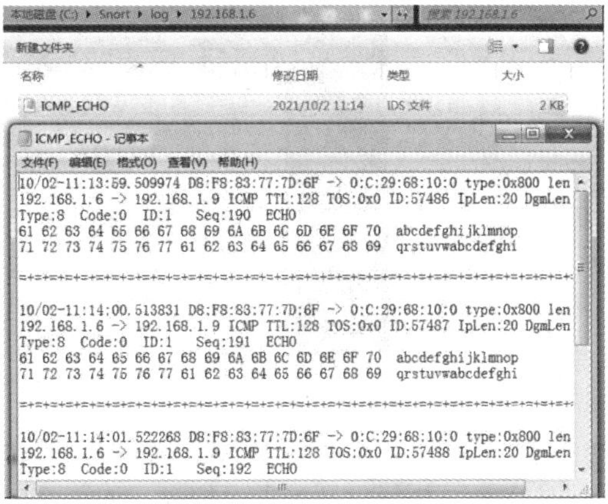

图 8-53　记录数据包结果

4. 网页扫描工具

网站的漏洞与弱点容易被黑客利用，例如网页篡改、网页挂马、网页挂暗链等，从而形成攻击，带来不良影响，造成经济损失，因此要及时发现这些漏洞并修复。AWVS（Acunetix Web Vulnerability Scanner）是一个自动化的 Web 应用程序安全测试工具，通过网络爬虫测试网站安全，检测流行安全漏洞，可以扫描任何通过 Web 浏览器访问的和遵循 HTTP/HTTPS 规则的 Web 站点和 Web 应用程序，适用于任何中小型和大型企业的内联网、外延网，以及面向客户、雇员、厂商和其他人员的 Web 网站。AWVS 可以通过检查 SQL 注入攻击漏洞、跨站脚本攻击漏洞等来审核 Web 站点和 Web 应用程序的安全性。

AWVS 的功能如下。

- Web Scanner：核心功能，Web 安全漏洞扫描。
- Site Crawler：爬虫功能，遍历站点目录结构。
- Target Finder：指定 IP 地址段进行端口扫描（类似于 Nmap），用于信息收集。
- Subdomain Scanner：子域名扫描器，利用 DNS 进行域名解析。
- Blind SQL Injector：盲注工具，注入探测，可以转储有 SQL 漏洞的数据库内容。
- HTTP Editor：HTTP 数据包编辑器。
- HTTP Sniffer：HTTP 嗅探器。
- HTTP Fuzzer：模糊测试工具。
- Authentication Tester：Web 认证破解工具。

根据《中华人民共和国网络安全法》的规定，未获得网站授权不能对其发起攻击。漏洞扫描实际上也属于一种攻击行为，所以只能在一些测试网站上进行漏洞扫描，可以使用 AWVS 官方提供的测试网站地址 http://testhtml5.vuln***.com、http://testphp.vuln***.com、http://testasp.vuln***.com 进行网页漏洞扫描测试。下面以 AWVS 为例介绍网页扫描器的使用。

① 打开 AWVS，进入主界面，单击左侧 "Targets" 并输入扫描网站地址，这里以 AWVS 官方提供的测试网站 http://testhtml5.vuln***.com 为探测目标进行测试，同时进行常规设置，如图 8-54 所示，设置本次扫描的 "Business Criticality" 为 "Normal"，"Scan Speed" 为 "Moderate"，"Crawl""HTTP""Advanced" 等选项卡保持默认配置。

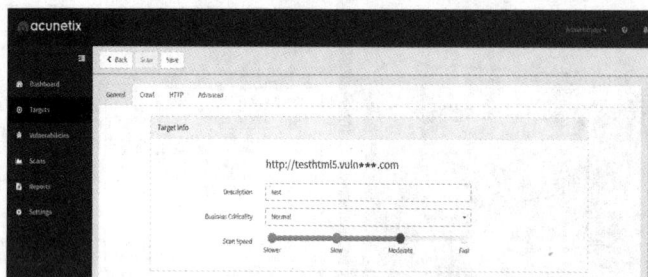

图 8-54　设置扫描参数

② 参数设置完成后，选择创建扫描，设置 "Scan Type" 为 "Full Scan"，配置完成后单击 "Create Scan" 按钮，开始本次扫描，如图 8-55 所示。扫描完后可以看到系统的威胁等级及最新警告，如图 8-56 所示。

图 8-55　开始扫描

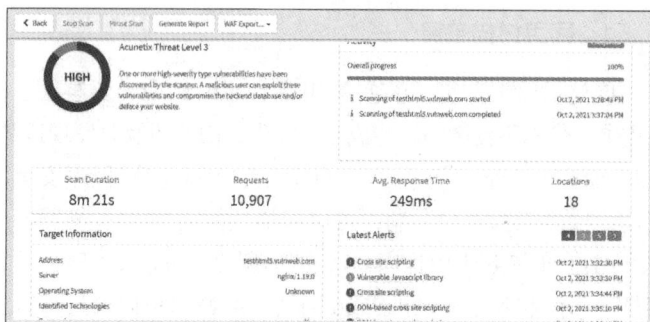

图 8-56　扫描完成

③ 单击上方的"Generate Report"按钮可以查看本次扫描的最终报告，包括基本扫描信息及详细漏洞分析，如图 8-57 所示。

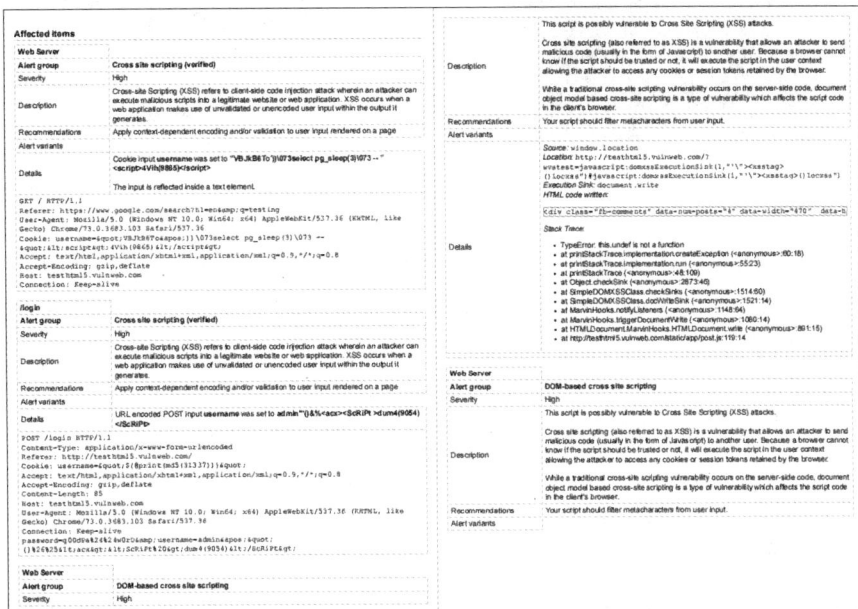

图 8-57　扫描报告

5. 网络评估工具和渗透检测工具

目前，网络空间安全形势日趋复杂，越来越多的高等级、持续性威胁等复杂攻击行为开始出现。为保障国家关键基础设施和重要信息系统的安全，需要对相关信息网络系统进行信息安全等级评估与渗透检测。这样可以帮助系统运维和保障人员识别安全弱点，评估安全威胁和安全攻击带来的潜在风险，有针对性地制定安全加固与防护策略。

（1）网络评估工具

网络评估是指分析、评估网络基础设施的各个方面，揭示网络性能和安全威胁问题，确定基础设施中需要改进的领域，并定义改进的范围。进行网络评估有助于构建可靠的网络管理策略，以确保其具备良好的设备，能够提供业务核心运作需要。

《中华人民共和国网络安全法》的发布标志着国家网络安全等级保护进入 2.0 时代。依据《信息安全技术　网络安全等级保护定级指南》（GBT 22240—2020）、《信息安全技术　网络安全等级保护基本要求》（GBT 22239—2019）等技术标准，由公安部信息安全等级保护评估中心指导，上海市信息安全测评认证中心研发的网络安全等级保护测评工具（简称测评能手）是一款测评辅助工具。

该工具贯穿等级测评生命周期，提供从基本情况调查、方案计划、项目概述、系统构成、现场核查、整体测评、验证测试（漏洞审计模块）、风险分析和评价、整改模块、总体评价到生成报告的完整解决方案，大大减少了不必要的计算工作量，并通过推送作业指导书和风险分析知识库来规范措辞、保证测评质量和进度。测评能手为一款收费软件，其授权申请界面如图 8-58 所示。企业如有需要可以申请使用或者采购该软件，进行授权申请，获得授权后方可进入激活界面，如图 8-59 所示。

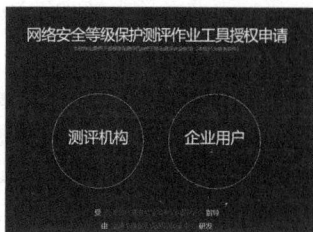

图 8-58　测评能手授权申请界面

图 8-59　测评能手激活界面

（2）渗透检测工具

渗透检测工具通常包括渗透测试工具和异常网络行为分析检测工具。渗透测试是为了证明网络防御按照预期计划正常运行而提供的一种机制，通常采用不影响业务系统正常运行的真实攻击进行安全测试与评估的方法，通过模拟恶意攻击者的技术和方法，挫败目标系统安全控制措施，取得访问及控制权限，发现系统隐患，是一个渐进的、逐步深入的过程。异常网络行为分析检测是对专有网络的不寻常事件或趋势进行监测并及时预警，具有追溯历史行为、追溯取证、威胁情报分析等多种功能，便于明确攻击及快速定位，降低网络安全事故损失。下面以科来网络分析系统 CSNAS 为例，简单介绍渗透检测工具。

科来网络分析系统是一款集数据包采集、协议解码与分析、流量统计、故障诊断与性能管理等多种功能于一体的网络分析产品，能够提供高精度网络诊断分析，多层次展现网络通信全景，有效地帮助网络管理者梳理网络应用。CSNAS 可以在海量数据包中快速定位到会话，对会话数据流进行还原，对 Web 攻击、垃圾邮件分析、挖矿勒索病毒等安全事件进行会话分析，快速明确内网主机是否被攻击，可以从 http://www.colas***.com.cn 下载免费版及使用指南。

使用 CSNAS 检测整个网络的数据包，需要将 CSNAS 安装在连接到位于中心交换机的监测端口（Monitor Ports）上的机器，如果交换机不支持"端口镜像"功能，可以将 CSNAS 系统安装在一个与互联网网关连接同一个集线器的工作站上，或者将 CSNAS 与网络分路器设备（TAP）相连接，以监测所有进出局域网的网络通信，CSNAS 在进行分析检测时的界面如图 8-60 所示。

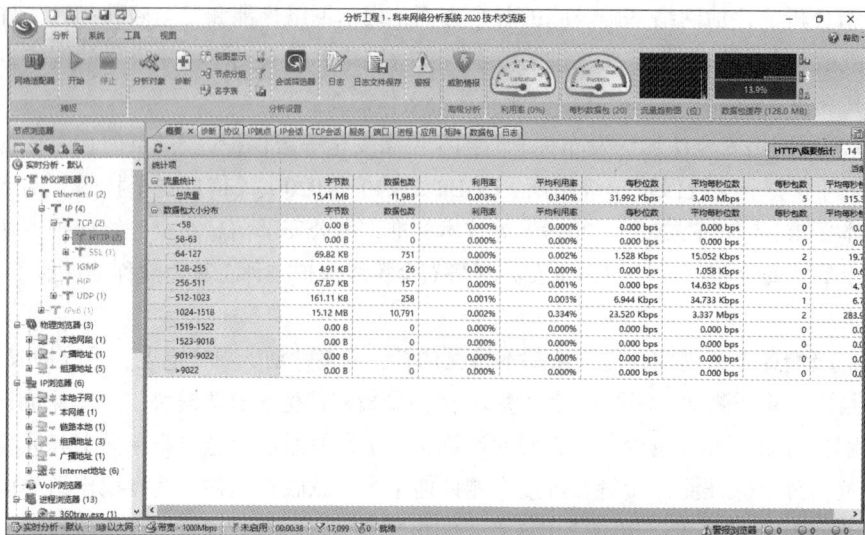

扫码观看
微课视频

图 8-60　CSNAS 界面

HTTP 应用主导着互联网，网络中存在大量的 HTTP 流量，同时 HTTP 的脆弱性使其很容易受到攻击。HTTP 应用分析是 CSNAS 的主要功能之一，主要分析 HTTP 应用的流量、客户端与服务器的流量、诊断 HTTP 网络应用的故障与性能。CSNAS 提供 3 种分析 HTTP 数据包的方式，分别是数据包解码、数据流解码、HTTP 日志方式，可以按需选择 HTTP 数据包分析的方法，也可以按需将多种分析方法组合使用。

① 数据包解码。在数据包视图可以直接观察 HTTP 请求、应答包的解码，该方式比较适合初学者。在解码界面中，CSNAS 会解释 HTTP 请求、应答包中的各个字段，如图 8-61 所示。

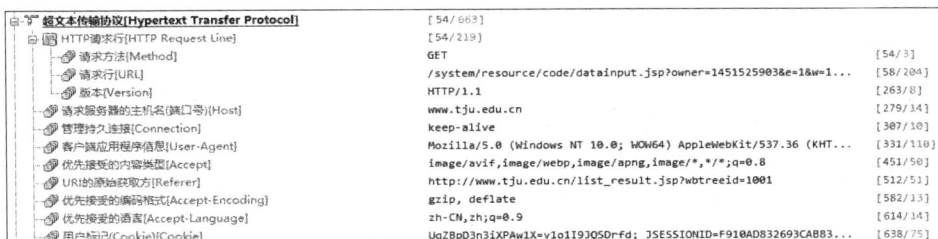

图 8-61　HTTP 数据包解码信息

通常在捕获的网络数据中不可能只有 HTTP 数据包，因此在使用数据包解码对 HTTP 数据包进行分析时，会遇到其他干扰数据包的问题。例如分析 HTTP 流量时，一定会同时出现 DNS、TCP 等其他协议的数据包，如图 8-62 所示，CSNAS 一共捕获到了 17099 个数据包，从截图中可以明显看出其中包括一些 DNS 协议的数据包，这些数据包对于 HTTP 来说均为"杂音"，影响分析效率。

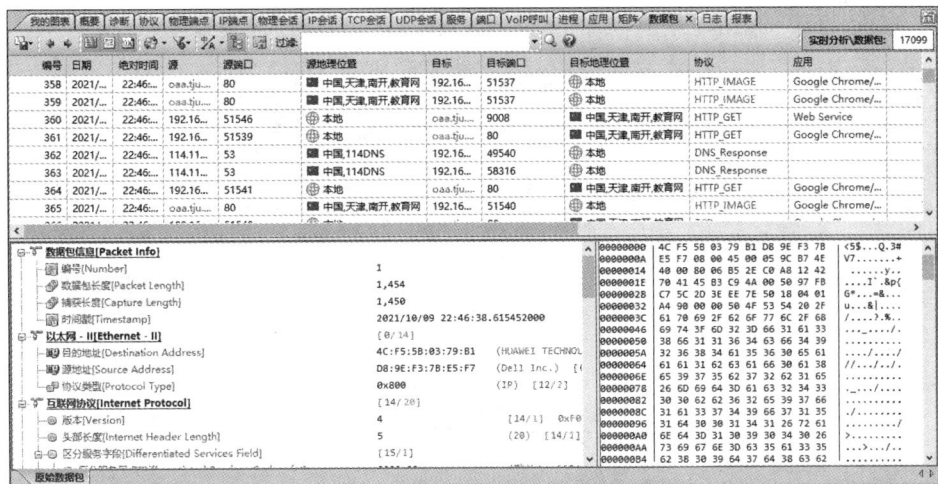

图 8-62　使用 CSNAS 捕获数据包

此时可以使用数据包过滤的方式对数据包进行过滤，CSNAS 有两种数据包过滤方式，即使用端口进行过滤和使用协议进行过滤。

使用端口进行过滤时，可以在过滤窗口中输入要查看的端口号，如 80、21、25 等。例如想要查看 HTTP 数据包，可以在过滤窗口中输入过滤语句"port = 80"，单击 按钮，如图 8-63 所示。此时软件显示的数据包数量从之前的 17099 个变成了 15106 个，显示了所有源端口、目的端口为 80 的数据包。若需过滤源端口，可将语句改为"srcport = 80"。若需过滤目的端口可将语句改为"dstport = 80"。

图 8-63　使用端口进行过滤

使用协议进行过滤时，可以在过滤窗口中输入要查看的协议名称，如 HTTP、FTP、SMTP 等。例如想要查看 HTTP 数据包，可以在过滤窗口中输入过滤语句"protocol = http"，如图 8-64 所示。此时，软件显示的数据包数量从之前的 17099 个变成了 11983 个，显示了所有 HTTP 数据包。

图 8-64　使用协议进行过滤

通过对比，可以看到使用两种不同的过滤方式得到的结果不同，这是由于使用协议过滤方式排除了 TCP 的三次握手和四次断开的数据包，在分析性能时会过滤掉连接不成功的会话。在实际使用中，可以根据实际情况选择过滤方式，但如果需要一起分析三次握手、四次断开的情况，则不应该使用协议过滤方式，尽量采用端口过滤的方式。

② 数据流解码。CSNAS 提供了数据流解码以便快速分析数据信息，例如在 TCP 会话视图中观察 HTTP 的 TCP 会话，单击"数据流"选项卡，可以直接观察 TCP 通信数据流，能够更快速地分析这条 HTTP 的请求、响应，但需要使用者具备 HTTP 包格式等基础知识，如图 8-65 所示。

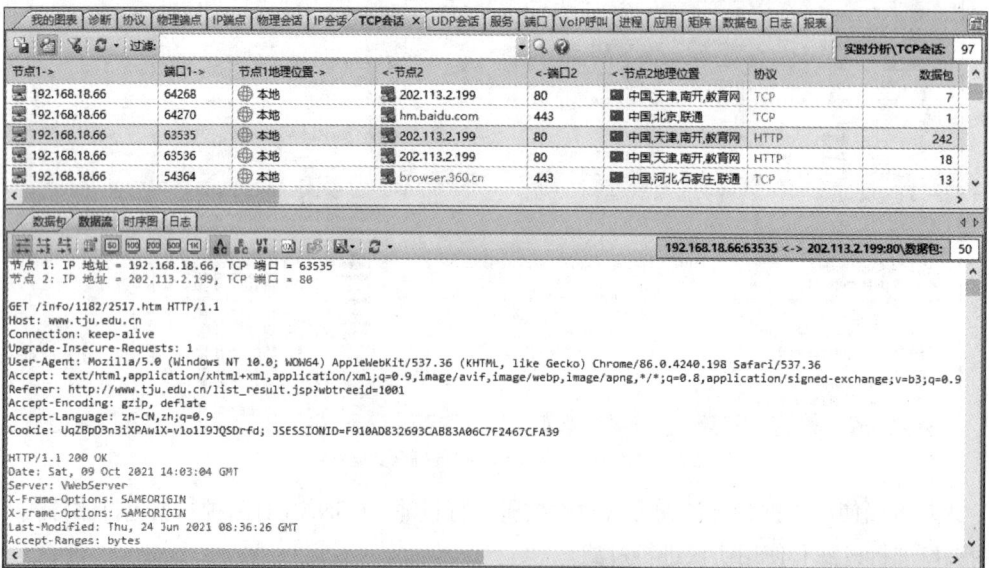

图 8-65　数据流解码

③ HTTP 日志。在日志视图中单击左侧的"HTTP 日志"按钮，可以观察 HTTP 日志。这些日志全部基于捕获到的数据包生成，并以列的形式展示，每一行为一次 HTTP 请求或应答，用户可以基于 HTTP 日志功能快速浏览网络中出现的 HTTP 行为。当日志数量过多时，HTTP 日志支持以关键字作为条件进行搜索，快速列出某些特定的 HTTP 请求（如 POST 请求），如图 8-66 所示。

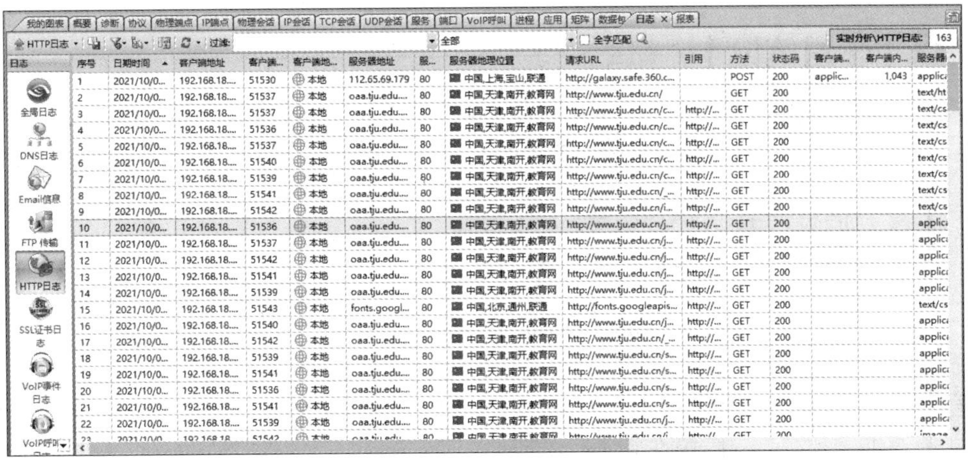

图 8-66 HTTP 日志

当发现某条可疑的 HTTP 日志时，双击该条日志，即可弹出新窗口，该窗口显示该条 HTTP 请求的 TCP 会话数据流，如图 8-67 所示。

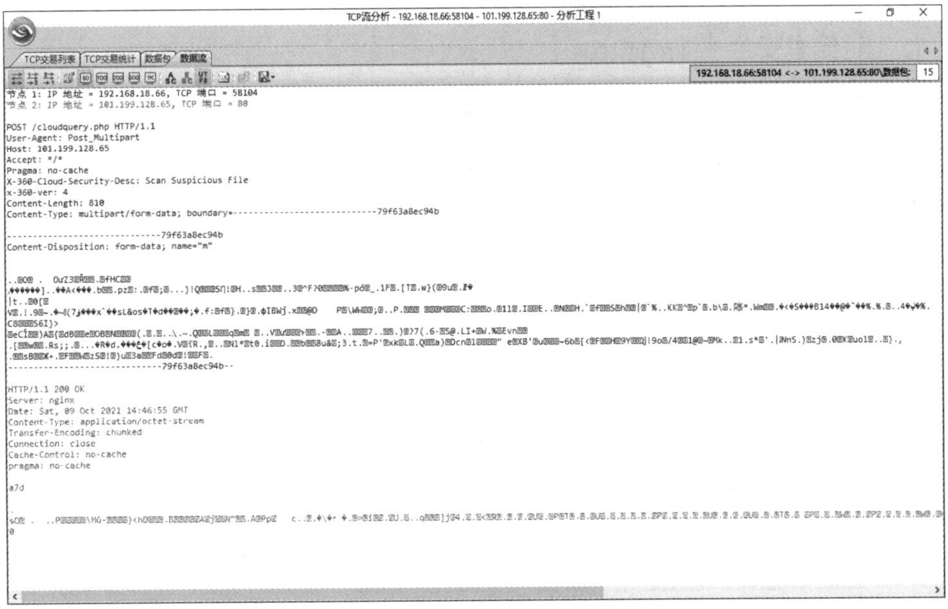

图 8-67 HTTP 对应的 TCP 会话数据流

在使用 CSNAS 分析 HTTP 流量检测分析时，可以结合以下建议进行分析。

- 在协议视图中快速查看 HTTP 的流量、网络连接、数据包等参数。
- 在诊断视图中查看是否存在关于 HTTP 的网络事件发生，如 HTTP 服务器响应慢、可疑的 HTTP 传输等。
- 在节点浏览器中选择 HTTP，只显示该协议相关的流量数据包，可进入概要、诊断等视图单独对 HTTP 进行分析。
- 分析 HTTP 的响应时间、传输时间、处理时间等参数，判断 HTTP 服务器的工作效率。
- 在接收某些 HTML 页面时，需要同时打开多个 TCP 会话，为页面上的每一个对象和文本都建立一个 TCP 会话。

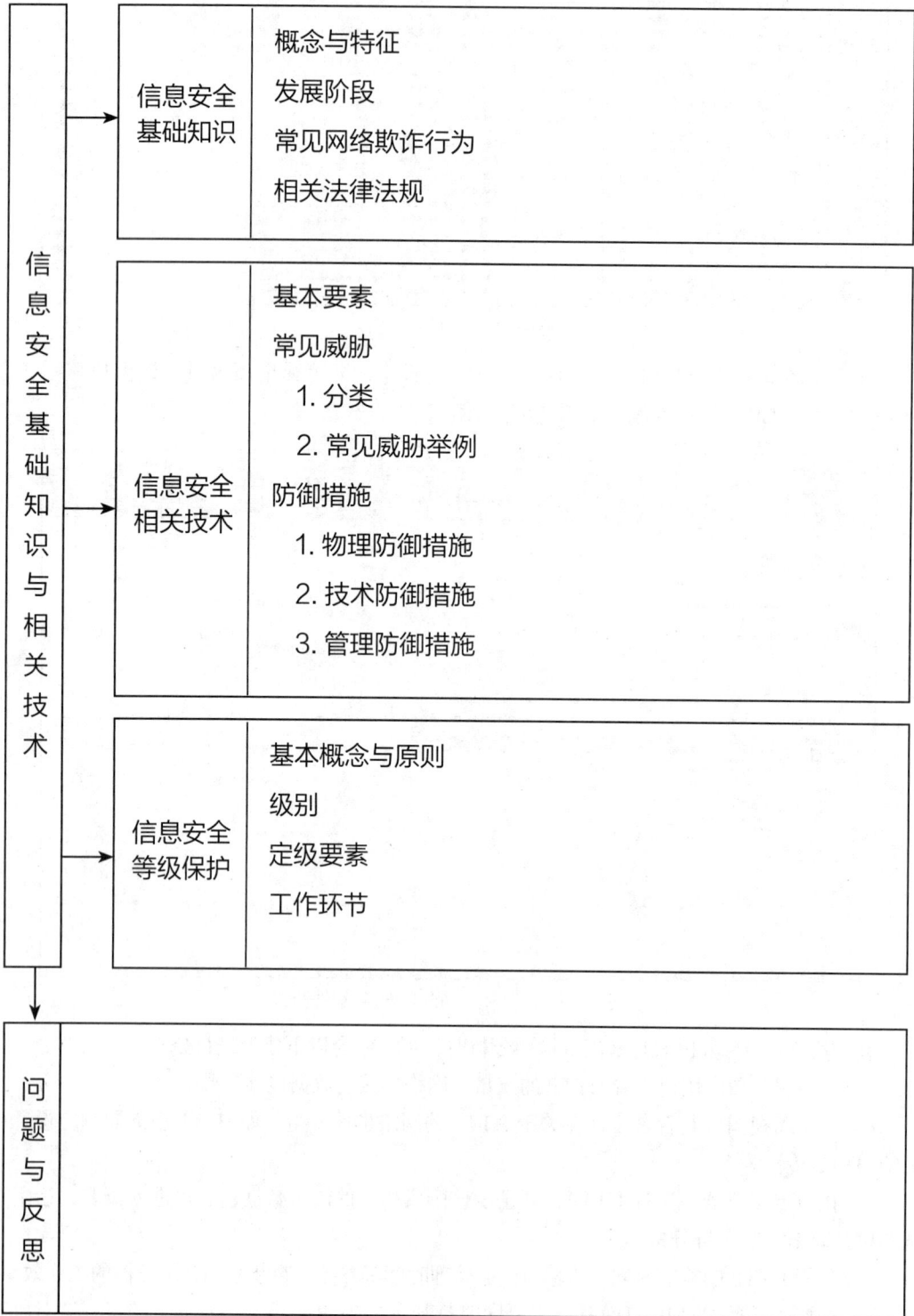

【学习笔记】

信息安全基础知识与相关技术	信息安全基础知识	概念与特征
		发展阶段
		常见网络欺诈行为
		相关法律法规
	信息安全相关技术	基本要素
		常见威胁
		1. 分类
		2. 常见威胁举例
		防御措施
		1. 物理防御措施
		2. 技术防御措施
		3. 管理防御措施
	信息安全等级保护	基本概念与原则
		级别
		定级要素
		工作环节

| 问题与反思 | |

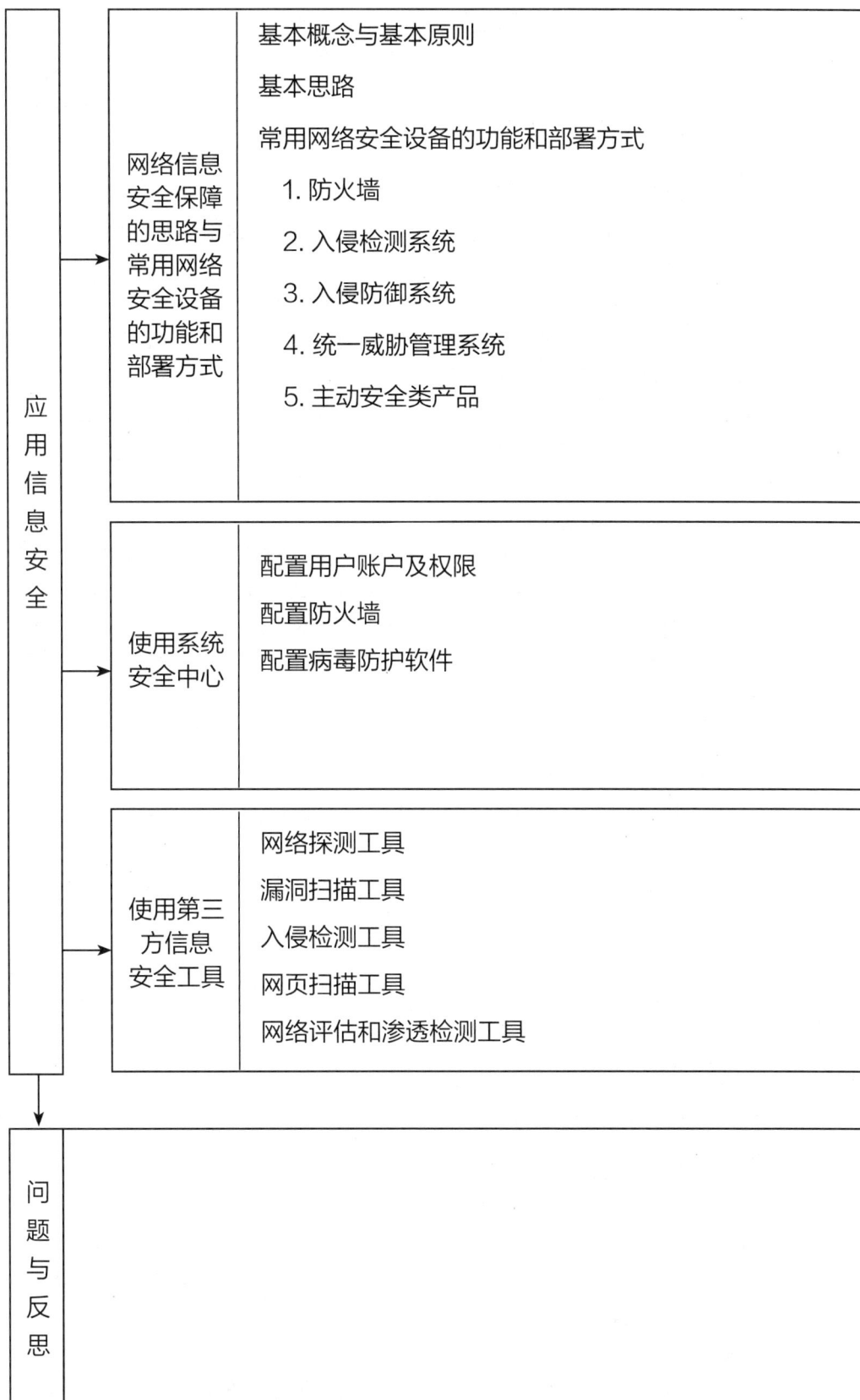

应用信息安全	网络信息安全保障的思路与常用网络安全设备的功能和部署方式	基本概念与基本原则 基本思路 常用网络安全设备的功能和部署方式 　1. 防火墙 　2. 入侵检测系统 　3. 入侵防御系统 　4. 统一威胁管理系统 　5. 主动安全类产品
	使用系统安全中心	配置用户账户及权限 配置防火墙 配置病毒防护软件
	使用第三方信息安全工具	网络探测工具 漏洞扫描工具 入侵检测工具 网页扫描工具 网络评估和渗透检测工具

问题与反思	

考核评价

姓名：_____ 专业：_____ 班级：_____ 学号：_____ 成绩：_____

一、单选题（每题 2 分，共 24 分）

1. （　　）年实施的《中华人民共和国网络安全法》是我国网络安全领域基本大法。
   A. 1994　　　　B. 2000　　　　C. 2017　　　　D. 2021
2. （　　）是信息安全的基本要素之一，是防止信息非法泄露的特性。
   A. 保密性　　　B. 完整性　　　C. 真实性　　　D. 不可抵赖性
3. （　　）可以分为被动威胁和主动威胁。
   A. 故意威胁　　B. 偶然威胁　　C. 外部威胁　　D. 内部威胁
4. Windows 10 中新建的用户账户默认属于（　　）。
   A. 管理员账户　B. 标准账户　　C. 来宾账户　　D. Microsoft 账户
5. Windows 10 中资源的本地权限被称为（　　）。
   A. 系统权限　　B. 共享权限　　C. NTFS 权限　　D. 资源权限
6. 在防火墙中，（　　）的安全性更高，兼容性更好，但价格相对昂贵。
   A. 内网防火墙　B. 软件防火墙　C. 硬件防火墙　D. 包过滤防火墙
7. （　　）不是病毒的特点。
   A. 寄生性　　　B. 传染性　　　C. 隔离性　　　D. 隐秘性
8. （　　）是网络探测工具。
   A. X-Scan　　　B. Snort　　　C. AWVS　　　D. Nmap
9. 如果需要告诉 Snort 检测目标主机，应使用（　　）参数。
   A. -h　　　　　B. -K　　　　　C. -l　　　　　D. -v
10. 使用 Nmap 进行端口扫描时，（　　）参数表示端口扫描方法为 TCP connect 方法。
    A. -sn　　　　B. -sT　　　　C. -sV　　　　D. -O
11. 在 Windows Defender 中，（　　）为家庭网络设计。
    A. 域配置文件　B. 公共配置文件　C. 专用配置文件　D. IPSec 设置
12. （　　）是合法的 Windows 系统用户账户名。
    A. lin+li　　　B. [lin.li]　　　C. lin：li　　　D. lin.li

二、多选题（每题 3 分，共 24 分）

1. 信息安全的特征主要包括（　　）。
   A. 复杂性　　　B. 动态性　　　C. 无边界性　　　D. 机密性
2. 常见的网络欺诈包括（　　）。
   A. 虚假中奖欺诈　B. 网络钓鱼欺诈　C. 炒股暴富欺诈　D. 就业招聘欺诈
3. （　　）属于被动威胁。
   A. 地震　　　　　　　　　　　B. 内部人员故意泄密
   C. 外部人员窃听　　　　　　　D. 外部拒绝服务攻击

4. Windows 操作系统中的共享权限包括（　　　）。

A. 完全控制　　　　B. 读取　　　　　　C. 写入　　　　　　D. 修改

5. 以下关于 Windows Defender 的说法中，正确的是（　　　）。

A. Windows Defender 只用在 Windwos 10 中

B. Windows Defender 可以添加新的入站规则

C. 每条 Windows Defender 规则前面的 ⊘ 代表该规则为阻止连接且已启用

D. Windows Defender 是 Windows 操作系统集成的软件防火墙

6. 以下的法律法规中，与信息安全有关的是（　　　）。

A.《中华人民共和国网络安全法》　　　　B.《中华人民共和国密码法》

C.《中华人民共和国数据安全法》　　　　D.《中华人民共和国个人信息保护法》

7. 以下关于信息安全等级保护 2.0 标准的说法中，正确是（　　　）。

A. 信息系统安全等级由低到高分为 4 个等级

B. 第一级为自主保护级，适用于一般的信息和信息系统

C. 定级是信息安全等级保护的首要环节和关键环节

D. 信息系统的安全保护等级由 3 个定级要素决定

8. 以下关于信息安全的说法中，错误的是（　　　）。

A. 软硬件故障属于内部人员不良行为威胁

B. 信息安全是指信息在产生、制作、传播、收集、处理、选取等过程中的安全

C.《中华人民共和国数据安全法》明确了个人信息处理活动中的权利义务边界

D.《中华人民共和国网络安全法》的实施标志着信息安全等级保护 2.0 正式启动

三、判断题（每题 2 分，共 20 分）

1. 信息安全等级保护 2.0 标准中，等级保护对象包括网络基础设施、信息系统、大数据、物联网、云平台、工控系统、移动互联网、智能设备等。（　　　）

2. 人们可以根据需要使用工具对信息进行加工、存储、传播，但不能重现。（　　　）

3. 网络平台上接收到获得巨额奖金的信息，按照中奖提示操作没有风险。（　　　）

4.《中华人民共和国计算机系统安全保护条例》中首次使用"信息系统安全"表述。（　　　）

5. 如果用户远程使用的共享资源位于 NTFS 分区，则对该资源的访问能力以 NTFS 权限为准。（　　　）

6. Windows 操作系统中用户账户名的长度不能超过 20 个字符。（　　　）

7. 360 杀毒软件定时杀毒功能不能设定为每天执行，只能按每周或每月执行。（　　　）

8.《中华人民共和国网络安全法》规定，未获得网站授权不能对其发起攻击，但可以进行漏洞扫描。（　　　）

9. 渗透测试通常采用不影响业务系统正常运行的真实攻击方法进行安全测试与评估，是一个渐进的、逐步深入的过程。（　　　）

10. CSNAS 提供 3 种分析 HTTP 数据包的方式，分别是数据包解码、数据流解码、HTTP 日志方式。（　　　）

四、填空题（每空 1 分，共 8 分）

1. 网络探测指对计算机网络或服务器进行扫描，获取有效的_____、活动端口号、主机操作系统类型和_____的攻击方式。

2. 信息安全等级保护 2.0 标准中规定，第_____级为强制保护级，适用于涉及国家安全、社会秩序、经济建设和公共利益的重要信息和信息系统。

3. _____是一种应用性安全隔离技术，位于两个（或多个）网络间的重要网络防护设备。

4. 信息安全基本要素中，_____维护信息的一致性，_____保证信息来源以及信息交互双方身份的真实可信。

5. 信息安全发展阶段包括通信安全阶段、_____阶段、信息保障阶段和_____阶段。

五、简答题（每题 8 分，共 24 分）

1. 简述 Nmap 的 4 项基本功能，并分别写出使用 Nmap 扫描 IP 地址为 192.168.10.20/24 的计算机系统信息和显示所提供服务的版本信息的相关命令。

2. 简述信息安全等级保护 2.0 标准中等级保护工作的 5 个阶段。

3. 简述常用信息安全防御措施。